OFDM 技術とその適用

工学博士 生岩 量久 共著
博士(工学) 安 昌俊

コロナ社

まえがき

　OFDM（orthogonal frequency division multiplexing，直交周波数分割多重）は，マルチパスに強く，有限である周波数資源を有効に利用できることから，地上ディジタル放送，無線 LAN にすでに導入されているほか，次世代モバイル通信方式などへの適用を目指して検討が進められている。さらに，光通信においてもさらなる高速化を目指して光 OFDM 技術の研究開発も行われており，現代の通信・放送分野において不可欠な技術となりつつある。

　本書では，今後のディジタル通信・放送システムの根幹を成すと考えられる最新の OFDM 技術について，基礎から応用・実際の適用例までを紹介している。また，通信から放送までの幅広い分野にわたって統一的に記述していることに加えて，変調信号の発生・特性解析に関する MATLAB プログラムを載せていることも大きな特徴といえる。

　ページ配分としては，まず 1 章では OFDM の基礎となる各種のディジタル変調方式について説明するとともに，MATLAB プログラムを掲載している。また 2 章では，OFDM を用いた次世代モバイル通信技術とそれに関する MATLAB プログラムを解説している。続いて 3 章では地上ディジタル放送について実際のシステムを紹介するとともに，等化技術，高速移動受信技術などについて述べ，最後の 4 章では最新の技術的な課題とそれを解決するための新技術について OFDM に関連する事項を中心に紹介している。

　今後，さまざまな分野において OFDM を用いたシステムの登場が期待されるが，本書がそれらにかかわる方々に対して少しでも手助けになれば幸いである。

　なお，本書の執筆にあたっては，NHK アイテックの来山和彦氏，NHK の金森香子氏，広島市立大学情報科学研究科の藤坂尚登氏，神尾武司氏のご協力をいただいたほか，日本無線株式会社の間瀬豊治氏，富士通テン株式会社の高山一男氏，NHK の奥村泰之氏をはじめ多くの方々の文献を引用させていただいた。この場を借りて厚く御礼申し上げる。終わりに本書をまとめるにあたって種々ご協力をいただいたコロナ社の方々に深く感謝いたします。

2010 年 7 月

著者しるす

目　　次

1.　ディジタル変復調技術の基礎

1.1　ディジタル変復調技術 ………………………………………………………… *1*
　1.1.1　ASK 変調方式 ……………………………………………………………… *2*
　1.1.2　FSK 変調方式 ……………………………………………………………… *3*
　1.1.3　PSK 変調方式 ……………………………………………………………… *6*
　1.1.4　多値直交振幅変調方式 …………………………………………………… *11*
　1.1.5　MATLAB プログラム作成例 …………………………………………… *13*
1.2　情報エントロピーとシャノン定理 ………………………………………… *21*
　1.2.1　各変調方式に対する BER と周波数利用効率 ………………………… *23*
　1.2.2　帯域制限 …………………………………………………………………… *26*

2.　次世代モバイル通信

2.1　電波伝搬環境 ………………………………………………………………… *30*
　2.1.1　陸上移動伝搬特性 ………………………………………………………… *30*
　2.1.2　マルチパスフェージングチャネル ……………………………………… *32*
　2.1.3　MATLAB プログラム作成例 …………………………………………… *37*
2.2　OFDM 変復調の原理と実際 ………………………………………………… *39*
　2.2.1　OFDM 方式の基本原理 ………………………………………………… *39*
　2.2.2　OFDM 送信機の構成 …………………………………………………… *41*
　2.2.3　隣接チャネル間干渉 ……………………………………………………… *42*
　2.2.4　ガードインターバルの挿入 ……………………………………………… *43*
　2.2.5　OFDM 受信機の構成 …………………………………………………… *45*
　2.2.6　チャネル推定と信号検出 ………………………………………………… *48*

2.2.7	OFDM システムの同期技術	48
2.2.8	誤り訂正符号とインタリーブ	51
2.2.9	ピーク電力対平均電力比	51
2.2.10	MATLAB プログラム作成例	54

2.3 OFDM 技術の応用 ･･ 71
  2.3.1 適応変調方式 ･･ 71
  2.3.2 MIMO 技術 ･･･ 73
  2.3.3 無線 LAN ･･･ 82
  2.3.4 無線 MAN ･･･ 87
  2.3.5 次世代無線通信システム ･･････････････････････････････ 91

3. OFDM を用いた地上ディジタル放送技術

3.1 地上ディジタル放送システムの概要 ･････････････････････････ 102
  3.1.1 伝送パラメータ ･･････････････････････････････････････ 105
  3.1.2 OFDM 信号波形 ･････････････････････････････････････ 106
  3.1.3 送受信システムの系統 ･･･････････････････････････････ 108
  3.1.4 OFDM 変復調器の基本構成 ･･･････････････････････････ 110
  3.1.5 OFDM 信号の式表示 ･････････････････････････････････ 112
3.2 実際の放送ネットワークの構成 ･･･････････････････････････ 114
  3.2.1 親局送信機 ･･･ 115
  3.2.2 中継局送信機 ･･･････････････････････････････････････ 118
  3.2.3 出力フィルタ特性が信号劣化に与える影響 ･････････････ 120
  3.2.4 SFN に関する課題と対策 ･････････････････････････････ 123
  3.2.5 受信機 ･･･ 125
3.3 等化技術 ･･･ 129
  3.3.1 周波数領域での等化（ガードインターバル内） ･････････ 132
  3.3.2 周波数領域での等化（ガードインターバル超え遅延波の等化技術） ････ 136
  3.3.3 時間領域での等化（低遅延マルチパス等化技術） ･･･････ 143
3.4 高速移動受信 ･･･ 147
  3.4.1 ダイバーシティ受信（帯域内におけるレベル変動の補正） ･･･ 148
  3.4.2 SP による等化の高精度化 ････････････････････････････ 149

3.4.3　キャリヤ間干渉対策……………………………………… *151*
3.5　OFDM 信号の測定技術……………………………………………… *152*

4.　OFDM を用いたシステムにおける新技術

4.1　SFN 環境下における長距離遅延プロファイル測定技術…………… *160*
　　4.1.1　電力スペクトル法の概要………………………………… *162*
　　4.1.2　基 本 原 理………………………………………………… *163*
　　4.1.3　誤 差 対 策………………………………………………… *165*
　　4.1.4　性　　　　　能…………………………………………… *171*
　　4.1.5　遅延波の極性判別が可能な実用装置……………………… *174*
4.2　近接遅延波の電界強度測定技術……………………………………… *179*
　　4.2.1　直接波の広がり成分による妨害…………………………… *179*
　　4.2.2　改 善 方 法………………………………………………… *181*
　　4.2.3　補 正 結 果………………………………………………… *181*
4.3　海上移動受信時の課題と対策………………………………………… *182*
　　4.3.1　海上移動受信時の電界強度変動…………………………… *183*
　　4.3.2　ガードインターバル超え遅延波の到来…………………… *183*
　　4.3.3　隣接チャネルの影響………………………………………… *185*
　　4.3.4　船舶内での再送信に関する調査…………………………… *186*
　　4.3.5　改良システムの系統と高速船での評価実験結果………… *193*
　　4.3.6　ま　　と　　め…………………………………………… *197*
4.4　地上ディジタル放送波の長距離光ファイバ伝送技術……………… *198*
　　4.4.1　設計・検討のためのシステムモデル……………………… *200*
　　4.4.2　システム設計のための検討………………………………… *201*
　　4.4.3　実際の光ファイバ網を使用したフィールド実験………… *207*
　　4.4.4　ま　　と　　め…………………………………………… *210*

引用・参考文献………………………………………………………………… *211*
索　　　　引…………………………………………………………………… *216*

1. ディジタル変復調技術の基礎

　本書の主題である **OFDM**（orthogonal frequency division multiplexing，**直交周波数分割多重**）はディジタル変調された多数のキャリヤ（搬送波）を合成することにより高性能化（耐マルチパス性など）を実現したものである。
　本章ではその基礎となるディジタル変復調技術，情報理論の基礎，無線通信のような過酷な伝送路において良好な信号品質を保つためには不可欠な誤り訂正技術について述べる。また，MATLABによるプログラム例も示す。

1.1　ディジタル変復調技術

　情報を遠くまで伝送する場合は，雑音やひずみなどの影響を受けるため，送りたい伝送路に応じて信号の形を変換する必要がある。無線通信においては，**搬送波**（キャリヤ，carrier）に情報を乗せて送信を行う。このように，電波に情報を乗せることを「変調」と呼ぶ。逆に，電波に乗っている情報を取り出すことは「復調」と呼ばれる。搬送波に乗せる情報が，アナログ信号の場合の変調を「アナログ変調」，一方，ディジタル信号の場合「ディジタル変調」と呼ぶ[1]〜[6][†]。
　アナログ変調においては，アナログ信号で搬送波の振幅，周波数，位相を変化させて情報を伝送する方式が用いられており，それぞれ **AM**（amplitude modulation，**振幅変調**），**FM**（frequency modulation，**周波数変調**），**PM**（phase modulation，**位相変調**）と呼ばれている。ディジタル変調でも同じような方式が考えられ，搬送波信号 $s(t)$ が

$$s(t) = A(t)\cos\{2\pi f_c t + \phi(t)\} \tag{1.1}$$

[†] 肩付き数字は，巻末の引用・参考文献番号を表す。

で表されるとき，2値のディジタル信号データ「0」，「1」により，振幅 $A(t)$，周波数 f_c および位相 $\phi(t)$ を変化させて情報を伝送する．これらの方式はアナログ方式に対応して，**ASK**（amplitude shift keying，振幅変調）[†]，**FSK**（frequency shift keying，周波数変調），**PSK**（phase shift keying，位相変調）と呼ばれている．表 1.1 に各種ディジタル変調方式と信号波形を示す．

表 1.1 各種ディジタル変調方式と信号波形

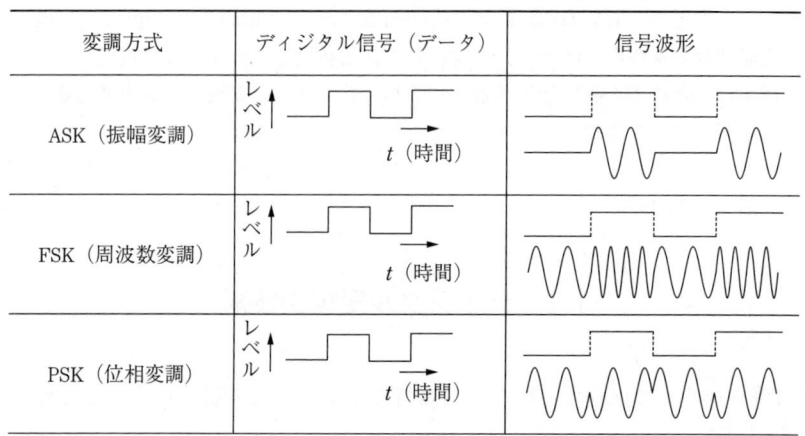

1.1.1 ASK 変調方式

ASK はディジタル信号で搬送波の振幅を変えることにより情報を伝送する方式である．搬送波とディジタル信号を乗算することで ASK 信号を得ることができる．搬送周波数を f_c とすれば ASK の信号波形は次式で表される．

$$s(t) = A(t)\cos(2\pi f_c t) \tag{1.2}$$

ここで，$A(t)$ は 2 値 ASK では 1 または 0 の値をとる．このように 2 値「0」か「1」で搬送波の断続を行う方式は，**OOK**（on-off keying）とも呼ばれる．図 1.1 は ASK 変調方式の信号波形を示す．

また，複数のレベルを用いてシンボル当りのビット数を増やす方式もあり，

[†] 「shift keying」という英語は，「偏移変調」と訳される場合もあるが，通常，「変調」と訳される場合がほとんどである．

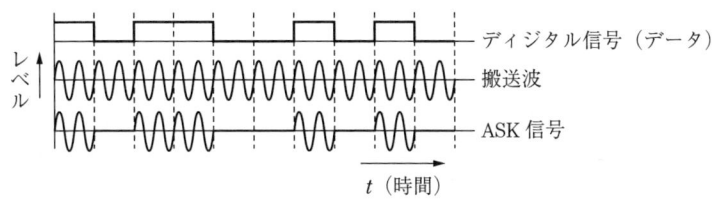

図 1.1　ASK 変調方式の信号波形

多値 ASK あるいは**多値 PAM**（multi-level pulse amplitude modulation，**多値パルス振幅変調**）と呼ばれる。ASK はレベル変動の影響を受けやすく，無線通信にはあまり利用されないが，振幅を 8 値に多値化し，伝送速度を高めた方式がアメリカの地上ディジタルテレビ放送に採用されている[7]。また，他の変調方式の装置と比べて，それほど複雑・高価なものではないため，光ファイバでデータ送信を行う場合に一般に使用されている。

1.1.2　FSK 変調方式

FSK は，2 値（0，1）のディジタル信号（データ）に合わせて搬送周波数を変化させ，情報を伝送する方式である。**図 1.2** は FSK 変調方式の信号波形を示す。

FSK 信号は 2 値のディジタル信号「0」，「1」で，**VCO**（voltage controlled oscillator）あるいは複数の発振器を切り替えることにより発生させることができ，受信もそれぞれの周波数を選択するためのバンドパスフィルタがあればよい。複数の発振器を利用する場合，二つの発振器の位相関係はまったくランダムであるため，切り替えた瞬間，出力の位相が不連続になり，大量の高調波を

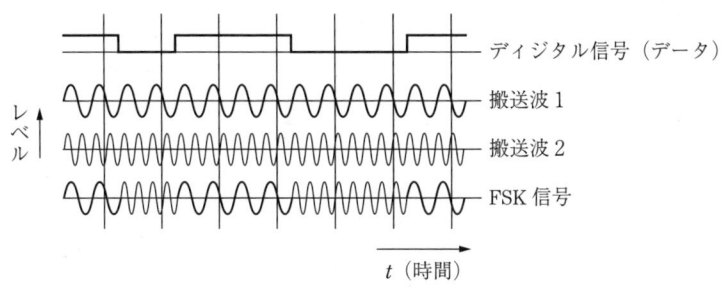

図 1.2　FSK 変調方式の信号波形

発生してしまう。すなわち切り替え時に位相変調を伴っているため，変調する信号をいくら帯域制限しても変調後のスペクトルのコントロールができなくなる。そこで，変調信号を帯域制限する必要があるが，変調出力は一定振幅ではなくなる。**図1.3**はFSK変調方式のスペクトルである。

図1.3　FSK変調方式のスペクトル

一方，VCOなど一つの発振器の周波数を連続的に変化させる場合は，変調信号を帯域制限することにより，スペクトルのサイドローブのコントロールが可能となる。このようなFSKを **CPFSK**（continuous phase FSK）と呼ぶ。FSKといった場合は，ほとんどの場合CPFSKのことを指す。**図1.4**にFSK変調方式の種類を示す。

〔1〕**MSK**　　**MSK**（minimum shift keying）は **変 調 指 数**[†]（modulation

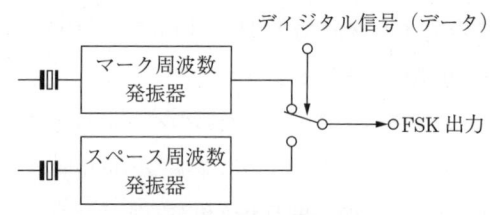

（a）位相不連続FSK

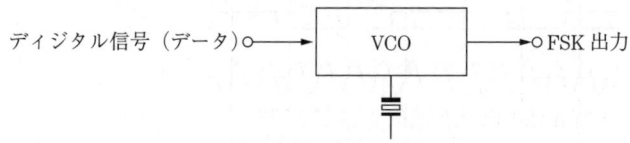

（b）位相連続FSK（CPFSK）

図1.4　FSK変調方式の種類

---

† 変調指数とは，最大周波数偏移を変調周波数で割った値をいう。

index）を 0.5 とした FSK の中で最も周波数帯域が狭い信号であり，I 軸と Q 軸間の直交性を持つ変調方式である。

MSK 信号 $s(t)$ は，振幅を A（定数），初期位相を 0 とすれば，次式で表される。

$$s(t) = A\sin\left(2\pi f_c t \pm \frac{\pi t}{2T}\right) \quad (m-1)T \leq t \leq mT \tag{1.3}$$

ここで，T はシンボル長，m は任意のシンボル番号である。三角関数の公式から式 (1.3) を書き直すと

$$s(t) = A\left\{\cos\frac{\pi t}{2T}\sin(2\pi f_c t) \pm \sin\frac{\pi t}{2T}\cos(2\pi f_c t)\right\} \tag{1.4}$$

となる。このように I 軸（$\cos(2\pi f_c t)$）と Q 軸（$\sin(2\pi f_c t)$）の和で信号を表すことができる。

〔2〕 **GMSK** GMSK（Gaussian filtered MSK）は MSK の情報信号を変調する前にガウス（Gauss）形波形整形フィルタで滑らかな波形に整形した後，変調指数 0.5 を与えた変調方式である。MSK と GMSK の違いはガウス形フィルタの有無にある。MSK では信号点は完全に 4 点に収束するのに対し，ガウス形フィルタで帯域制限を行った GMSK では，信号点が分散するので，受信特性は MSK に比べ若干劣化する。**表 1.2** に MSK と GMSK の比較を示す。

図 1.5 は MSK と GMSK 変調方式の I-Q 平面での信号点配置を示す。MSK はデータに対し，回転角度が±90°となる。しかし，ガウス形フィルタで帯域制限を施した GMSK では，方向転換時の回転速度の変化が MSK と比べ緩やかになる。

表 1.2 MSK と GMSK の比較

変調方式	ディジタル信号（データ）	信号波形
MSK	レベル↑　┌┐_┌┐_┌─ t（時間）→	
GMSK	レベル↑　┌┐_┌┐_┌─ t（時間）→	

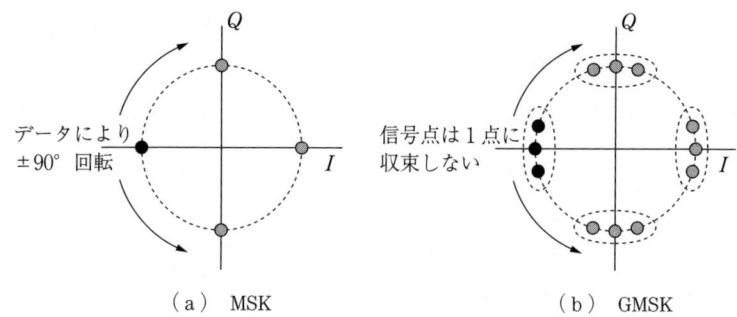

図1.5　MSKとGMSKのI-Q平面での信号点配置

1.1.3　PSK変調方式

PSKでは有限数の位相が使われ，それぞれに2値ディジタル信号（データ）特有のパターンが割り当てられる。それぞれのビットのパターンは，特定の位相と1 : 1に対応し，シンボルを構成する。アナログの位相変調は，変調周波数に無関係に変調レベルに比例して変調指数（位相量）が増加し，FMに比べて帯域が広がるため，あまり使用されない。しかし，ディジタル変調の場合は，サンプル点で「1」か「0」を判断できればよい。PSKにおいては，ナイキストの基準を満足するロールオフフィルタを使用すれば，帯域を制限しても符号間干渉なしに伝送が可能であり，ディジタル伝送に適した方式といえる。

〔1〕**BPSK**　　BPSK（binary phase shift keying）は2値のディジタルデータに応じて，搬送周波数の位相を変化させることで情報を伝送する変調方式の一種である。BPSK信号は次式で表される。

$$s(t) = A(t)\cos(2\pi f_c t) \tag{1.5}$$

搬送波の位相は2値のディジタル信号により変化し，0，πに2相位相変調された信号が得られる。PSKの中では最も単純な方式で，**周波数利用効率**（spectral efficiency，伝送速度（ビットレート）/ 帯域幅）はよくない。しかしその分，通信誤りが生じにくいという利点がある。一方，BPSKでは位相が急激に変化するため，出力スペクトルが広がってしまうという欠点もある。**図1.6**と**図1.7**はBPSK変調方式の信号波形と信号点配置を示す。データにより

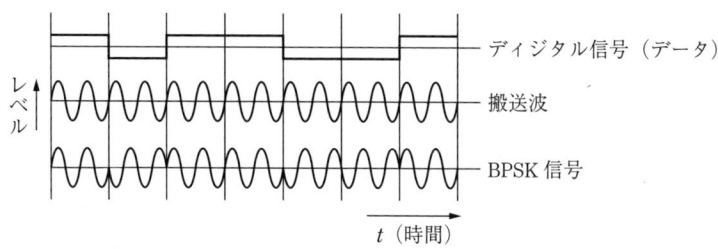

図 1.6　BPSK 変調方式の信号波形

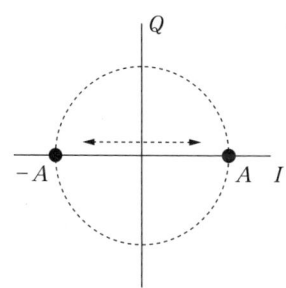

図 1.7　BPSK 変調方式の信号点配置

搬送波の位相が 180°回転することがわかる。

〔2〕**QPSK**　QPSK（quadrature phase shift keying）とは，搬送波の位相に 4 種類の値を持たせる変調方式のことである。QPSK では波形パターンを 4 種類に分け，1 回の変調で「00」，「01」，「10」，「11」の 4 値のデータ（1 シンボルで 2 ビット）を伝送することが可能である。

図 1.8 に QPSK 変調器の構成を示す。基本的に QPSK 変調器は BPSK 変調器 2 台で構成されている。図の **LPF**（low pass filter，**低域通過フィルタ**）は，

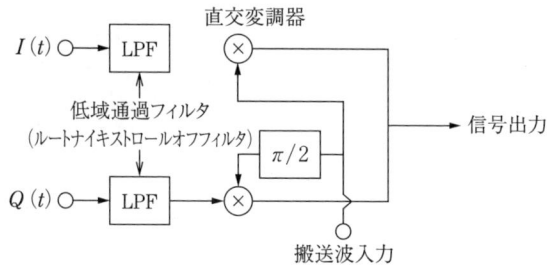

図 1.8　QPSK 変調器の構成

変調スペクトルの帯域外放射を抑えるためのものであり，**ルートナイキストロールオフ**（root Nyquist roll-off）フィルタが一般的に使用される。

図 1.9 に QPSK 変調方式の信号波形を示す。入力信号を 2 ビットごとに，I 軸信号（1 ビット）と Q 軸信号（1 ビット）に分けた後，それぞれ BPSK 変調する。この両変調信号出力を合成することにより，QPSK 信号を得ている。

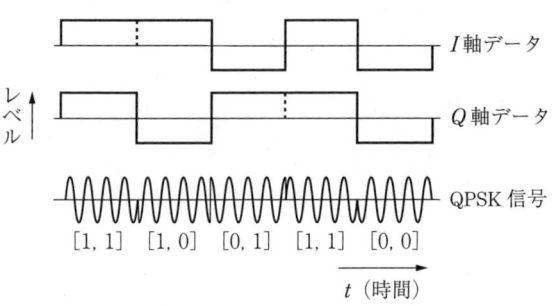

図 1.9　QPSK 変調方式の信号波形

図 1.10 に QPSK 変調方式の信号点配置を示す。**図 1.11** は QPSK 信号の空間軌跡である。BPSK 信号はビットが変化するごとに送信信号も変化するが，QPSK 信号は 2 ビットごとに変化するため，所要帯域幅は BPSK の半分ですむ。このため，雑音も半分となり，2 本の搬送波を使用しているにもかかわらず，BPSK と所要送信電力は同じとなる。

逆に，帯域を一定とすれば QPSK は 1 シンボルが 2 ビットで構成されているため，BPSK の 2 倍の情報を送ることができる（伝送速度が 2 倍）。QPSK

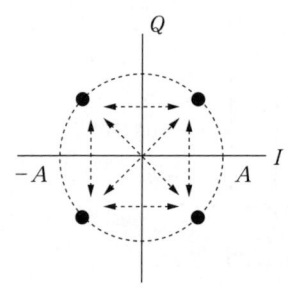

図 1.10　QPSK 変調方式の信号点配置

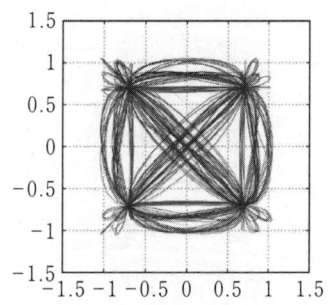

図 1.11　QPSK 信号の空間軌跡

は所要帯域幅を狭くでき,かつ,振幅方向に情報を持たないことから,伝送路の非線形ひずみに強い。このため,供給電力が制限され,十分な直線性が得られにくい衛星通信などで用いられているほか,地上ディジタル放送の移動受信用などさまざまな分野で使用されている。

〔3〕**OQPSK**　図 1.11 のように QPSK 信号の空間軌跡は原点を通るようになっている。このため,包絡線に急激な変化が生じ,飽和増幅器など非線形伝送路ではロールオフフィルタで帯域制限しても,スペクトルの再生が起こり,**スプリアス放射**[†](spurious radiation)の原因となる。

図 1.12 に OQPSK(offset QPSK)方式の信号波形を示す。OQPSK は,I 軸と Q 軸間に 1/2 シンボルの遅延を与えることにより,I 軸と Q 軸が同時に切り替わらないようにした方式である。原点を通ることなく,包絡線の急激な変動が起こらないため,スペクトルの再生を抑えることができ,増幅器の直線性が十分とれない衛星通信などで用いられる。図 1.13 は OQPSK の信号点配置を示す。図 1.14 は OQPSK 信号の空間軌跡である。

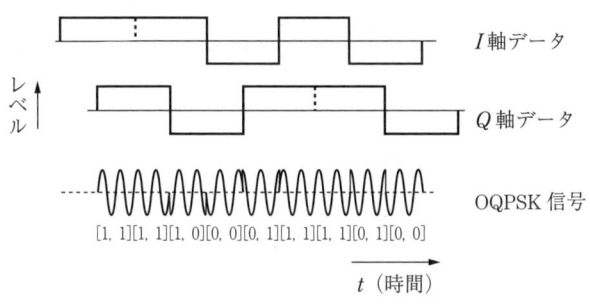

図 1.12　OQPSK 変調方式の信号波形

図 1.13 と図 1.14 から OQPSK の位相変動は最大 $\pi/2$ であるため,原点を通ることなく,包絡線の急激な変動を防ぐことができる。また,OQPSK はシンボルにオフセットを加えるため,差動検波が不可能であり,同期検波が用いられる。この場合の **BER**(bit error rate,ビット誤り率)特性は,QPSK の同

---

† 本来の電波以外に高調波,低調波など他の周波数の電波が放射されることで,他の通信への妨害を防ぐため,法規によって許容値を厳しく規定している。

10   1. ディジタル変復調技術の基礎

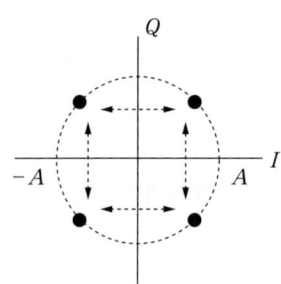

図 1.13　OQPSK の信号点配置

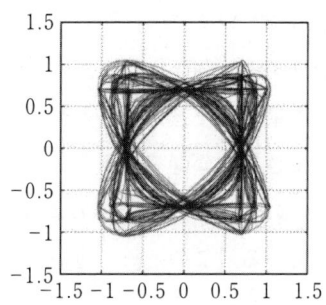

図 1.14　OQPSK 信号の空間軌跡

期検波時の BER 特性と同じである。

〔4〕**$\pi/4$ シフト QPSK**　図 1.15 に $\pi/4$ シフト QPSK の信号点配置を示す。図 1.16 は $\pi/4$ シフト QPSK 信号の空間軌跡である。$\pi/4$ シフト QPSK は，隣り合うシンボル間の位相変化量を変調器に入力される 2 ビットのデータ（「00」，「01」，「10」，「11」の 4 値の情報）によって決める方式である。QPSK と $\pi/4$ シフト QPSK の違いは，$\pi/4$ シフト QPSK では変調シンボルごとに搬送波の位相を $\pi/4$ ずつ回転させることであり，同期検波時には $\pi/4$ だけずれた二つの検波軸を交互に用いる。これにより，隣り合うシンボル間に移行するときの信号空間軌跡が原点を通ることがなく，包絡線の急激な変動を防ぐことができる。また，QPSK や OQPSK はデータによっては位相が変化しない場合もあるが，$\pi/4$ シフト QPSK はその動作原理からシンボルごとに必ず位相が

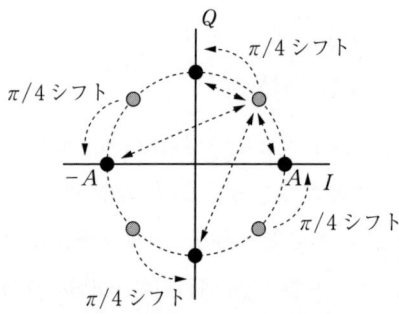

図 1.15　$\pi/4$ シフト QPSK の信号点配置

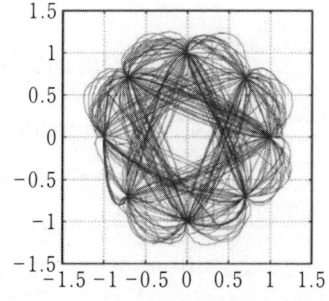

図 1.16　$\pi/4$ シフト QPSK の空間軌跡

変化するため,シンボル間隔の同期信号を生成しやすい利点もある。

$\pi/4$ シフト QPSK は,同期検波をした後,I 軸,Q 軸出力を差動復号することにより復調することも可能であるが,一般的には差動検波が用いられる。BER 特性は,QPSK や OQPSK と同じである。$\pi/4$ シフト QPSK は,**PDC**(personal digital cellar)および **PHS**(personal handy-phone system)などで採用されている。

1.1.4 多値直交振幅変調方式

多値直交振幅変調(M-QAM, M-ary quadrature amplitude modulation)**方式**では,たがいに独立な二つの搬送波の振幅と位相を変えることによって情報を伝達する。M-PSK(M-ary PSK)は基本的に位相を変化させることにより情報を送るが,M-QAM は位相と振幅を同時に変化させるため,平均電力を一定とした場合,信号点間距離を広くとることができ,誤り率の面で有利である。しかし,振幅方向に情報を持つため,伝送路の変動に影響を受けやすい。このため,振幅・位相変動補正のためのパイロット信号を送る必要があり,高性能な等化器が必要となる。

■ **16 QAM および 64 QAM**　図 1.17 に M-QAM 変調器の構成を示す。

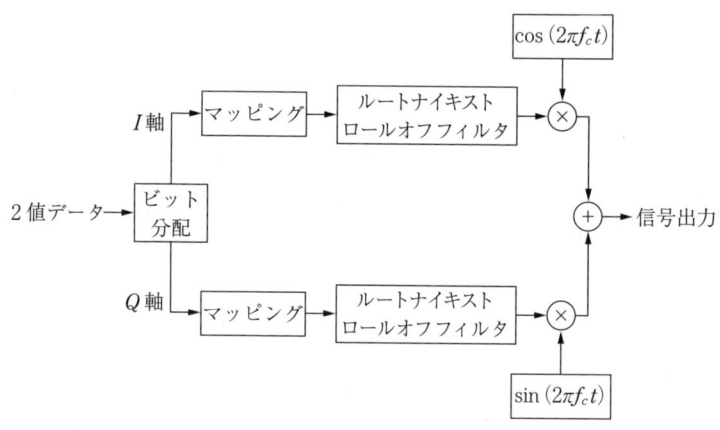

図 1.17　M-QAM 変調器の構成

M-QAM変調器の構成は基本的に M-PSK と同じである。ルートナイキストロールオフフィルタは，変調スペクトルの帯域外放射を抑えるために用いられている。16 QAM の場合，2値データは4ビットごとにビット分配され，そのうち2ビットが I 軸に，残りの2ビットが Q 軸に割り当てられる。

図1.18 は 16 QAM の信号点配置を示す。QPSK では振幅の種類は2値（-1 と 1）しかないが，16 QAM の場合は4値（-3, -1, 1, 3）が必要となる。このため，2値／4値変換を**マッピング**（mapping）部で行う。**表1.3** に 16 QAM のグレイコード例を示す。この後，QPSK と同様，直交する $\cos(2\pi f_c t)$ と $\sin(2\pi f_c t)$ を用いて出力で合成することにより，信号出力を得る。64 QAM の場合，2値情報データは6ビットごとにビット分配され，そのうち3ビットが I 軸に，残りの3ビットが Q 軸に割り当てられる。

表1.3 16 QAM のグレイコード例

入力ビット (b_0, b_1)	I 軸	入力ビット (b_2, b_3)	Q 軸
00	-3	00	-3
01	-1	01	-1
10	1	10	1
11	3	11	3

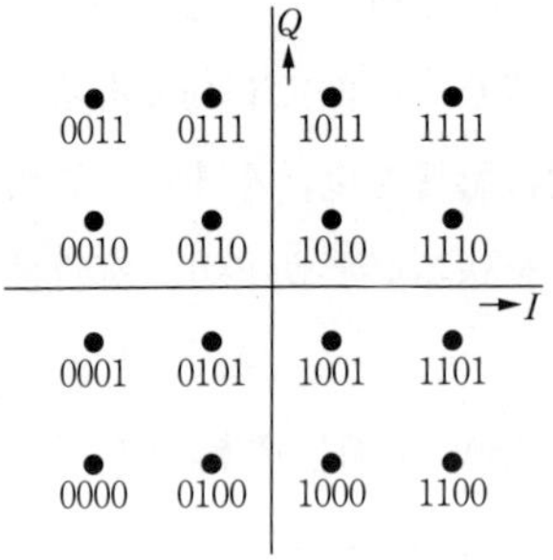

図1.18 16 QAM の信号点配置

図1.19 は 64 QAM の信号点配置を示す。また，**表1.4** は 64 QAM のグレイコード例である。

16 QAM 信号はシンボルが4ビットで構成されているため，BPSK に比べて4倍，QPSK に比べて2倍の伝送速度が得られる。また，64 QAM 方式はシンボルが6ビットで構成されているため，BPSK に比べて6倍，QPSK に比べて3倍の伝送速度が得られる。ただし，多値数が多くなると信号間距離が短くなるため，BPSK，QPSK と同じ誤り率を得るためには，送信電力を高める必要がある。16 QAM と 64 QAM は LTE (long term evolution)，WiMAX (world inter-

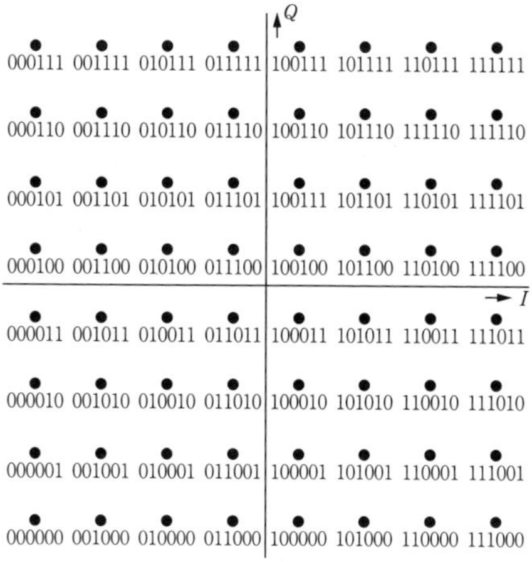

```
000111 001111 010111 011111 | 100111 101111 110111 111111

000110 001110 010110 011110 | 100110 101110 110110 111110

000101 001101 010101 011101 | 100111 101101 110101 111101

000100 001100 010100 011100 | 100100 101100 110100 111100
                                                            → I
000011 001011 010011 011011 | 100011 101011 110011 111011

000010 001010 010010 011010 | 100010 101010 110010 111010

000001 001001 010001 011001 | 100001 101001 110001 111001

000000 001000 010000 011000 | 100000 101000 110000 111000
```

表1.4 64QAM のグレイコード例

入力ビット (b_0, b_1, b_2)	I軸	入力ビット (b_3, b_4, b_5)	Q軸
000	-7	000	-7
001	-5	001	-5
010	-3	010	-3
011	-1	011	-1
100	1	100	1
101	3	101	3
110	5	110	5
111	7	111	7

図1.19 64QAM の信号点配置

operability for microwave access) など, 次世代モバイル通信システムおよび地上ディジタル放送の変調方式として採用されている[3),4)]。

1.1.5 MATLAB プログラム作成例

ディジタル変調方式の MATLAB プログラム作成例を紹介する。まず, ASK 信号作成プログラムを以下に示す。

プログラム1.1 ASK 信号作成プログラム

```
01  %作成者：安 昌俊(junny@m.ieice.org)
02  %
03  clearall%メモリ初期化
04  input_bit=randint(1,10); %2値のディジタル情報(10ビット)
05  freq=2; %区間信号波形の数
06  t=0:2*pi/99:2*pi;
07  continuous_wave=[]; ask_mod=[]; bit=[];
08  for assign_bit=1:length(input_bit);
09      if input_bit(assign_bit)==0; %入力ビットが0の場合
10          wave=zeros(1,100);
11          discete_state=zeros(1,100);
12      else input_bit(assign_bit)==1; %入力ビットが1の場合
13          wave=ones(1,100);
14          discete_state=ones(1,100);
15      end
```

```
16    carrier=sin(freq*t); %搬送波
17    continuous_wave=[continuous_wave wave];
18    ask_mod=[ask_mod carrier]; %累積区間ASKの信号波形
19    bit=[bit discete_state]; %累積区間ディジタル情報
20  end
21  ask=continuous_wave.*ask_mod; %ASKの信号波形
22  subplot(2,1,1); plot(bit); grid on;
23  title('Binary Signal');
24  axis([0 100*length(input_bit)-2 2]);
25  subplot(2,1,2); plot(ask); grid on;
26  title('ASK modulation');
27  axis([0 100*length(input_bit)-2 2]);
```

プログラム1.1からわかるように，搬送波とディジタル信号を乗算することでASK信号を得ることができる。入力ビットが0の場合 (09～11行)，wave=zeros(1, 100)により，振幅が0の信号が発生する。また，入力ビットが1の場合 (12～14行)，wave=ones(1, 100)により，搬送波信号が発生する。したがって，合成されたASK信号は，図1.20となる。

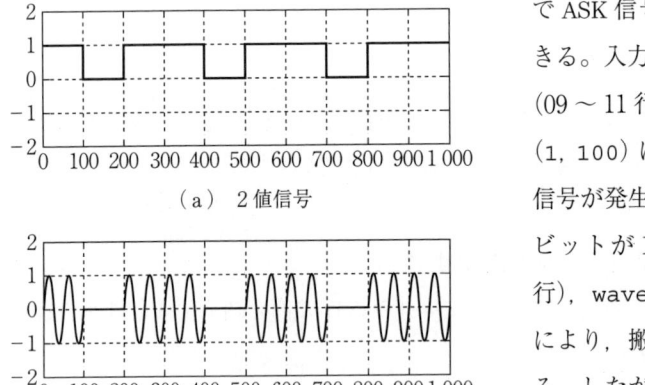

(a) 2値信号

(b) ASK変調

図1.20 ASK信号波形の例

プログラム1.2 FSK信号作成プログラム

```
01  %作成者：安 昌俊(junny@m.ieice.org)
02  %
03  clear all%メモリ初期化
04  input_bit=randint(1,10);
05  freq1=1;
06  freq2=2;
07  t=0:2*pi/99:2*pi;
08  continuous_wave=[]; fsk_mod=[]; bit=[];
09  for assign_bit=1:length(input_bit);
10      if input_bit(assign_bit)==0;
```

```
11          wave=ones(1,100);
12          carrier=sin(freq1*t);
13          discrete_state=zeros(1,100);
14      else input_bit(assign_bit)==1;
15          wave=ones(1,100);
16          carrier=sin(freq2*t);
17          discrete_state=ones(1,100);
18      end
19      continuous_wave=[continuous_wave,wave];
20      fsk_mod=[fsk_mod,carrier];
21      bit=[bit,discrete_state];
22 end
23 fsk=continuous_wave.*fsk_mod;
24 subplot(2,1,1);plot(bit);grid on;
25 title('Binary Signal');
26 axis([0 100*length(input_bit) -2.5 2.5]);
27 subplot(2,1,2);plot(fsk); grid on;
28 title('FSK modulation');
29 axis([0 100*length(input_bit) -2.5 2.5]);
```

プログラム1.2からわかるように，搬送波をディジタル信号により，切り替えることでFSK信号を得ることができる。入力ビットが0の場合(10〜13行)，carrier＝sin(freq1*t)により，信号が発生する。また，入力ビットが1の場合（14〜17行），carrier＝sin(freq2*t)により，異なる周波数の搬送波が信号として発生する。したがって，合成されたFSK信号は，**図1.21**となる。

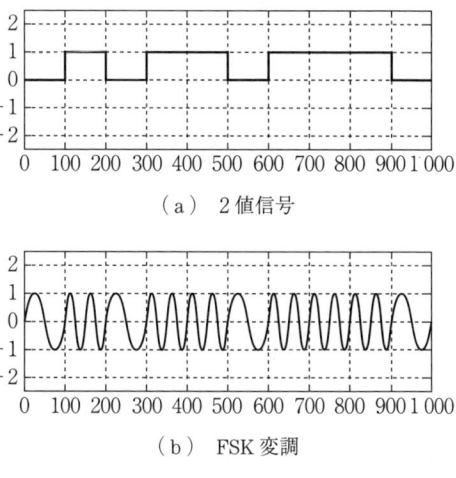

（a）2値信号

（b）FSK変調

図1.21 FSK信号波形の例

プログラム1.3 BPSK信号作成プログラム

```
01 %作成者：安 昌俊(junny@m.ieice.org)
02 %
03 clear all%メモリ初期化
```

16   1. ディジタル変復調技術の基礎

```
04  input_bit=randint(1,6); %2値のディジタル情報(6ビット)
05  freq=2; %周波数
06  t=0:2*pi/99:2*pi;
07  continuous_wave=[]; bpsk_mod=[]; bit=[];
08  for assign_bit=1:length(input_bit);
09    if input_bit(assign_bit)==0; %入力ビットが0の場合
10      wave=-ones(1,100);
11      discete_state=zeros(1,100);
12    else input_bit(assign_bit)==1; %入力ビットが1の場合
13      wave=ones(1,100);
14      discete_state=ones(1,100);
15    end
16    carrier=sin(freq*t);
17    continuous_wave=[continuous_wave,wave];
18    bpsk_mod=[bpsk_mod,carrier];
19    bit=[bit,discete_state];
20  end
21  bpsk=continuous_wave.*bpsk_mod;
22  subplot(2,1,1); plot(bit); grid on;
23  title('Binary Signal');
24  axis([0 100*length(input_bit) -2.5 2.5]);
25
26  subplot(2,1,2); plot(bpsk); grid on;
27  title('BPSK modulation');
28  axis([0 100*length(input_bit) -2.5 2.5]);
```

プログラム1.3からわかるように，BPSK信号は位相の異なる同じ周波数の搬送波を2値のディジタル情報によって切り替えたASK信号の合成と考えてもよい。入力ビットが0の場合(09～11行), wave = -ones (1, 100)により，位相が回転した搬送波が発生する。また，入力ビットが1の場合(12～14行), wave = ones (1, 100) により，位相が変化した搬送波が発生する。したがって，合成されたBPSK信号は，**図1.22**となる。

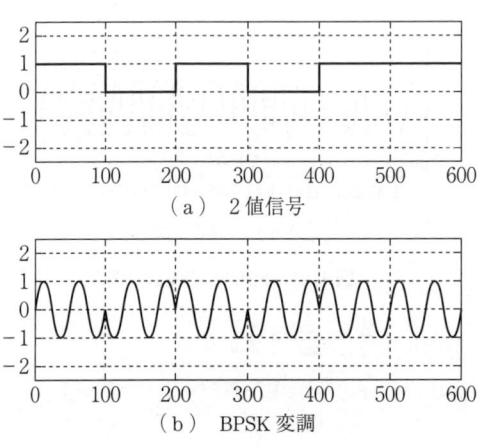

(a) 2値信号

(b) BPSK変調

図1.22　BPSK信号波形の例

1.1 ディジタル変復調技術

プログラム1.4 BPSK変調方式のBER特性シミュレーションプログラム

```
01  %作成者：安 昌俊（junny@m.ieice.org）
02  clear%メモリ初期化
03  bit_number=10^5; %シミュレーションビット数
04  rand('state',1000); %rand関数の初期化
05  randn('state',2000); %randn関数の初期化
06  Eb_No_dB=[0:1:10]; %シミュレーションするEb/No値
07  for Eb_No=1:length(Eb_No_dB)
08      %送信機
09      original_bit=rand(1,bit_number)>0.5; %ランダムビット
10      bpsk_data=2*original_bit-1; %BPSK変調
11      %雑音チャネル
12      noise=1/sqrt(2)*[randn(1,bit_number)+sqrt(-1)*randn(1,bit_
13      number)]; %雑音電力分散
14      noise_data=bpsk_data+10^(-Eb_No_dB(Eb_No)/20)*noise; %AWGN
15      %受信機
16      demodulated_data=real(noise_data)>0;
17      error_number(Eb_No)=size(find([original_bit-demodulated_
18      data]),2);
19  end
20  simulated_BER = error_number/bit_number; %シミュレーション結果
21  theory_BER=0.5*erfc(sqrt(10.^(Eb_No_dB/10))); %理論値結果
22  %結果出力
23  semilogy(Eb_No_dB,simulated_BER,'rd-');
24  hold on
25  semilogy(Eb_No_dB,theory_BER,'b*-');
26  axis([0 10 10^-5 1])
27  grid on
28  legend('Simulation(BPSK)','Theory(BPSK)');xlabel('Eb/No(dB)');
29  ylabel('BER');
```

プログラム1.4において，03行の`bit_number`は使用するビット数，06行の`Eb_No_dB`はシミュレーションする際のEb/No（1.2.1項参照）の範囲を示す．09行の`original_bit`はランダムビットを生成するプログラムであり，10行の`bpsk_data`で，BPSK変調を行う．12行は，I軸とQ軸に対する雑音の発生プログラムであり，正規化のため$1/\sqrt{2}$を掛けている．

16行は，受信信号の判定を行うプログラムであり，0より大きい値は1で，0より小さい値は-1で判定する．BPSK変調方式のBER特性シミュレーション結果は，**図1.23**となる．

18   1. ディジタル変復調技術の基礎

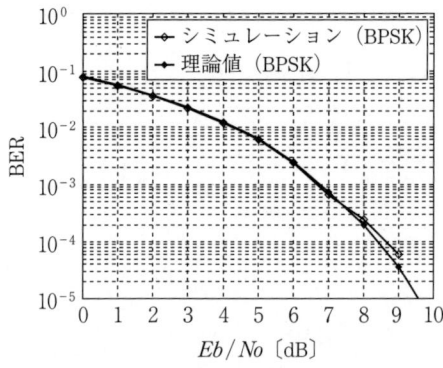

図1.23 BPSK の Eb/No に対する BER 特性

プログラム1.5 QPSK変調方式に対するBER特性シミュレーションプログラム

```
01  %作成者：安 昌俊(junny@m.ieice.org)
02  clear%メモリ初期化
03  symbol_number=10^5; %シミュレーションビット数
04  rand('state',1000); %rand関数の初期化
05  randn('state',2000); %randn関数の初期化
06  Eb_No_dB=[0:1:10]; %シミュレーションするEb/No値
07  for Eb_No=1:length(Eb_No_dB)
08      %送信機
09      original_bit=rand(1,symbol_number,2)>0.5; %ランダムビット
10      qpsk_data=1/sqrt(2)*[(2*original_bit(:,:,1)-1)+sqrt(-1)*
11      (2*original_bit(:,:,2)-1)]; %QPSK変調
12      %雑音チャネル
13      noise=1/sqrt(2)*[randn(1,bit_number/2)+sqrt(-1)*randn
14      (1,bit_number/2)]; %雑音電力分散
15      noise_data=qpsk_data+10^(-(Eb_No_dB(Eb_No)+10*log10(2))/
16      20)*noise; %AWGN
17      %受信機
18      demodulated_data(:,:,1)=real(noise_data)>0; %I軸検波
19      demodulated_data(:,:,2)=imag(noise_data)>0; %Q軸検波
20      error=find([original_bit-demodulated_data]);
21      error_number(Eb_No)=length(error);
22  end
23  simulated_BER=error_number/(symbol_number*2); %シミュレーション結果
24  theory_BER=0.5*erfc(sqrt(10.^(Eb_No_dB/10))); %理論値結果
25
26  %結果出力
27  semilogy(Eb_No_dB,simulated_BER,'rd-');
28  hold on
29  semilogy(Eb_No_dB,theory_BER,'b*-');
```

```
30  axis([0 10 10^-5 1])
31  grid on
32  legend('Simulation(QPSK)','Theory(QPSK)');
33  xlabel('Eb/No(dB)');
34  ylabel('BER');
```

プログラム1.5において，03 行の symbol_number は使用するシンボル数（ビット数は symbol_number×2 ビットになる）を，09 行の original_bit はランダムビットを生成するプログラムであり，QPSK であるためシンボルの 2 倍のビットを発生している．10 行の qpsk_data で，QPSK 変調を行う．I 軸と Q 軸にデータを乗せるため，送信電力の正規化が必要であり，$1/\sqrt{2}$ を掛けている．18～19 行は BPSK と同じように I 軸と Q 軸の判定を行うプログラムであり，各軸で 0 より大きい値は 1 で，0 より小さい値は -1 で判定する．QPSK 変調方式の BER 特性シミュレーション結果は，**図**1.24 となる．

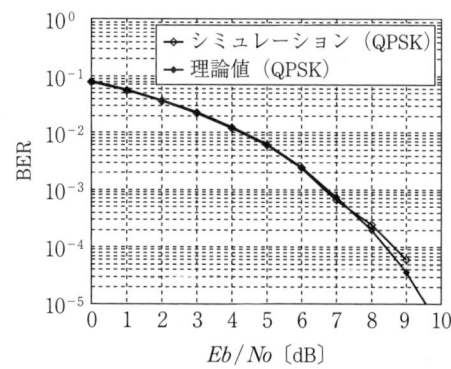

図1.24 QPSK の Eb/No に対する BER 特性

プログラム1.6 16 QAM 変調方式の BER 特性シミュレーションプログラム

```
01  %作成者：安　昌俊(junny@m.ieice.org)
02  clear%メモリ初期化
03  symbol_number=10^5; %シミュレーションビット数
04  Eb_No_dB=[0:20]; %シミュレーションするEb/No値
05  demodulated_data=zeros(1,symbol_number,4);
06  for Eb_No=1:length(Eb_No_dB)
07      %送信機
08      original_bit=rand(1,symbol_number,4)>0.5; %ランダムビット
09      qam16_data=(1/sqrt(10))*[((2*original_bit(:,:,1)-1)*2+(2*
10             original_bit(:,:,2)-1))...
11             +sqrt(-1)*((2*original_bit(:,:,3)-1)*2+(2*
12             original_bit(:,:,4)-1))]; %16QAM変調
13      %雑音チャネル
14      noise=1/sqrt(2)*[randn(1,symbol_number)+sqrt(-1)*randn
```

```
15      (1,symbol_number)]; %雑音電力分散
16      noise_data=qam16_data+10^(-(Eb_No_dB(Eb_No)+10*log10(4))
17      /20)*noise;
18      %受信機(I軸検波)
19      demodulated_data(1,find(real(noise_data)<-2/sqrt(10)),1)=0;
20      demodulated_data(1,find(real(noise_data)>2/sqrt(10)),1)=1;
21      demodulated_data(1,find(real(noise_data)>-2/sqrt(10)&
22      real(noise_data)<=0),1)=0;
23      demodulated_data(1,find(real(noise_data)>0&real(noise_data)<=2/
24      sqrt(10)),1)=1;
25
26      demodulated_data(1,find(real(noise_data)<-2/sqrt(10)),2)=0;
27      demodulated_data(1,find(real(noise_data)>2/sqrt(10)),2)=1;
28      demodulated_data(1,find(real(noise_data)>-2/sqrt(10)&
29      real(noise_data)<=0),2)=1;
30      demodulated_data(1,find(real(noise_data)>0&real(noise_data)<=2/
31      sqrt(10)),2)=0;
32
33      %Q軸検波
34      demodulated_data(1,find(imag(noise_data)<-2/sqrt(10)),3)=0;
35      demodulated_data(1,find(imag(noise_data)>2/sqrt(10)),3)=1;
36      demodulated_data(1,find(imag(noise_data)>-2/sqrt(10)&
37      imag(noise_data)<=0),3)=0;
38      demodulated_data(1,find(imag(noise_data)>0&imag(noise_data)<=2/
39      sqrt(10)),3)=1;
40
41      demodulated_data(1,find(imag(noise_data)<-2/sqrt(10)),4)=0;
42      demodulated_data(1,find(imag(noise_data)>2/sqrt(10)),4)=1;
43      demodulated_data(1,find(imag(noise_data)>-2/sqrt(10)&
44      imag(noise_data)<=0),4)=1;
45      demodulated_data(1,find(imag(noise_data)>0&imag(noise_data)<=2/
46      sqrt(10)),4)=0;
47
48      error=find([original_bit-demodulated_data]);
49      error_number(Eb_N0)=length(error);
50  end
51  simulated_BER=error_number/(symbol_number*4); %シミュレーション結果
52  semilogy(Eb_No_dB,simulated_BER,'rd-','LineWidth',1.5);
53  theory_BER=(3/8)*erfc(sqrt(2/5*(10.^(Eb_No_dB/10))))+(9/24)*erfc
54  (sqrt(2/5*(10.^(Eb_No_dB/10)))).^2;
55
56  %結果出力
57  semilogy(Eb_No_dB,simulated_BER,'rd-');
58  hold on
59  semilogy(Eb_No_dB,theory_BER,'b*-');
60  axis([0 20 10^-5 1])
```

```
61  grid on
62  legend('Simulation(16QAM)',' Theory(16QAM)');
63  xlabel('Eb/No(dB)');
64  ylabel('BER');
```

プログラム1.6において，09〜10行のqam16_dataは，発生ビットを2ビットに分け，最初の2ビットをI軸に，残り2ビットをQ軸に配置する．特に2ビットの状態により，発生する信号配置点は，I軸，Q軸ともに（−3，−1，1，3）になる．また，送信電力の正規化が必要であるため，$1/\sqrt{10}$を掛けている．18〜31行は16 QAMの受信信号を判定するプログラムであり，I軸とQ軸において，各2ビットずつ判定を行う．16 QAM変調方式のBER特性シミュレーション結果は，図1.25となる．

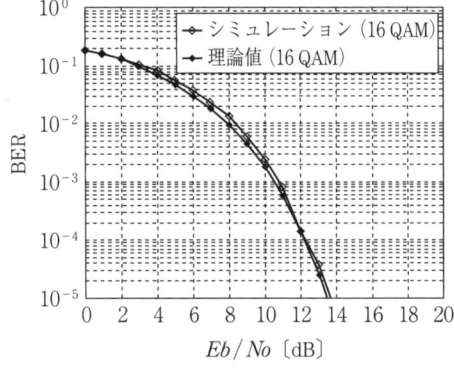

図1.25 16 QAMのEb/Noに対するBER特性

1.2 情報エントロピーとシャノン定理

情報理論（information theory）は，情報・通信を確率論と統計学に基づいて定義する学問である[8),9)]．応用数学の中でも情報の定量化に関する分野であり，可能な限り多くのデータを媒体に格納したり通信路で送ったりすることを目的としている．情報を科学的に扱うためには，その量を測ることが必要となる．しかし，情報は主観的な面があり，ある情報はある人にとっては大きな情報と思われるが，ほかの人にとってはほとんど意味のない情報になることもある．そのため，情報を理論的かつ客観的に定量化できる情報量の概念を利用する．ある事実が起きることによって得られる情報量は，その事実の性質に依存する．とても珍しいことが起きたとすれば情報量は多く，いつもどおりであれ

ば情報量は少なくなる。ある事実の起きる確率があらかじめわかっている場合に，その事実の持つ情報量が計算できる。

確率 p で起こる事実が起きたことによって得られる情報量を $I(p)$ とすると，$I(p) = -\log_2 p$ となる。例えば，m ビットで N 通りの情報を表現するためには $m \geq \log_2 N$ である必要がある。このとき，最低限必要なビット数が情報量の指標として使える。N 通りの事実が等確率で起こる場合は，どの事実が起きても同じ情報量が得られるため，その情報量を $I(p) = \log_2 N$ ビットと定義できる。例えば，サイコロの各面の 6 通りがまったくの等確率で起こると，それぞれの事実が起きたときの情報量は，$\log_2 6 \fallingdotseq 3$ ビットとなる。N 通りの事実が等確率で起こるということは，それぞれの事実が確率 $1/N$ で起こるといい換えることができる。そのため，$p = 1/N$ とすると，つぎの式となる。

$$I(p) = \log_2 N = \log_2 (1/p) = -\log_2 p \tag{1.6}$$

確率 p で起こる事実の情報量は $-\log_2 p$ ビットだということができる。これは等確率でない場合にも使える。確率 p が大きくなるほど情報量は小さくなり，確率 1 で起こる事実の情報量は 0 である。また，確率が 0 に近づくと情報量は無限に大きくなる。**平均情報量（エントロピー）** は，その情報源がどれだけ情報を出しているかを測る尺度である。一般的な物理学では，エントロピーを「乱雑さ」，「不規則さ」，「不確実さ」などと定義する。

情報理論でも同じ概念で定義し，その情報が不規則であればあるほど，平均として多くの情報を運んでいることを意味する。例えば，二つのアルファベット X，Y がランダムに出力されているとし，アルファベットが過去に依存しないとする。このように，過去に依存せず独立に出力される情報源を無記憶情報源と呼ぶ。それぞれの確率を P_X，P_Y とすると X が出力されたときには，式 (1.6) により $-\log_2 P_X$ ビットの情報を得る。Y ならば $-\log_2 P_Y$ ビットになり，この 2 通りの情報量を与える確率を用いて平均情報量（エントロピー）E を表すと，つぎの式が得られる。

$$E = P_X I(P_X) + P_Y I(P_Y) = -P_X \log_2 P_X - P_Y \log_2 P_Y \tag{1.7}$$

さらに，$P_X = p$，$P_Y = q = 1 - p$ として，書き直すとエントロピー $E(p)$ は次

式で表される。

$$E(p) = -p\log_2 p - (1-p)\log_2(1-p) \tag{1.8}$$

ここで，$E(p)$ は**エントロピー関数**（entropy function）と呼ぶ。エントロピー関数を**図1.26**に示す。

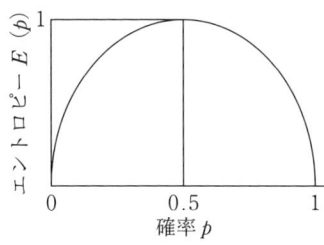

図1.26　エントロピー関数

この図は，アルファベットの出現頻度に偏りがあるとエントロピーが小さくなることを表している。この「情報エントロピー」と呼ぶ抽象的な量を使って，1948年，32歳だった Claude E. Shannon が当時の米国 Bell Laboratory で発表した論文 "A Mathematical Theory of Communication" で，シャノン定理を次式のように示した。

$$C_b = B\log_2\left(1 + \frac{S}{NoB}\right) \tag{1.9}$$

ただし，C_b は通信路容量〔bps〕，B は信号帯域幅〔Hz〕，S は信号電力〔W〕，No は単位帯域幅における雑音電力〔W/Hz〕である。この式は実用という立場からもきわめて重要で，発表当時から今に至るまで，通信/伝送技術の開発現場では**シャノン限界**（Shannon limit）に近い性能をいかに実現するかが技術開発の基本的指針となっている。

1.2.1　各変調方式に対するBERと周波数利用効率

雑音による受信信号の誤りは，信号にガウス雑音が重なるために生じるものと考えることができる。この場合，BERは**図1.27**に示すように判定点からはみ出す部分の面積で計算でき，符号「0」と「1」が現れる確率を1/2ずつと

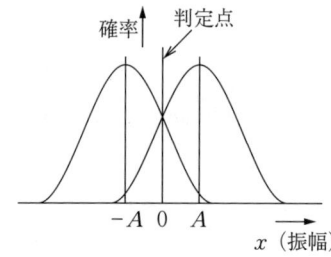

図1.27 雑音による誤り発生

すれば，ビット誤り率 P_e は式 (1.10) で表される．

$$P_e = \frac{1}{2}\left[\int_{-\infty}^{0} \frac{1}{\sqrt{2\pi\sigma^2}} \exp\left\{-\frac{(x-A)^2}{2\sigma^2}\right\} dx + \int_{0}^{\infty} \frac{1}{\sqrt{2\pi\sigma^2}} \exp\left\{-\frac{(x+A)^2}{2\sigma^2}\right\} dx\right]$$

$$= \frac{1}{2\sqrt{\pi}} \left\{\int_{-\infty}^{-\frac{A}{\sqrt{2\pi\sigma^2}}} \exp(-y^2) dy + \int_{\frac{A}{\sqrt{2\pi\sigma^2}}}^{\infty} \exp(-y^2) dy\right\}$$

$$= \frac{1}{\sqrt{\pi}} \int_{\frac{A}{\sqrt{2\sigma^2}}}^{\infty} \exp(-y^2) dy = \frac{1}{2}\mathrm{erfc}\left(\frac{A}{\sqrt{2\sigma^2}}\right) = \frac{1}{2}\mathrm{erfc}(\sqrt{\gamma}) \quad (1.10)$$

ここで，σ^2 は雑音の分散（雑音電力）であり，$\mathrm{erfc}(x)$ は

$$\mathrm{erfc}(x) = \frac{2}{\sqrt{\pi}} \int_{x}^{\infty} \exp(-u^2) du \quad (1.11)$$

と表すことができ，**誤差補関数**（complementary error function）と呼ばれる．また，γ は信号電力を雑音電力で割った値である．

ここで，変調方式を考えた上での CNR，SNR，Eb/No について説明を行う．**CNR**（carrier to noise ratio）は搬送波電力対雑音電力比であり，RF 信号（搬送波）の品質を表すのに対して，**SNR**（signal to noise ratio）はベースバンド信号の品質を表すのに用いられる．BPSK と QPSK の包絡線振幅を A とし，搬送波電力を同じにすれば，ベースバンドでの信号電力は，BPSK では，A^2（負荷抵抗は1Ω），QPSK では $A^2/2$（I，Q それぞれの軸の電力）である．

一方，搬送波電力については，BPSK では，$A^2/2$（正弦波のため），QPSK も同様に $A^2/2$（$=A^2/4$（I軸）$+A^2/4$（Q軸））となる．雑音電力はベースバンド帯と搬送波帯で同じであるため，QPSK では SNR と CNR は一致し，BPSK では CNR の方が 3dB 低い値となる．

1.2 情報エントロピーとシャノン定理

変調方式のガウス雑音に対する強さは，すべて Eb/No（受信1ビット当りのエネルギー〔J〕/1 Hz当りの雑音電力〔W〕）で決まる。搬送波電力を C，雑音電力を N，シンボル長を T，帯域幅を B〔Hz〕，1シンボル当りのビット数を n とすれば，CNR（C/N）と Eb/No の関係は次式で表される。

$$\frac{C}{N} = \frac{nEb/T}{NoB} = \frac{n/T}{B}\frac{Eb}{No} \qquad (1.12)$$

n/T は1秒当り伝送できるビット数であり，伝送速度を表している。これを R〔bps〕とすれば次式が成り立つ。

$$\frac{C}{N} = \frac{R}{B}\frac{Eb}{No} \qquad (1.13)$$

R/B は1秒・1 Hz当り伝送できるビット数であり，周波数利用効率を表している。BPSKでは周波数利用効率が1となり，誤り率に対してCNRと Eb/No は同じ特性となる。QPSKでは周波数利用効率が2となり，CNRから3 dB引いた値が Eb/No となる。すなわち，伝送速度が同じであればBPSKとQPSKは同じBER特性となるが，QPSKはBPSKの2倍の情報を送ることができるため，ビット当りの電力は半分となる。このため，送信電力も2倍にしないと同じBERを確保することはできない。16 QAMについては，ビットレートはQPSKの2倍であるから，約4 dB高い Eb/No が必要となる。**表1.5** は各変調方式に対する誤り率の計算式を示す。

表1.5 各変調方式に対する誤り率の計算式

変調方式	誤り率
BPSK	$\frac{1}{2}\mathrm{erfc}\left(\sqrt{Eb/No}\right)$
QPSK	$\frac{1}{2}\mathrm{erfc}\left(\sqrt{Eb/No}\right)$
16 QAM	$\frac{3}{8}\mathrm{erfc}\left(\sqrt{\frac{2}{5}Eb/No}\right) - \frac{9}{24}\mathrm{erfc}^2\left(\sqrt{\frac{2}{5}Eb/No}\right)$
64 QAM	$\frac{7}{24}\mathrm{erfc}\left(\sqrt{\frac{1}{7}Eb/No}\right) - \frac{49}{384}\mathrm{erfc}^2\left(\sqrt{\frac{1}{7}Eb/No}\right)$
256 QAM	$\frac{15}{64}\mathrm{erfc}\left(\sqrt{\frac{4}{85}Eb/No}\right) - \frac{225}{2048}\mathrm{erfc}^2\left(\sqrt{\frac{4}{85}Eb/No}\right)$

表 1.5 の式による受信 Eb/No に対する各変調方式の BER を**図 1.28** に示す。変調方式が高くなると，目標 BER（1×10^{-5} 時）を実現するためには BPSK・QPSK と比べ，16 QAM は約 4 dB，64 QAM は約 8.3 dB 高い Eb/No が必要となる。

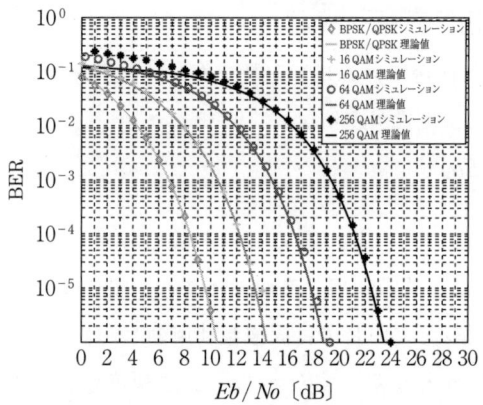

図 1.28 Eb/No に対する各変調方式の BER 特性

1.2.2 帯域制限

通信システムにおいては，使用できる周波数帯域が決められており，信号のスペクトルはこの帯域を超えないようにする必要がある。ディジタル通信はパルスを使って情報を送るため，パルスのスペクトルを定められた帯域内に制限する必要があり，式 (1.14) のように帯域制限を行う。

$$R(f) = \begin{cases} 1 & |f| \leq (1-\alpha)\dfrac{B}{2} \\ \dfrac{1}{2}\left\{1 - \sin\left(\pi \dfrac{1}{\alpha B}\left(f - \dfrac{B}{2}\right)\right)\right\} & (1-\alpha)\dfrac{B}{2} < |f| \leq (1+\alpha)\dfrac{B}{2} \\ 0 & (1+\alpha)\dfrac{B}{2} < |f| \end{cases}$$
(1.14)

ここで，B は帯域幅，α はロールオフ率（$0 \leq \alpha \leq 1$）である。

1.2 情報エントロピーとシャノン定理

図 1.29 はコサインロールオフ特性を示しており，使用帯域幅は $(1+\alpha)B$ [Hz] になる。

インパルス応答特性は式 (1.14) を逆フーリエ変換すれば求められ，次式で表される。

$$p(t) = B\frac{\sin(\pi Bt)\cdot\cos(\alpha\pi Bt)}{\pi Bt(1-4\alpha^2 B^2 t^2)} \tag{1.15}$$

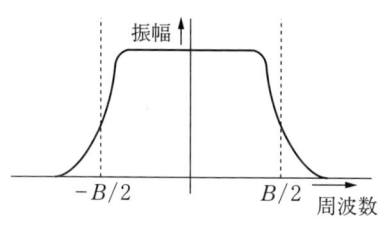

図 1.29　コサインロールオフ特性

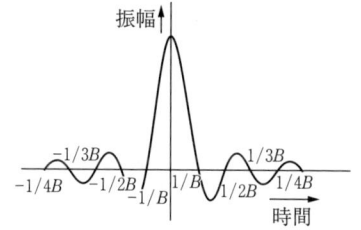

図 1.30　インパルス応答

図 1.30 にロールオフ率を 10 % ($\alpha = 0.1$) とした場合のインパルス応答特性を示す。帯域制限されたインパルス応答は振動しながら減衰するが，永遠に 0 になってしまうことはない。ナイキストパルスはこのようなパルスの一つであり，ピーク以外で等間隔にゼロ交差していることがわかる。この条件をナイキスト条件と呼び，これを満たすパルスをナイキストパルスと呼ぶ。実際のディジタル通信では，このナイキストパルスが送信機から送り出され，等間隔ゼロ交差の性質が重要な働きをしている。

例えば，正のパルスと負のパルスでディジタル情報を送ることを考えると，最も安全な送り方は，パルスの裾が十分減衰してからつぎのパルスを送り出すことである。しかし，これでは単位時間に送れるパルスの個数が少なく，もっと多くのパルスを送るためには，前のパルスの裾が減衰しないうちにつぎのパルスを重ねて送る必要があり，このことを実現することが高速ディジタル通信を実現する一つの重要なポイントとなる。

ここで，ナイキスト条件の一般化を行う。式 (1.15) から $p(t)$ を $t=0$ を中心に周期 $T=1/B$ でサンプリングすると，そのサンプル値列は………，

$p(-3T)$, $p(-2T)$, $p(-T)$, $p(0)$, $p(T)$, $p(2T)$, $p(3T)$, ……… のようになり，ナイキスト条件は，すべての整数 $m \neq 0$ について，$p(mT)=0$ を満たす．この条件をパルスのスペクトル $A(f)$ に反映させれば

$$p(mT) = \frac{1}{2\pi} \int_{-\infty}^{\infty} A(f) e^{j2\pi fmT} df \tag{1.16}$$

になり，$e^{j2\pi fmT}$ は周期が $1/T=B$ であるため

$$p(mT) = \frac{1}{2\pi} \int_{-B/2}^{B} \left\{ \sum_{n=-\infty}^{\infty} A(f-nB) \right\} e^{j2\pi fmT} df \tag{1.17}$$

のように変形できる．この形は { } 内の関数をフーリエ級数展開していることを表している．すべての $m \neq 0$ について，式 (1.17) が 0 になるため，{ } の中身が恒等的に定数である必要があるため，ナイキスト条件のスペクトル表現は

$$\sum_{n=-\infty}^{\infty} A(f-nB) = 一定 \tag{1.18}$$

となる．$A(f)$ が帯域幅 $2B$ に制限されているならば，式 (1.18) の総和から関係のない項を省いて

$$A(f-B) + A(f) + A(f+B) = 一定 \quad [-B/2, B/2] \tag{1.19}$$

となる．$f = \pm B/2$ で $A(f) = 1/2$ であり，この点を中心に点対称のロールオフ特性を持たせれば，ナイキスト条件が満たされる．

2. 次世代モバイル通信

　移動体通信では，送信された電波が移動局アンテナ周辺の地形や建物により反射，回折，散乱等を受けるため**多重波伝搬路**（以下，マルチパス伝搬路という）が生じている。このような状況においては，受信点では多数の波が干渉し，振幅変動，位相変動が発生する。**マルチパスフェージング**（multipath fading）環境下でディジタル伝送を行う場合，**シンボル長**（symbol length）が遅延広がりに対して十分長い場合は，マルチパス伝搬による遅延の影響を受けることはない。しかし，高速ディジタル伝送を行う場合，シンボル長が短くなるためマルチパス伝搬路による伝搬遅延の影響が無視できなくなり，伝送帯域内の周波数特性がひずむ**周波数選択性フェージング**（frequency selective fading）が生じる。その結果，**シンボル間干渉**（ISI，intersymbol interference）が生じて，伝送特性が劣化する。このような環境において，現実的なハードウェア規模で実現でき，効率よく周波数を利用して高速ディジタル伝送を実現できる技術として，マルチキャリヤ変調方式が挙げられる。

　マルチキャリヤ変調方式は，周波数選択性フェージングが生じない程度に伝送速度を抑えた複数の変調信号を周波数多重化し，並列に伝送することにより高速伝送を行う方式であり，比較的簡単なハードウェアで実現可能である。特に，マルチキャリヤ変調方式において各キャリヤ間に直交関係が成立している**直交周波数分割多重**（OFDM）方式は，直交マルチキャリヤ変調方式とも呼ばれており，移動体通信や地上ディジタル放送などのマルチパス伝搬環境下における有効性が示されている。

　OFDM方式は変復調に**高速フーリエ変換**（**FFT**，fast Fourier transform）を用いることができるため，ハードウェア規模を小さくでき，また，周波数利用効率が高いといった特徴がある。また，OFDM方式においては，**ガードインターバル**（guard interval）を設けることにより，ガードインターバルより短い遅延時間のマルチパス波（遅延波）により生じるシンボル間干渉の影響を完全に取り除くことができる。さらに，トータル伝送速度一定の条件においてはキャリヤ数を多くすることにより各キャリヤ当りの伝送速度を低

下させることができるため、周波数選択性フェージングに対する耐性を高めることができる。

本章では、電波伝搬特性とOFDMの基本特性を紹介する。また、近年、標準化が進んでいる次世代モバイル通信についても紹介するとともに、MATLABによるプログラム例を示す。

2.1 電波伝搬環境

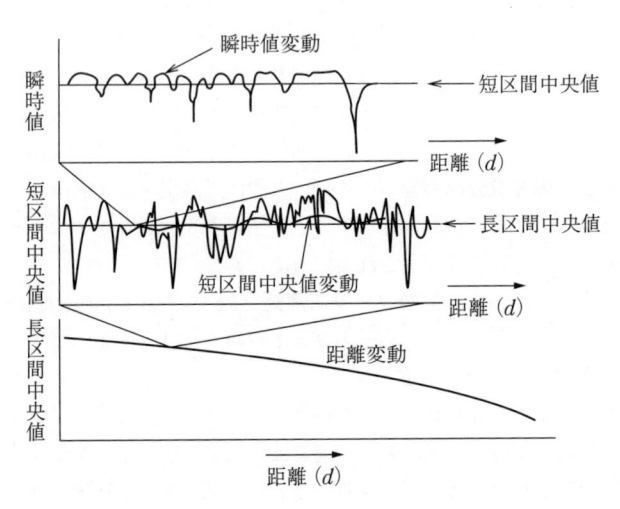

2.1.1 陸上移動伝搬特性

陸上移動伝搬特性は図2.1に示すように距離の変化に伴う変動（**距離変動**）、数メートル程度の区間にわたる緩慢な変動（**短区間中央値変動**）、および数メートル程度の区間での急激な変動（**瞬時値変動**）の三つの変動が重畳された形で表される。距離変動とは、送受信間距離dの変化に伴い電界強度が$d^{-\alpha}$に比例して変動することをいう。αは自由空間では1、一般の市街地伝搬路では1.5～2.0であることが知られている。

ここで、図2.2の電波伝搬モデルを用いて距離変動による伝搬損失の計算式を紹介する。

図2.1　陸上移動伝搬特性

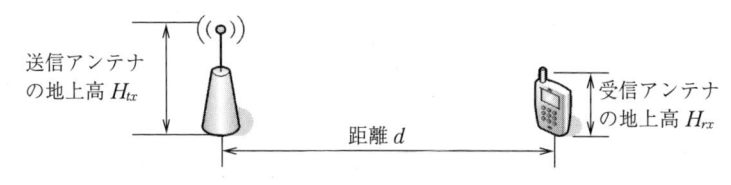

図 2.2 電波伝搬モデル

〔1〕 **フリスの伝搬損失計算式** 送信電力を単位電力1とし，送信アンテナの絶対利得G_{tx}を1，受信アンテナの絶対利得G_{rx}を1，通信周波数をf〔MHz〕とすると，フリスの伝搬損失計算式$L_{p,(friis)}$〔dB〕は次式で表される[10]。

$$L_{p,(friis)} = 20\log\left(\frac{4\pi\sqrt{d^2-(H_{tx}-H_{rx})^2}}{\lambda}\right) \quad (2.1)$$

ここで，d は送受信アンテナ間の距離，H_{tx} は送信アンテナの地上高，H_{rx} は受信アンテナの地上高，λ は自由空間中の波長である。

〔2〕 **奥村・秦モデルの伝搬損失計算式** 奥村・秦モデルは，伝搬損失に関する膨大な実験結果から抽出した実験式であり，市街地における伝搬損失 $L_{p,(city)}$〔dB〕は次式で表される[11]。

$$\begin{aligned}L_{p,(city)} &= 69.55 + 26.16\log(f) - 13.82\log(H_{tx}) \\ &\quad - [1.11\log(f) - 0.7]H_{rx} - [1.56\log(f) - 0.8] \\ &\quad + [44.9 - 6.55\log(H_{tx})]\log\frac{d}{1\,000}\end{aligned} \quad (2.2)$$

ここで，送信電力は単位電力1，送信アンテナの絶対利得G_{tx}は1，受信アンテナの絶対利得G_{rx}は1，通信周波数はf〔MHz〕である。また，郊外における伝搬損失 $L_{p,(country)}$〔dB〕はつぎの式となる。

$$\begin{aligned}L_{p,(country)} &= 64.15 + 26.16\log(f) - 13.82\log(H_{tx}) \\ &\quad - [1.11\log(f) - 0.7]H_{rx} - [1.56\log(f) - 0.8] \\ &\quad + [44.9 - 6.55\log(H_{tx})]\log\frac{d}{1\,000} - 2\left(\log\frac{f}{28}\right)^2\end{aligned} \quad (2.3)$$

一方，短区間中央値変動は**シャドウイング**（shadowing）とも呼ばれ，電界強度xの確率密度関数$p(x)$は，次式で表される対数正規分布に従うことが

知られている。

$$p(x) = \frac{1}{\sqrt{2\pi}\sigma} \exp\left\{-\frac{(x-x_{av})^2}{2\sigma^2}\right\} \tag{2.4}$$

ここで，x〔dB〕は**短区間中央値**，x_{av}〔dB〕は**長区間平均値**，σは**標準偏差**である（市街地におけるσの値は約 $5\sim 8\,\mathrm{dB}$）。

移動体通信環境において，特に問題となるのがマルチパス伝搬路を経由して到来する複数波の干渉により発生する**瞬時値変動**である。陸上移動伝搬路は，**図 2.3**に示すように，移動局周辺の地形や地物により反射，回折，散乱等の影響を受けるマルチパス伝搬路となる。この場合，移動局周辺には，さまざまな方向から到来する多数の波がたがいに干渉し合い，ランダムな定在波性の電磁界分布が形成される。このような定在波性の電磁界分布の中を移動局が移動すると，受信波の包絡線と位相はランダムに変動することになる。

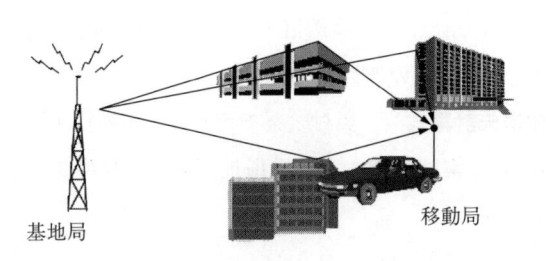

図 2.3　マルチパス伝搬路

2.1.2　マルチパスフェージングチャネル

本章冒頭で述べたように，移動体通信においてはマルチパス伝搬路が生じており，受信点では多数の波が干渉し，振幅変動，位相変動が発生する。ここで，送信波 $s(t)$ を次式で表す。

$$s(t) = \mathrm{Re}\left[u(t)e^{j2\pi f_c t}\right] \tag{2.5}$$

ここで，$\mathrm{Re}[\cdot]$ は $[\cdot]$ の実数部，f_c はキャリヤ周波数を表す。また，$u(t)$ は**ベースバンド信号**（baseband signal）である。

送信波は異なった伝搬遅延時間と減衰量を持つ複数の伝搬路を経由して受信され，このときの受信波 $s_r(t)$ は次式の畳込みで表すことができる。

$$s_r(t) = \sum_{l=1}^{L} \alpha_l(t) s(t-\tau_l) \tag{2.6}$$

ここで，$\alpha_l(t)$，$\tau_l(t)$，L はそれぞれ l 番目の伝搬路の伝搬減衰量，伝搬遅延時間，遅延波数である．式 (2.5) を式 (2.6) に代入すれば

$$s_r(t) = \mathrm{Re}\left(\left\{\sum_{l=1}^{L} \alpha_l(t) e^{-j2\pi f_c \tau_l(t)} u(t-\tau_l(t))\right\} e^{j2\pi f_c t}\right) \tag{2.7}$$

となる．受信波 $s_r(t)$ のベースバンド信号 $u_r(t)$ は式 (2.8) で表される．

$$u_r(t) = \sum_{l=1}^{L} \alpha_l(t) e^{-j2\pi f_c \tau_l(t)} u(t-\tau_l(t)) = \int_0^\infty c(\tau;t) u(t-\tau) d\tau \tag{2.8}$$

ここで，$c(\tau;t)$ は伝搬路のベースバンドにおけるインパルス応答であり，次式で表される．

$$c(\tau;t) = \sum_{l=1}^{L} \alpha_l(t) e^{-2\pi f_c \tau_l(t)} \delta(\tau - \tau_l(t)) \tag{2.9}$$

ここで，δ はデルタ関数である．まず，単一周波数 (f_c) の正弦波伝送を考える．$u(t)=1$ であるから，マルチパス伝搬路において，$u_r(t)$ は式 (2.8) より

$$u_r(t) = \sum_{l=1}^{L} \alpha_l(t) e^{-2\pi f_c \tau_l(t)} = \sum_{l=1}^{L} \alpha_l(t) e^{-j\theta_l(t)} \tag{2.10}$$

となる．ここで $\theta_l(t) = 2\pi f_c \tau_l(t)$ である．式 (2.10) の τ_l は**ランダム過程** (random process) であるので，受信波 $u_r(t)$ もランダム過程となる．式 (2.10) より，$u_r(t)$ は多数のランダム過程の和である．したがって，**中央極限定理**[†] (central limit theorem) による $u_r(t)$ は複素ガウスランダム過程でモデル化できる．

さらに受信波の振幅 r の確率密度関数 $p(r)$ は，式 (3.11) で表されるレイリー分布に従う．受信波包絡線の確率密度関数 $p(r)$，位相の確率密度関数 $p(\theta)$ はそれぞれ次式で表される．

$$p(r) = \frac{r}{\sigma^2} \exp\left(-\frac{r^2}{2\sigma^2}\right) \quad (r \geq 0) \tag{2.11}$$

[†] 和を構成する変数がつぎの条件において，変数の和の分布は数が大きくなると正規分布に近づく．条件：① 各変数は独立で，同じ分布型，② 各変数は独立で，異なる分布型，③ 各変数は独立でないが，たがいの相関係数が 0．

$$p(\theta) = \frac{1}{2\pi} \qquad (0 \leq \theta < 2\pi) \tag{2.12}$$

ここで，σ^2 は信号の平均電力である。

式 (2.11) はレイリー分布，式 (2.12) は区間 [0 ; 2π] において一様分布であり，フェージング受信波の包絡線と位相の変動は，レイリー分布と一様分布則に従う。しかし，包絡線がレイリー分布則に従って変動するのは狭い周波数帯域の場合であり，広帯域伝送においてはマルチパス伝搬路の各伝搬遅延時間広がりが無視できなくなり，伝送帯域内の周波数により変動が異なり伝送波形にひずみが生じる。このようなフェージングは周波数選択性フェージングと呼ばれており，広帯域伝送を行う場合大きな問題となる。**図 2.4** は周波数選択性フェージングのイメージである。

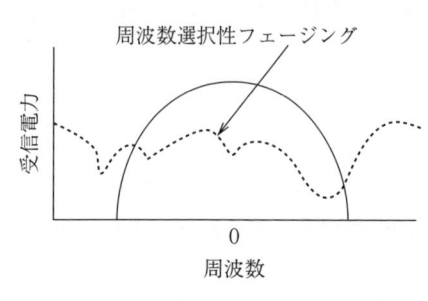

図 2.4 周波数選択性フェージングのイメージ

また，送受信アンテナ間が見通しである場合は，散乱波に加えて安定な直接波が存在する。このような伝搬路では，受信波包絡線の確率密度関数は仲上・ライス分布になることが知られている。

マルチパス伝搬路の性質を詳しく検討するために，ベースバンドのインパルス応答 $c(\tau ; t)$ の相関関数と電力スペクトル密度関数を導出する。$c(\tau ; t)$ が**広義の定常**（WSS, wide sense stationary）であるとすると，$c(\tau ; t)$ の自己相関関数 $\phi_c(\tau_1, \tau_2 ; \Delta t)$ は次式で定義される（*は共役複素数を表す）。

$$\phi_c(\tau_1, \tau_2 ; \Delta t) = \frac{1}{2} E\left[c^*(\tau_1 ; t) c(\tau_2 ; t + \Delta t)\right] \tag{2.13}$$

ここで，$E[\cdot]$ はアンサンブル（関数の集合上の確率分布），Δt は観測時間との差である。二つの異なる遅れを持つパスがたがいに**無相関**（US, uncorrelative scattering）であるとすると，式 (2.13) は次式で表すことができる。

$$\frac{1}{2} E\left[c^*(\tau_1 ; t) c(\tau_2 ; t + \Delta t)\right] = \phi_c(\tau_1 ; \Delta t) \delta(\tau_1 - \tau_2) \tag{2.14}$$

式 (2.14) において，$\Delta t = 0$ のとき，**自己相関関数** $\phi_c(\tau; 0) \equiv \phi_c(\tau)$ は遅延時間 τ で到着する受信波の平均電力であり，**遅延プロファイル**（delay profile）と呼ばれる．

図 2.5（a）に遅延プロファイルの一例を示す．$\phi_c(\tau)$ が 0 でない τ の範囲をチャネルの遅延広がり（T_m）といい，T_m がシンボル間隔と比較して無視できない大きさになるとつぎのシンボルに影響を与える．**図 2.6** に，遅延波が受信時に与える影響のイメージを示す．送信機から送信された矩形パルス波形はさまざまな遅延時間の伝搬路を通じて伝搬する．受信信号はこれらの複数の伝搬路を伝搬して到来した信号の和であることから，受信波形は送信波形から大きくひずむことになる．

図 2.5 $\phi_c(\tau)$ と $\phi_C(\Delta f)$ の関係

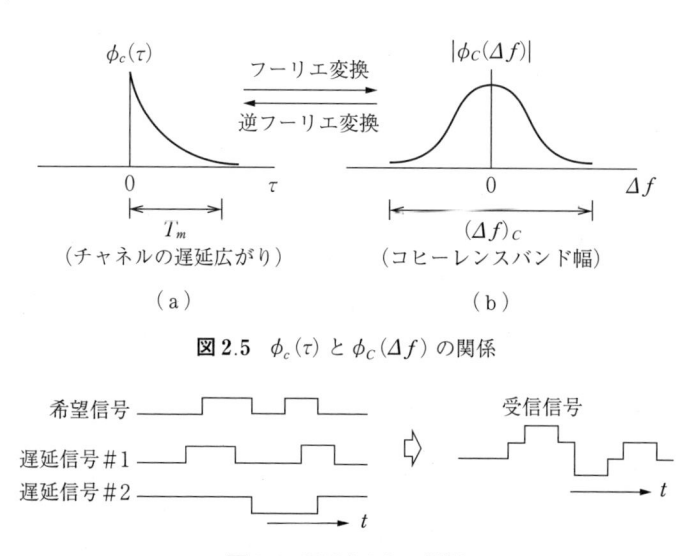

図 2.6 遅延広がりの影響

つぎにマルチパス伝搬路の周波数選択性について検討する．$c(\tau; t)$ に関してフーリエ変換すると

$$C(f; t) = \int_{-\infty}^{\infty} c(\tau; t) e^{-2\pi f \tau} dt \tag{2.15}$$

となる．$c(\tau; t)$ が平均 0 の複素ガウスランダム過程とすると，$C(f; t)$ も

また同じ統計的性質を持ち，$c(\tau;t)$ が広義の定常であるとすると，$C(f;t)$ も広義の定常であり，$C(f;t)$ の自己相関関数は次式のようになる。

$$\phi_C(f_1, f_2; \Delta t) = \frac{1}{2} E\left[C^*(f_1;t) C(f_2;t+\Delta t)\right] \tag{2.16}$$

式 (2.15) を式 (2.16) に代入すると次式が得られる。

$$\begin{aligned}\phi_C(f_1, f_2; \Delta t) &= \frac{1}{2} \int_{-\infty}^{\infty} \int_{-\infty}^{\infty} E\left[c^*(\tau_1;t) c(\tau_2;t+\Delta t)\right] e^{j2\pi(f_1\tau_1 - f_2\tau_2)} d\tau_1 d\tau_2 \\ &= \int_{-\infty}^{\infty} \int_{-\infty}^{\infty} \phi_c(\tau_1; \Delta t) \delta(\tau_1 - \tau_2) e^{j2\pi(f_1\tau_1 - f_2\tau_2)} d\tau_1 d\tau_2 \\ &= \int_{-\infty}^{\infty} \phi_c(\tau_1; \Delta t) \delta(\tau_1 - \tau_2) e^{j2\pi(f_1 - f_2)\tau_1} d\tau_1 \\ &= \int_{-\infty}^{\infty} \phi_c(\tau_1; \Delta t) \delta(\tau_1 - \tau_2) e^{j2\pi\Delta f \tau_1} d\tau \equiv \phi_C(\Delta f; \Delta t)\end{aligned} \tag{2.17}$$

ここで，$\Delta f = f_2 - f_1$ である。式 (2.17) において $\Delta t = 0$ とすると ϕ_C は

$$\phi_C(\Delta f) = \int_{-\infty}^{\infty} \phi_c(\tau) e^{-j2\pi\Delta f \tau} d\tau \tag{2.18}$$

となる。図 2.5 (b) に周波数相関の一例を示す。図において $(\Delta f)_c$ は**コヒーレンスバンド幅**（coherence bandwidth）と呼ばれ，周波数選択性が一様であるとみなせる帯域幅を示している。$(\Delta f)_c$ が送信波のバンド幅に比べて小さければ，そのチャネルには周波数選択性フェージングが発生し，波形にひずみが生じるため，正確に伝送が行えなくなる。一方，$(\Delta f)_c$ が送信波のバンド幅に比べて大きければ，そのチャネルは一様フェージングチャネルであるという。

つぎに，時間変動特性について検討する。$\phi_C(\Delta f; \Delta t)$ の Δt に関するフーリエ変換を次式で定義する。

$$S_C(\Delta f; \Delta f_D) = \int_{-\infty}^{\infty} \phi_C(\Delta f; \Delta t) e^{-j2\pi\Delta f_D \Delta t} d\Delta t \tag{2.19}$$

ここで，$S_C(\Delta f; \Delta f_D)$ はドップラーシフト Δf_D を受けた受信波の電力である。式 (2.19) において $\Delta f = 0$ とすると，次式が成り立つ。

$$S_C(\Delta f_D) = \int_{-\infty}^{\infty} \phi_C(\Delta t) e^{-j2\pi\Delta f_D \Delta t} d\Delta t \tag{2.20}$$

また，$S_C(\Delta f; \Delta f_D)$ を Δf でフーリエ変換すると，次式を得る。

$$S(\tau; \Delta f_D) = \int_{-\infty}^{\infty} S_C(\Delta f; \Delta f_D) e^{-j2\pi\Delta f_D \Delta f} d\Delta f \tag{2.21}$$

$S(\tau;\Delta f_D)$ は，遅延時間 τ，ドップラーシフト Δf_D を受けた受信波電力に対応しており，**散乱関数**（scattering function）と呼ばれる．図 2.7 に散乱関数と遅延プロファイル，ドップラー電力密度との関係を示す．

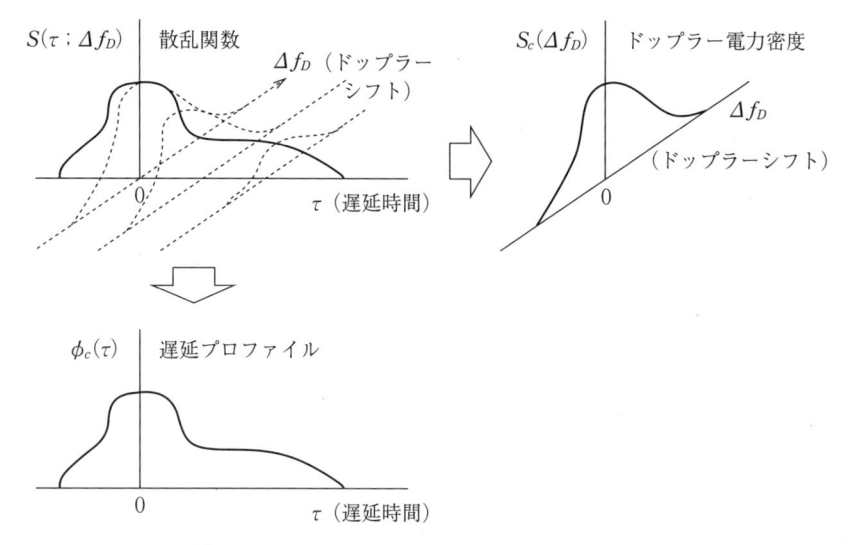

図 2.7 散乱関数と遅延プロファイル，ドップラー電力密度との関係

フェージングによって受信波の位相がランダムに変動していることは，ランダム雑音によって周波数変調を受けていることと等価であり，一般的にランダムFM雑音と呼ばれる．フェージングを受けた受信波の時間関数 $S_r(\tau)$ は次式により求められる．

$$S_r(\tau) = bJ_0(2\pi\Delta f_{D_m}\tau) \sim b\left(1 - \left(\pi\Delta f_{D_m}\tau\right)^2\right) \quad \left(\tau \ll \frac{1}{\Delta f_{D_m}}\right) \quad (2.22)$$

ここで，b は平均受信信号電力，Δf_{D_m} は最大ドップラーシフト，$J_0(x)$ は，0次の第1種ベッセル関数である．

2.1.3 MATLAB プログラム作成例

基地局から発信された電波は，市街の複雑な構造物によって反射・回折・散乱を受けて携帯端末に到達する．携帯端末が移動すると，基地局から携帯端末

への電波伝搬の状態が変化する。この変化は非常に複雑であり，数学的モデルを作る必要がある。本項では，レイリーフェージング（Rayleigh fading）モデルに従ったMATLABプログラム例を紹介する。

プログラム2.1　レイリーフェージングシミュレーションプログラム

```
01  %作成者：安　昌俊(junny@m.ieice.org)
02  clear all%メモリ初期化
03  Num_symb=1000;%フェージングシミュレーションするデータ長
04  Trans_rate=6000;%シンボルレート
05  Ts=1/Trans_rate;%シンボル周期
06  Doppler=100;%ドップラー周波数
07  N_0=16;%素波数
08  randtime=10000*rand;%ランダム初期タイム
09  Omega_m=2.0.*pi.*Doppler;
10  N=4.*N_0+2;
11
12  xc=zeros(1,Num_symb);
13  xs=zeros(1,Num_symb);
14  rand_point=[1:Num_symb]+randtime;
15  for t=1: N_0
16      wm=cos(cos(2.0.*pi.*t./N).*rand_point.*Omega_m.*Ts);
17      xc=xc+cos((pi./N_0).*t).*wm;
18      xs=xs+sin((pi./N_0).*t).*wm;
19  end
20  T=sqrt(2.0).*cos(rand_point.*Omega_m.*Ts);
21  xc=(2.0.*xc+T).*sqrt(1.0./(2.0.*(N_0 + 1)));
22  xs=2.0.*xs.*sqrt(1.0./(2.0.*N_0));
23  fade=xc+sqrt(-1).*xs;
24
25  semilogy([1:Num_symb],abs(fade),'r');
26  ylabel(' Received power ');
27  xlabel('time');
```

　プログラム2.1はレイリーフェージングをシミュレーションできるプログラムであり，まず，入力信号の長さをNum_symbに合わせる必要がある。ドップラーシフトとシンボルレートは自由に設定ができ，特に，フェージングパターンをランダム化するために，ランダム初期タイムを入れることで，毎回異なるフェージングパターンを生成できる。素波数[†]（N_0）は，一般的には16

[†]　各パスを構成する時間分解不可能な素波の数のことである。

個を利用する。プログラム 2.1 を実行した結果を図 2.8 に示す。また，図 2.9 は，プログラム 2.1 がレイリー分布に従って発生しているのかを確認するためのシミュレーション結果であり，プログラム 2.1 はレイリー分布を満足していることがわかる。

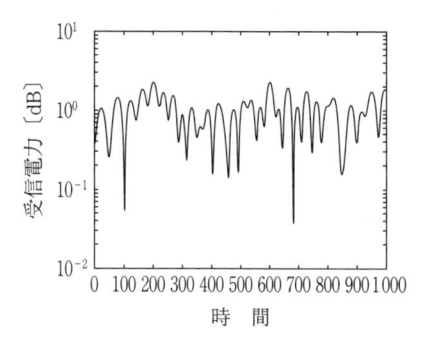

図 2.8　レイリーフェージング
　　　　シミュレーション例

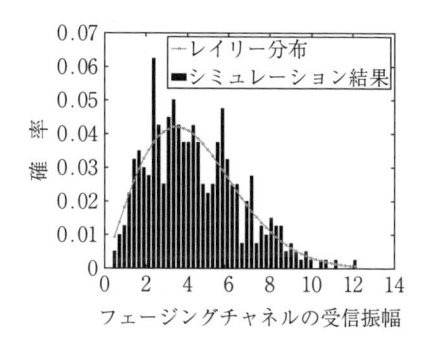

図 2.9　レイリー分布を確認するための
　　　　シミュレーション結果

2.2　OFDM 変復調の原理と実際

2.1 節ではマルチパス伝搬路について説明した。このようなマルチパス伝送路で伝送を行うためには信号の周波数帯域を周波数選択性フェージングが生じない程度に抑える必要がある。OFDM はデータを複数のキャリヤに乗せて伝送する方式であり，1 キャリヤ当りの伝送速度を低くすることができるため，移動体通信に適している[12],[13]。本節では，OFDM 方式の基本原理とモバイル通信への適用について述べる。

2.2.1　OFDM 方式の基本原理

OFDM とは，送信する高速なデータ信号を複数のキャリヤ（マルチキャリヤ）に分けて，それぞれのキャリヤにデータ信号を分散して乗せて，並列に多重化して送信する方式であり，各キャリヤ当りの伝送速度を低くすることができる。各キャリヤは BPSK，QPSK などの位相変調方式（PSK）や直交振幅変

調方式（QAM）で変調される。OFDM は多重方式の一種であるが，多重方式には **TDM**（time division multiplexing，時分割多重）をはじめ，アナログ通信などで使われている通常の **FDM**（frequency division multiplexing，周波数分割多重），**CDM**（code division multiplexing，符号分割多重）などがある。OFDM は FDM の一種であるが，キャリヤ間隔を最も狭くしたものである。**図 2.10** に FDM と OFDM を比較して示す。

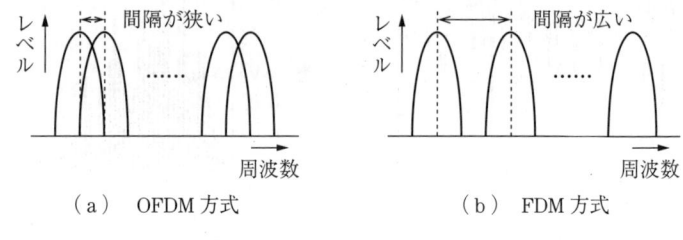

図 2.10 OFDM と FDM の比較

図 2.10 のように OFDM は周波数スペクトルがおたがいに重なり合うように配置できる。これは信号の直交性を利用しているからである。例えば，連続的な信号に対して，n, m を整数，T をシンボル長，f_0 を基本周波数とすれば，信号が三角関数の場合の直交性は次式で表される。

$$\int_0^T \cos(2\pi n f_0 t)\cos(2\pi m f_0 t)\,dt = 0 \quad (n \neq m) \tag{2.23}$$

また，T を N 分割し，式 (2.23) を離散的な処理に書き直すと，次式で表される。

$$\sum_{k=1}^{N} \cos\left(\frac{2\pi kn}{N}\right)\cos\left(\frac{2\pi km}{N}\right) = 0 \quad (n \neq m) \tag{2.24}$$

式 (2.23) は，信号の周波数が異なり（$n \neq m$）かつ基本周波数の整数倍のとき積分値が 0 となること，つまりそれぞれの波がたがいに干渉しないことを示している。

キャリヤが重なり合って配置されているにもかかわらず，それぞれが独立して受信可能なのは，**図 2.11** のように，各キャリヤの中心周波数と他のキャリヤ信号のヌル点（信号電力密度が 0 になる周波数）が一致しているためである。

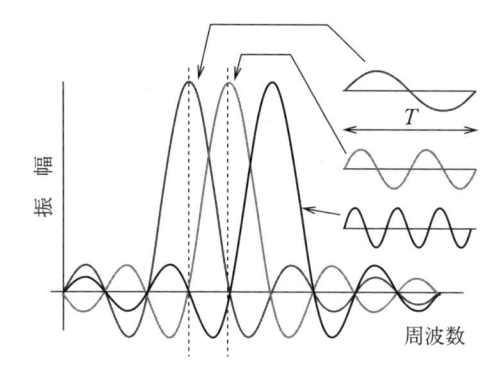

図 2.11 OFDM の直交性

2.2.2 OFDM 送信機の構成

図 2.12 は OFDM システムの送信機構成を示す.入力端子から入力された 2 進データ系列は,ディジタル変調器により PSK または QAM のベースバンドシンボル系列に変換される.変換されたシンボル系列は,**直並列変換**(S/P, serial to parallel transform)により複数のシンボル系列から成る並列系列に変換される.**逆離散フーリエ変換**(IDFT, inverse discrete Fourier transform)では複数のキャリヤを対応する並列データシンボルで変調し,加算された信号が出力される.ここで,逆フーリエ変換の離散型である逆離散フーリエ変換を信号処理に使っている理由は,変調の対象がアナログ的な連続信号ではなく,ディジタル的離散信号であるためである.また,直並列変換と**並直列変換**(P/S, parallel to serial transform)は,逆離散フーリエ変換の前後でデータシンボ

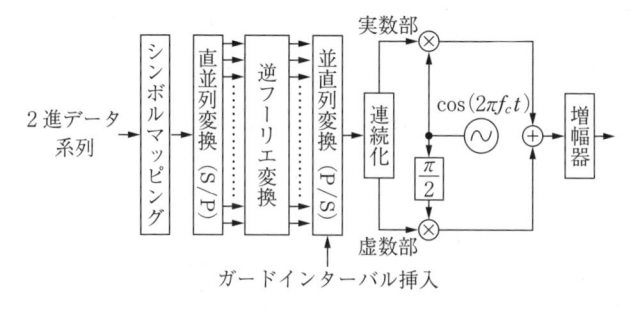

図 2.12 OFDM システムの送信機構成

ルの信号と各キャリヤ信号とを対応させるための処理である。並直列変換された時間領域の信号を利用して、ガードインターバルを挿入している。

ガードインターバルが挿入された送信ベースバンド信号 $u(t)$ は次式で与えられる。

$$u(t) = \sum_{m=-\infty}^{\infty} \sum_{k=1}^{N} g(t-mT) d(m,k) \exp\left[\frac{j2\pi k(t-mT)}{Tu}\right] \quad (2.25)$$

ここで、$d(m,k)$ は区間 $[mT-T_g, mT+Tu]$ における k 番目のデータ、$g(t)$ はそれぞれのシンボルのパルス波形で、次式で表される。

$$g(t) = \begin{cases} 1 & (-T_g \leq t \leq Tu) \\ 0 & (t < -T_g, t > Tu) \end{cases} \quad (2.26)$$

ただし、T_g はガードインターバル、Tu は有効シンボル長（観測区間）、$T = T_g + Tu$ はシンボル周期（シンボル長）である。送信ベースバンド信号 $u(t)$ はシンボル長 T の PSK 信号または QAM 信号 N 個の和であり、各キャリヤの周波数は正確に $1/Tu$ 〔Hz〕異なっている。以上の処理はすべて、ディジタル信号処理により行われる。

2.2.3 隣接チャネル間干渉

OFDM 信号のスペクトルについて述べる。式 (2.25) で与えられるベースバンド信号 $u(t)$ の k 番目のキャリヤ信号 $u_k(t)$ は次式で表される。

$$u_k(t) = \sum_{m=-\infty}^{\infty} g(t-mT) d(m,k) \exp\left[\frac{j2\pi k(t-mT)}{Tu}\right] \quad (2.27)$$

式 (2.27) より、u_k はキャリヤ周波数 f_k、シンボル長 T の矩形パルス M 値 (M-ary) PSK 信号と等しい。送信データ $d(m,k)$ が統計的に独立であれば、電力密度スペクトル $U_k(f)$ は次式で与えられる。

$$U_k(f) = \frac{T}{T_u} \mathrm{sinc}^2\left[\pi\left(f - \frac{k}{Tu}\right)T\right] \quad (2.28)$$

ここで、sinc (x) は次式で定義される関数（sinc 関数）である。

$$\mathrm{sinc}(x) = \frac{\sin x}{x} \quad (2.29)$$

各サブチャネルは直交しているので，OFDM 信号の電力密度スペクトル $|U(f)|$ は，各キャリヤの電力密度スペクトルの和となり，次式で表される．

$$|U(f)| = \sum_{k=1}^{N} U_k(f) \tag{2.30}$$

図 2.11 および式 (2.24) より，送信信号は，$1/Tu$ 間隔で配置された N 個の変調信号の和であることがわかる．また，各キャリヤ変調信号のスペクトルのメインローブはたがいにオーバラップしているが，各キャリヤの周波数に直交性が保たれていれば，各キャリヤに乗せられた情報は異なるキャリヤの情報と混じり合うことなく伝送される．

図 2.11 からわかるように，隣接チャネル間の周波数間隔を小さくすれば周波数利用効率を低下させることなく高速伝送を行うことができる．しかし，sinc 波形は**ロールオフ**（roll-off）特性がよくないため，隣接キャリヤに妨害を与える**隣接チャネル間干渉**（adjacent channel interference）を発生させる．

図 2.13 は式 (2.30) による OFDM 送信信号スペクトルを示す．図のサイドローブが隣接チャネルに影響を及ぼし，隣接チャネル間干渉を発生させる．隣接チャネル間干渉を低減するためには，**BPF**（**帯域通過フィルタ**）を使ってサイドローブを除去するか，時間領域で **2 乗余弦窓**（raised cosine window）のようなウィンドウを使ってスペクトルを減少させることが必要である．ほかにも，伝送帯域の両端に**仮想キャリヤ**（virtual carrier）を配置する方法もある．

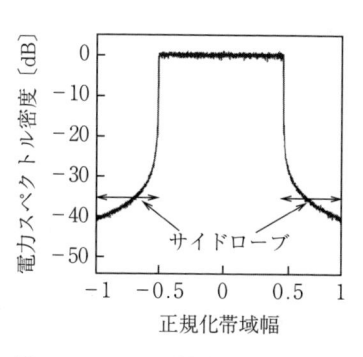

図 2.13 OFDM 送信信号スペクトル

2.2.4 ガードインターバルの挿入

OFDM 信号の周波数選択性フェージングによるスペクトル変動をモデル化したものを**図 2.14** に示す．シングルキャリヤ（1 チャネル）を用いた場合は，

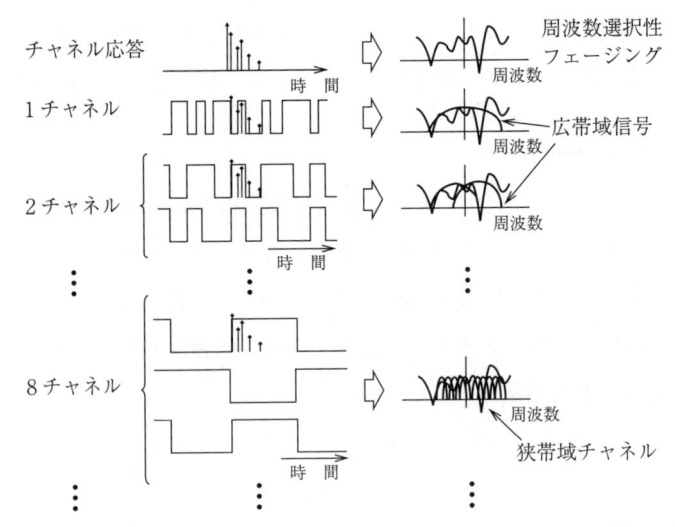

図 2.14 周波数選択性フェージングによる OFDM 信号スペクトル変動モデル

シンボル長が短いため,ガードインターバルを設けても遅延時間がガードインターバル長 T_g より長くなり,**シンボル間干渉**の影響を受ける。そのため,信号波形にひずみが生じ,特性の劣化が生じる。一方,マルチキャリヤ変調信号においては,多くのキャリヤを用いるため,シンボル長を長くとれ,ガードインターバルにより遅延波の影響を抑えることができる。さらに周波数選択性フェージングに対しても各周波数におけるキャリヤ振幅に変動が生じるのみであり,信号波形にひずみは生じない。チャネル数が大きくなるほど,周波数選択性フェージングに対する耐性は強化される。このように,OFDM 方式は周波数選択性フェージングに強いという利点がある。

時間軸における OFDM 信号の伝送シンボルは**図 2.15** のようになり,有効シンボル期間 Tu にガードインターバル T_g を付加して構成される。ガードインターバルは有効シンボル期間の信号波形を巡回的に繰り返したものとなって

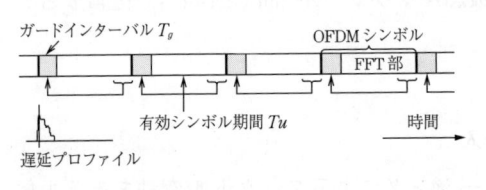

図 2.15 OFDM におけるガードインターバル挿入

いる。受信側においては，ガードインターバルにある信号は復調には用いず，有効シンボル期間の信号のみ復調を行う。伝送路にマルチパスが存在する場合，一つ前のシンボルとの間に干渉が生じるが，図 2.15 に示すように，シンボル間干渉がガードインターバル内に収まるようにすれば，この部分は復調には用いられないので，マルチパスの影響を軽減することができる。なお，ガードインターバルは冗長な情報であり，長くすれば長い遅延時間に対応できるが，伝送速度は低下するため，どの程度のガードインターバルを付加するかはこの両面を考慮する必要がある。無線 LAN（IEEE 802.11 a）の場合は，ガードインターバルは 0.8 μs（シンボル長の約 1/4），モバイル WiMAX（IEEE 802.16 e）では，11.4 μs（シンボル長の約 1/8），日本の地上ディジタルテレビ放送では，126 μs（シンボル長の 1/8）となっている。

また，図 2.16 は周波数領域におけるガードインターバル挿入効果を示す。このようにガードインターバルの挿入により，マルチパスの影響を抑えるだけではなく，サイドローブ成分を抑える効果もある。

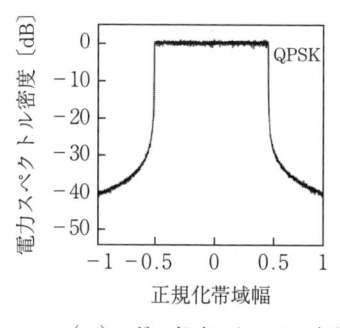

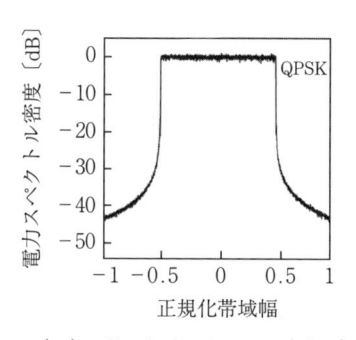

(a) ガードインターバルなし　　(b) ガードインターバルあり (20%)

図 2.16　周波数領域におけるガードインターバル挿入効果

2.2.5　OFDM 受信機の構成

送信波はマルチパスフェージングと**加法性白色ガウス雑音**（AWGN, additional white Gaussian noise，以下ガウス雑音という）によりひずみを受け，受信される。

図 2.17 に OFDM システムの受信機構成を示す．送信機と逆の操作を行い，送信データ系列を推定する．受信機に入力された受信波は，まず，ガードインターバルが除去された後，離散フーリエ変換部に入力され，各キャリヤに対応したベースバンド受信シンボルが出力される．受信シンボルは，チャネル推定と等化処理された後，並直列変換により直列系列に変換され，判定処理部に導入される．

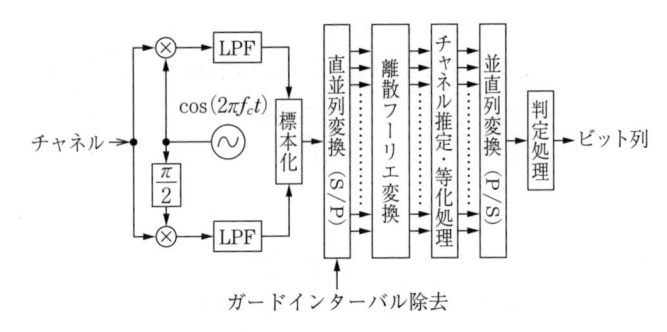

図 2.17 OFDM システムの受信機構成

図 2.18 に OFDM システムのチャネル推定と信号検出動作を示す．シンボル復調器では，送信データシンボルに応じて，PSK または QAM シンボルの復調が行われ，送信データ系列が推定される．

受信ベースバンド信号 $u_r(t)$ は次式で与えられる．

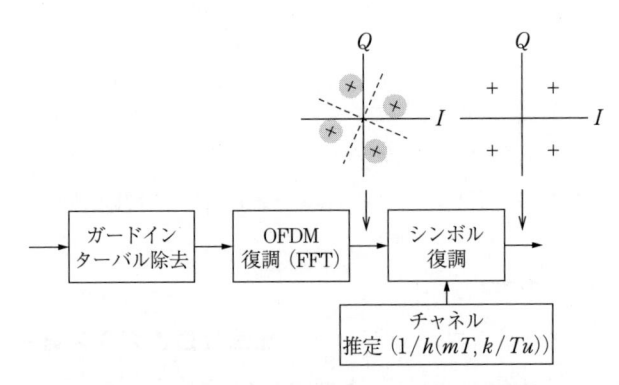

図 2.18 OFDM システムのチャネル推定と信号検出

2.2 OFDM 変復調の原理と実際

$$u_r(t) = \int_{-\infty}^{\infty} h(\tau,t) s(t-\tau) d\tau + n(t) \tag{2.31}$$

ここで，$h(t)$ はフェージングによる複素包絡線変動，$n(t)$ はガウス雑音電圧である．受信機では，$u_r(t)$ を DFT し，各キャリヤ成分を取り出す．k 番目のキャリヤ成分は次式で求められる．

$$\begin{aligned}u_r(m,k) &= \frac{1}{Tu}\int_{mT}^{mT+Tu} u_r(t)\exp\left[\frac{-j2\pi(t-mT)k}{Tu}\right]dt \\ &= \sum_{e=1}^{N} d(m,e) \frac{1}{Tu}\int_0^{Tu} \exp\left[\frac{j2\pi(e-k)t}{Tu}\right] \\ &\quad \times \left\{\int_{-\infty}^{\infty} h(\tau,t+mT) g(t-\tau)\exp\left(\frac{-j2\pi e\tau}{Tu}\right)d\tau\right\}dt + n(m,k)\end{aligned} \tag{2.32}$$

ここで，e は k 番目のキャリヤに遅延により影響を与える隣接キャリヤ成分，$n(m,k)$ は分散値が $2N_0/Tu$ のガウス雑音である．式 (2.32) により，最長遅延波の遅延時間がガードインターバル T_g より短いと仮定すると，τ に関する積分は次式で表される．

$$\begin{aligned}&\int_{-\infty}^{\infty} h(\tau,t+mT) g(t-\tau)\exp\left(\frac{-j2\pi e\tau}{Tu}\right)d\tau \\ &= \int_0^{Tu} h(\tau,t+mT)\exp\left(\frac{-j2\pi e\tau}{Tu}\right)d\tau = h\left(\frac{e}{Tu},t+mT\right)\end{aligned} \tag{2.33}$$

シンボル期間 T において，$h(k/Tu, t+mT)$ はほぼ一定であるため，次式が成り立つ．

$$h\left(\frac{k}{Tu},t+mT\right) \approx h\left(\frac{k}{Tu},mT\right), \quad 0 \leq t \leq T \tag{2.34}$$

したがって，式 (2.32) は，次式で表される．

$$\begin{aligned}u_r(m,k) &\approx \frac{1}{Tu}\sum_{e=1}^{N} d(m,e) \int_0^{Tu} \exp\left[\frac{j2\pi(e-k)t}{Tu}\right] \\ &\quad \times \left\{\int_{-\infty}^{\infty} h(\tau,t+mT) g(t-\tau)\exp\left(\frac{-j2\pi e\tau}{Tu}\right)d\tau\right\}dt + n(m,k) \\ &= h\left(\frac{k}{Tu},mT\right) d(m,k) + n(m,k)\end{aligned} \tag{2.35}$$

2.2.6 チャネル推定と信号検出

式 (2.35) に示す信号はマルチパスフェージングとガウス雑音によりひずみを受け，受信される。このように，ひずんだ信号から送信信号を検出するためには，正確なチャネル推定が必要となる。OFDM 方式でのチャネル推定法としては，**パイロットシンボル基盤**（PSA, pilot-symbol-aided）チャネル推定法と**判定帰還型**（DD, decision-directed）チャネル推定法がある。

PSA 法は高速フェージングチャネルに適しており，**コヒーレンス帯域幅**（coherence bandwidth），**コヒーレンス時間**（coherence time），伝送速度などを考慮し，パイロット信号を配置することによりチャネル推定を行う。

DD 法はすでに検出されたデータを利用し，つぎのシンボル期間のチャネルを推定するので，固定または移動速度が遅い低速フェージングチャネルに適したチャネル推定法である。送信信号の検出はチャネル推定情報を用いて行うが，式 (2.35) におけるフェージングによるチャネル変動分 $h(mT, k/Tu)$ の影響により信号検出が困難である。チャネル推定により，$h(mT, k/Tu)$ が推定されれば，次式により信号検出（$\hat{d}(m, k)$）を行うことが可能となる。

$$\hat{d}(m,k) = u_r(m,k) / h\left(mT, \frac{k}{Tu}\right) \tag{2.36}$$

2.2.7 OFDM システムの同期技術

これまでの議論では，OFDM 信号の受信に必要な受信機側で生成されるキャリヤ周波数やサンプリング用のクロック周波数は正しく得られるものとしてきた。しかしながら，OFDM 信号は**図 2.19** のような雑音状の波形であるため，波形そのものを用いて同期をとることは非常に困難である。このため，さまざまな工夫が必要となる。通信用 OFDM 信号の同期方法は基本的に放送用 OFDM 信号と同じであり

① シンボル同期

② キャリヤ周波数同期

③ クロック周波数同期

(a) 実数部

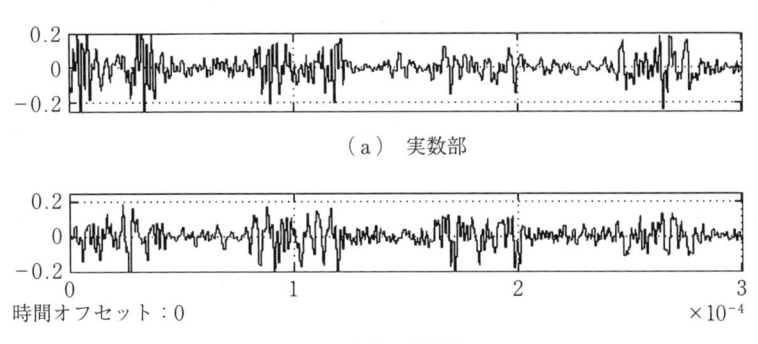

(b) 虚数部

図 2.19 受信 OFDM 信号の波形

が必要である[7]。OFDM の復調はシンボルを基準として行われるので，シンボルの区切りを見つけることは最も重要である。シンボル同期によって FFT のためのサンプリングを開始する位置などが決定される。キャリヤ周波数同期は，受信した OFDM 信号を低域あるいはベースバンドの信号に変換するための基準周波数を得るためのものである。受信側での再生周波数に誤差があり，周波数オフセットが存在すると，FFT においてサンプリングを行う際にシンボル誤り率が劣化してしまう。また，移動受信等の場合にはドップラーシフトによる周波数ずれが生じる場合もあり，これらの補正も重要である。クロック周波数についても偏差がある場合は，周波数オフセットがあるときと同様の劣化が起きる。

〔1〕 **シンボル同期**　シンボル同期をとる方法としては，以下の 2 種類の方法が考えられる。

① **チャープ信号**（chirp signal，周波数方向にスイープした信号）や **PN**（pseudo noise，擬似雑音）信号あるいは**ヌルシンボル**（null symbol，振幅が 0 の信号）などを適当な間隔で挿入し，伝送する方法。

② OFDM 信号そのものの特徴を利用する方法。

上記①の方法を用いれば確実に同期がとれるが，伝送効率が悪くなるため，一般的には②の方法が用いられる。具体的な方法としては，OFDM 信号その

ものの特徴であるガードインターバルを利用する。前記のようにガードインターバルは有効シンボルの後半部分とまったく同じものであるから，おたがいに強い相関を持っている。一方，後半以外の部分は両者が白色雑音に近いので相関は非常に少ない。このため，図 2.20 に示すように OFDM 信号とそれを 1 シンボル遅延させた信号の積をとることによりシンボルの区切りを検出できる。

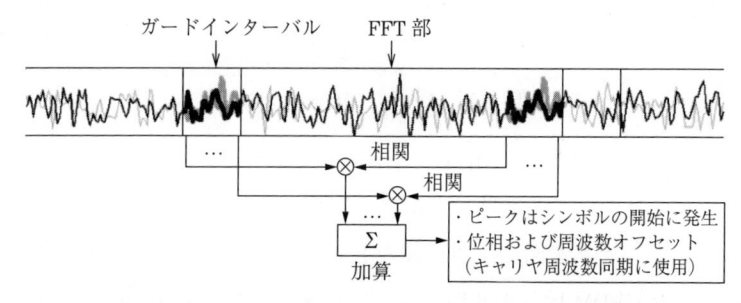

図 2.20 ガードインターバル相関を用いたシンボル同期法

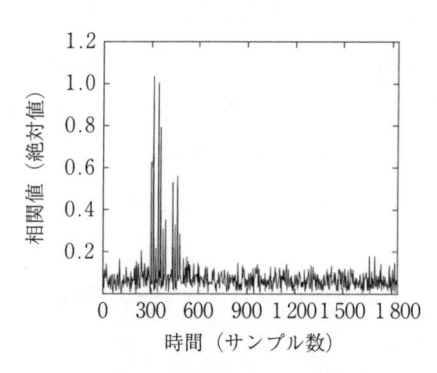

図 2.21 相関パターンの例

図 2.21 は具体的な相関パターンの例である。相関値がピークをとる時間がシンボルの開始時間であり，その時点でシンボル同期をとることが可能である。

〔2〕 **キャリヤ周波数同期** キャリヤ周波数の同期もシンボル同期と同様にガードインターバルを利用することによって行うことが可能である。すなわち，周波数ずれがある場合，各シンボルにおいてもとの OFDM 信号とそれを有効シンボル長だけ遅延させた信号の相関をとれば，位相差を検出できるため，この値から周波数ずれを算出し，受信部の同期用発振器の周波数を制御することにより，受信したキャリヤと同じ周波数と位相を持つキャリヤを作り出すことができる。

2.2.8 誤り訂正符号とインタリーブ

無線通信システムにおいては，過酷な伝送路における信頼性を向上させる方法として誤り訂正符号が使用される。OFDMの場合，マルチパスにより周波数選択性フェージングが生じたとき，各キャリヤによって受信レベルが大きく異なる。特にフェージングにより受信電力が大きく低下したシンボルには誤りが集中してしまう。このようなバースト誤りに対応するためには，複雑な誤り訂正符号が必要となるため，用いられる手法が**インタリーブ**（interleaving）である。インタリーブとは，データの順序を入れ替えることを意味しており，これと誤り訂正符号を組み合わせることにより，誤り訂正能力を大きく向上させることができる。OFDMの場合はマルチキャリヤ伝送方式であるため，通常の**時間インタリーブ**（time interleave）に加えて，**周波数インタリーブ**（frequency interleave）が可能である。

図2.22はインタリーブの基本概念を示す。送信データはインタリーブにより，ランダムに配置され，バースト誤りが発生しても，デインタリーブによりランダム誤り化することができ，誤り訂正符号の性能を高めることができる。

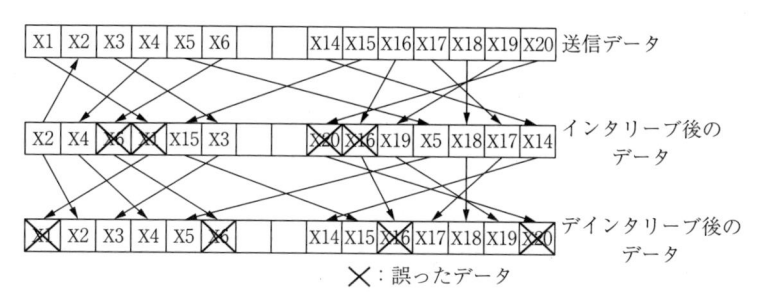

図2.22　インタリーブの基本概念

2.2.9　ピーク電力対平均電力比

無線通信システムにおいて**電力増幅器**（PA，power amplifier）は，無線帯域において変調波を必要な所要送信電力値まで増幅する装置である。増幅度は，**図2.23**のように入力信号電力 P_{in} と出力電力 P_{out} の比，すなわち，**電力利得**（power gain）Gとして定義される。

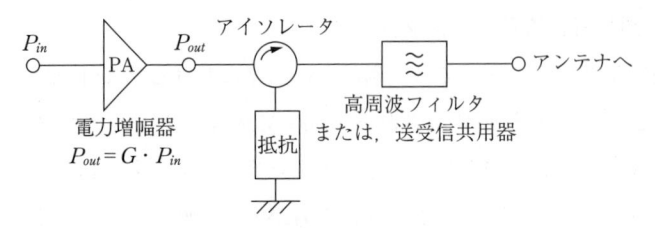

図 2.23 電力増幅器の構成

まず,マルチキャリヤ信号の増幅を考えよう。無変調のシングルキャリヤと n 個のマルチキャリヤ信号の包絡線変動のイメージを**図 2.24**に示す。シングルキャリヤの包絡線は一定となるが,マルチキャリヤでは各キャリヤの周波数が異なるため各キャリヤの信号ベクトルの位相は独立に変化し,合成信号の包絡線は変動する[14]。

(a) シングルキャリヤ　　　　(b) マルチキャリヤ

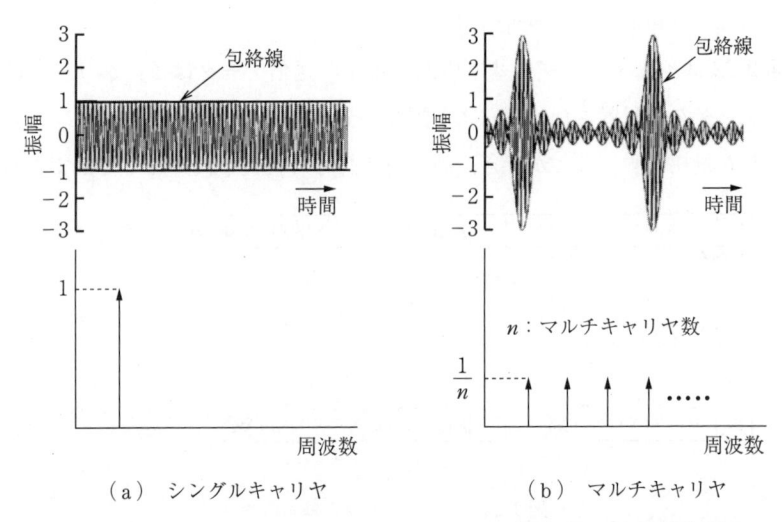

図 2.24 シングルキャリヤとマルチキャリヤ信号(無変調)の包絡線波形例

送信信号の包絡線変動の程度を表すパラメータの一つが,変動する信号のピーク電力 (P_{peak}) と平均電力 (P_{av}) との比,**ピーク電力対平均電力比**(**PAPR**, peak power to average power ratio) であり

$$PAPR = \frac{P_{peak}}{P_{av}} \tag{2.37}$$

2.2 OFDM 変復調の原理と実際

と表される。PAPR は送信信号の変調方式，ロールオフフィルタ特性，キャリヤ数などにより大きく異なる。また，ランダム信号に対するピーク電力値を決めることは困難であるため，一般的には以下の式で定義される。

$$\Phi(x) = 1 - \int_{\infty}^{x} \phi(x) dx \tag{2.38}$$

ただし，$\Phi(x)$ は**累積分布補関数**（CCDF, complementary cumulative distribution function），$\phi(x)$ はある瞬間の電力値である。

表 2.1 に各種変調方式に対する送信信号の PAPR 値を示す。

表 2.1 送信信号に対する PAPR 値

送信信号 (α はロールオフ率)	PAPR 〔dB〕	備考
QPSK ($\alpha = 0.5$)	3.1	
$\pi/4$ シフト QPSK ($\alpha = 0.5$)	2.8	PDC
16 QAM ($\alpha = 0.5$)	5.1	
64 QAM ($\alpha = 0.5$)	5.9	
OFDM (64 QAM × 32 キャリヤ)	9.5	ナイキストロールオフフィルタなし
HPSK ($\alpha = 0.22$)	3.5	上り WCDMA
QPSK ($\alpha = 0.22$, 64 マルチコード)	9.8	下り WCDMA

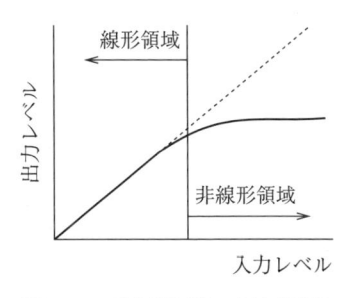

図 2.25 電力増幅器の非線形特性

OFDM 信号もマルチキャリヤ方式であるため，PAPR 問題を改善する必要がある。現実的に，入出力特性が線形な電力増幅器を作ることは困難であるため，OFDM 信号を増幅する際には，非線形特性による性能の劣化が生じる。図 2.25 は電力増幅器の非線形特性を示す。入力レベルが高くなると出力レベルはある時点で飽和状態となるため，大電力で送信する場合には課題となる。

図 2.26 は非線形電力増幅器を通した後の OFDM 信号スペクトルの変化を示したものである。このように非線形ひずみによって帯域外の信号レベルが大きくなるため，隣接するシステムが大きな影響を受けることとなる。OFDM 信号帯域内のひずみについては補償が可能であるが，帯域外の放射については対策が必要である。

OFDM システムにおいて，PAPR を低減するためのおもな対策は，大きな

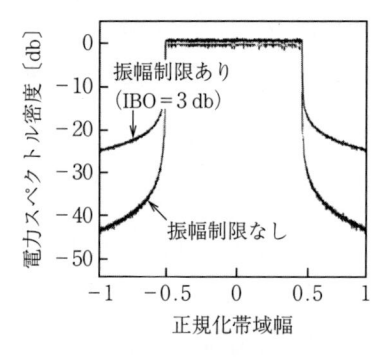

図 2.26 非線形電力増幅器を通した後のOFDM信号スペクトルの変化

ピーク電力が発生しないように，データを符号化して変調する方法，OFDMの各キャリヤの位相を調整し，ピークを抑圧する方法，ダミーキャリヤによるピーク抑圧方法などがある。

図 2.27 に，PAPR の大きな送信信号を効率よく増幅する方式の一つであるピーク抑圧法の例を示す。図の例では，**出力バックオフ**（output backoff）をピーク抑圧した分だけ減らすことが可能となり，増幅器の電力効率を改善することができる。

（a）ピーク抑圧構成例　　（b）ピーク抑圧原理

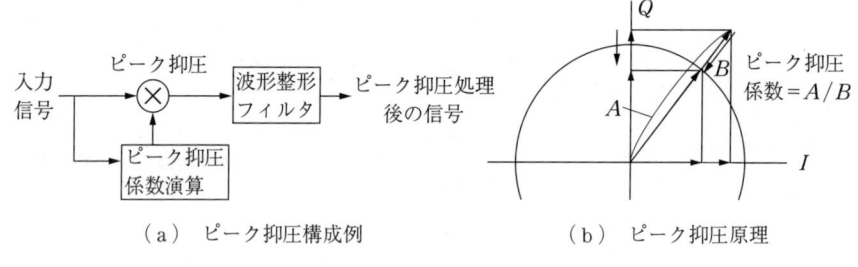

図 2.27 ピーク抑圧法の例

2.2.10 MATLAB プログラム作成例

OFDM の変復調動作，ガウス雑音・フェージング環境下の性能についての MATLAB プログラム作成例を以下に紹介する。

プログラム 2.2 ガウス雑音下の OFDM 性能測定プログラム（OFDM-AWGN）

```
001 %作成者:安 昌俊(junny@m.ieice.org)
002 clear all%メモリ初期化
003 rand('state',sum(100*clock));%rand 関数の初期化
004 ifft_size=64;%IFFT サイズ
005 guard_interval=16;%ガードインターバル
006 carrier_interval=1;%キャリヤ間隔
007 number_carrier=62;%キャリヤ数
```

2.2 OFDM変復調の原理と実際

```
008  number_symbol=10;%データ長
009  modulation_index=2;%変調値
010
011  ebno_min=0;%最小Eb/No 値
012  ebno_max=10;%最大Eb/No 値
013  ebno_step=1;% Eb/No間隔
014  repeat=100;
015  ber_result=zeros(floor((ebno_max-ebno_min)/ebno_step)+1,2);%BER 測定
016  値記録メモリ
017
018  for ebno=1:((ebno_max-ebno_min)/ebno_step)+1
019      eb_no=(ebno-1)*ebno_step+ebno_min;
020      disp(['Eb/N0:' num2str(eb_no)]);
021      modified_eb_no=eb_no+10*log10(modulation_index);%変調方式に対する
022      補正
023
024      for r=1:repeat
025        disp([' Repeat ', num2str(r)]);
026        %==========
027        %OFDM送信機
028        %==========
029        %データ発生
030        bit_generation=floor(rand([number_symbol,number_carrier,modulation_
031        index])*2);
032        %データの2値化(1,-1)
033        data_nr=bit_generation*2-1;%0=>-1, 1=>1
034        %変調部
035        if modulation_index==1%BPSK
036          tx_baseband=[data_nr(:,32:62,:),zeros(number_symbol,2,1),
037          data_nr(:,1:31,:)];
038        elseif modulation_index==2%QPSK
039          data=(data_nr(:,:,1)+sqrt(-1).*data_nr(:,:,2))./sqrt(2);
040          tx_baseband=[data(:,32:62,:),zeros(number_symbol,2,
041          1),data(:,1:31,:)];
042        end
043        %IFFT 処理部
044        time_signal=(ifft(tx_baseband'))*sqrt(ifft_size);%
045        %ガードインターバル挿入
046        tx_signal=[time_signal((ifft_size-guard_interval+1):ifft_size,:);
047        time_signal];
048        %並直列変換(P/S)
049        serial_signal_tx=reshape(tx_signal,1,size(tx_signal,1)
050        *size(tx_signal,2));
051        %==========
052        %チャネル
053        %==========
```

```
054     %ガウス雑音(AWGN)
055     noise_dis=10^(-modified_eb_no/20);%雑音分散
056     noise=sqrt(1/2)*(randn(1,length(serial_signal_tx))+sqrt
057     (-1)*randn(1,length(serial_signal_tx))).*noise_dis;
058     serial_signal_rx=serial_signal_tx+noise;
059
060     %==========
061     %OFDM受信機
062     %==========
063     %直並列変換(S/P)
064     parallel_signal=reshape(serial_signal_rx,ifft_size+guard_
065     interval,number_symbol);
066     %ガードインターバル除去
067     parallel_signal=parallel_signal(guard_interval+1:ifft_size+
068     guard_interval,:);
069     %FFT 処理部
070     fft_signal=fft(parallel_signal)';
071     received_signal=[fft_signal(:,34:64,:),fft_signal(:,1:31,:)];
072
073     %復調部
074     for k=1:number_symbol
075       for cc=1:number_carrier
076         if modulation_index==1%BPSK
077           X=received_signal(k,cc);
078           Xi=sign(real(X));
079           detected_bit(k,cc)=(Xi+1)/2;
080         elseif modulation_index==2%QPSK
081           X=received_signal(k,cc);
082           Xi=sign(real(X));
083           Xq=sign(imag(X));
084           detected_bit(k,cc,1)=(Xi+1)/2;
085           detected_bit(k,cc,2)=(Xq+1)/2;
086         end
087       end
088     end
089     %誤り計算部
090     error=find(bit_generation-detected_bit);
091     number_error=length(error);
092     number_bit=size(bit_generation,1)*size(bit_generation,2)*
093     modulation_index;%
094     ber=number_error/number_bit;%BER 計算値
095
096     ber_result(ebno,1)=modified_eb_no;
097     ber_result(ebno,2)=ber_result(ebno,2)+ber;
098   end
099 end
```

```
100 ber_result(:,2)=ber_result(:,2)/repeat;
101 title('BER ');
102 semilogy(ebno_min:ebno_step:ebno_max,ber_result(:,2)','ro-');
103 xlabel('Eb/No [dB]');
104 ylabel('BER');
105 axis([0,10,10^(-5),10^(0)]);
106 grid;
```

プログラム 2.2 は BPSK と QPSK 変調時におけるガウス雑音下の OFDM 性能を測るプログラムであり，システム構成を送信機，チャネル，受信機として区分して作成しているため，基本的な OFDM 変復調動作を理解しやすい．

図 2.28 はプログラム 2.2 のシミュレーション結果であり，ガードインターバルやパイロット信号電力を考慮しなければ，他の変調方式と同様の誤り率を示す．また，OFDM は IFFT（inverse FFT）と FFT 処理が非常に重要であり，入力されたキャリヤ数と出力される信号の数（IFFT サイズ）は必ずしも同じではないため，ヌル信号を挿入し，周波数領域の信号を時間領域の信号に変換している．

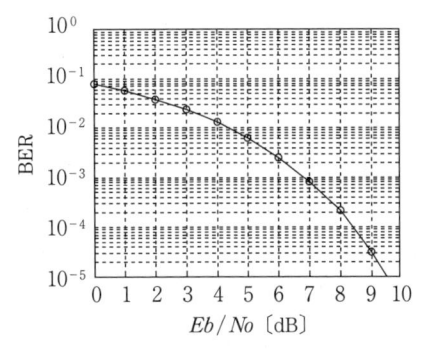

図 2.28 ガウス雑音下の OFDM 性能（QPSK 変調）

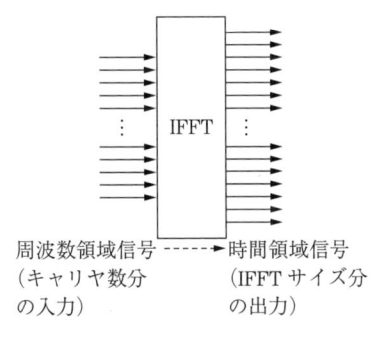

図 2.29 IFFT 信号処理部の基本概念（周波数領域信号から時間領域信号への変換）

図 2.29 は IFFT 信号処理部の基本概念を示す．基本的に IFFT サイズ（N_{ifft}）は入力されたキャリヤ数より大きな 2 の冪乗の数で決められる．プログラム 2.2 のキャリヤは 62 としており，N_{ifft} として 62 より大きな 2 の冪乗の数である 64，128 などを用いる．IFFT サイズが 128 以上の場合，0 で埋めるヌル信

号が多くなるため,プログラム 2.2 では IFFT サイズは 64 としている。しかし,非線形性の影響が懸念される環境下では IFFT サイズを大きくすることもできる。

図 2.30 はキャリヤ数と IFFT サイズが異なる場合のデータの並べ替えを示す。関数 ifft は,ベクトルの最初の要素が直流成分(DC 成分)として扱われるため,OFDM の中心キャリヤが最初にくるよう tx_baseband 信号を以下のように作成する。

```
if modulation_index==1%BPSK
    tx_baseband=[data_nr(:,32:62,:),zeros(number_symbol,2,1),
    data_nr(:,1:31,:)];
elseif modulation_index==2%QPSK
    data=(data_nr(:,:,1)+sqrt(-1).*data_nr(:,:,2))./sqrt(2);
    tx_baseband=[data(:,32:62,:),zeros(number_symbol,2,1),data
    (:,1:31,:)];
end
```

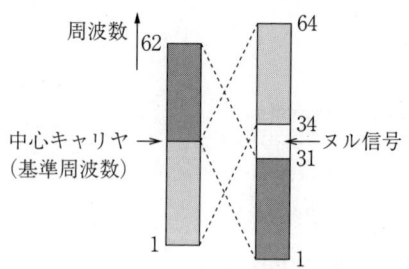

図 2.30 キャリヤ数と IFFT サイズが異なる場合のデータ並べ替え

並べ替えた OFDM 信号は IFFT 変換とガードインターバル挿入後,並直列変換(P/S)により時系列信号 serial_signal_tx となる。発生した時系列信号を確認するため,以下のプログラムで OFDM 信号の実数部波形を発生させている。MATLAB の関数 real は実数部を取り上げるもので,虚数部を取り上げる関数は imag である。

```
%並直列変換(P/S)
serial_signal_tx=reshape(tx_signal,1,size(tx_signal,1)*size(tx_
```

2.2 OFDM変復調の原理と実際

```
signal,2));
plot(real(serial_signal_tx))
xlabel('Samples');
ylabel('Amplitude(volts)');
```

図2.31はOFDM信号の実数部波形（時間領域信号）を示す。振幅はIFFT後の信号を正規化せず表現している。OFDM時間領域信号についてはガウス雑音を簡単に考慮するため正規化しており，注意する必要がある。また，ifftやfftは列ごとに処理を行うため周波数領域信号を縦に並べる必要があり，以下のようにtx_basebandを転置し，IFFT処理を行う。

```
%IFFT 処理部
time_signal=(ifft(tx_baseband'))*sqrt(ifft_size);%
```

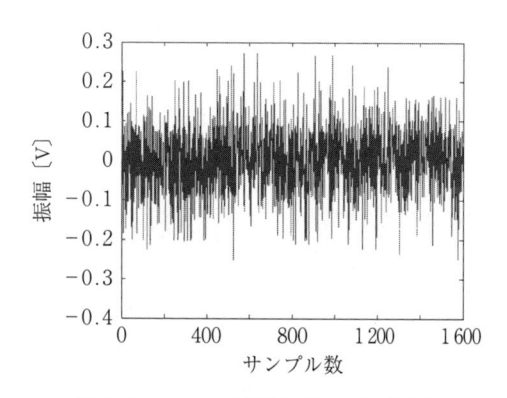

図2.31 OFDM時間領域信号（実数部）

また，Eb/No中の雑音電力（No）は各変調方式に対して異なるため，以下のように変調方式に対して補正を行う必要があり，QPSKはmodulation_indexを2，BPSKは1に設定し，雑音電力を調整する。

```
modified_eb_no=eb_no+10*log10(modulation_index);
```

直並列変換（S/P）と並直列変換（P/S）はMATLAB関数reshapeを利用して行う。図2.32は関数reshapeを利用した受信信号の直並列変換の例を示す。直並列変換の場合は直列信号の先頭が列の最上部に配置され，順次変換される。並直列変換も同じで，列の最上部が直列信号の先頭となり，順次変換される。

60　2. 次世代モバイル通信

reshape(serial_signal_rx, 64, length(serial_signal_rx)/64) によるS/P変換の例であり，長さ64サンプルに対して直並列変換される．

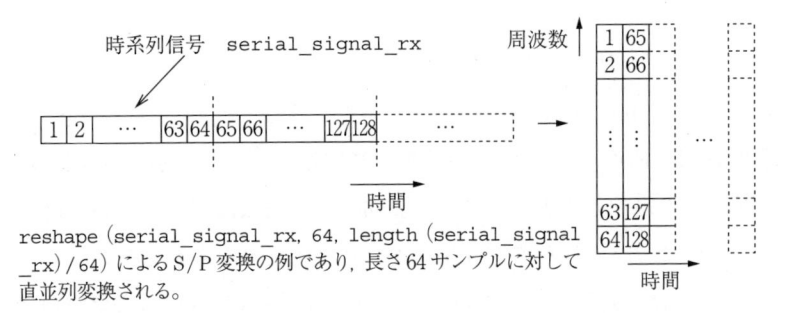

図2.32 MATLAB関数 reshape を利用した直並列変換の例

プログラム2.3 フラットフェージング環境下のOFDM性能測定プログラム（OFDM - flat fading）

```
001  %作成者　安　昌俊（junny@m.ieice.org）
002  %
003  clear all%メモリ初期化
004  rand('state',sum(100*clock));%rand 関数の初期化
005  ifft_size=64;%IFFT サイズ
006  guard_interval=16;%ガードインターバル
007  carrier_interval=1;%キャリヤ間隔
008  number_carrier=62;%キャリヤ数
009  number_symbol=20;%データ長
010  number_pilot=2;%パイロットシンボル数
011  modulation_index=2;%変調値
012  ebno_min=0;%最小Eb/No値
013  ebno_max=30;%最大Eb/No値
014  ebno_step=5;%Eb/No間隔
015  repeat=1000;
016  ber_result=zeros(floor((ebno_max-ebno_min)/ebno_step)+1,2);%BER 測定
017  値記録メモリ
018
019  for ebno=1:((ebno_max-ebno_min)/ebno_step)+1
020      eb_no=(ebno-1)*ebno_step+ebno_min;
021      disp(['Eb/No:' num2str(eb_no)]);
022      modified_eb_no=eb_no+10*log10(modulation_index);%変調方式に対する
023      補正
024
025      for r=1:repeat
026        disp([' Repeat', num2str(r)]);
027        %==========
028        %OFDM送信機
029        %==========
```

2.2 OFDM変復調の原理と実際

```
%データ発生
bit_generation=floor(rand([number_symbol,number_carrier,
modulation_index])*2);
%データの2値化(1,-1)
data_nr=bit_generation*2-1;%0=>-1, 1=>1
%パイロット信号発生部
pilot_signal=ones(number_pilot,ifft_size);

%変調部
if modulation_index==1%BPSK
  modulated_data=[data_nr(:,32:62,:),zeros(number_
  symbol,2,1),data_nr(:,1:31,:)]; tx_baseband=[pilot_signal;
  modulated_data];
  elseif modulation_index==2%QPSK
  data=(data_nr(:,:,1)+sqrt(-1).*data_nr(:,:,2))./sqrt(2);
  modulated_data=[data(:,32:62,:),zeros(number_symbol,2,1),
  data(:,1:31,:)];
  tx_baseband=[pilot_signal; modulated_data];
end
%IFFT 処理部
time_signal=(ifft(tx_baseband'))*sqrt(ifft_size);%
%ガードインターバル挿入
tx_signal=[time_signal((ifft_size-guard_interval+1):ifft_size,
:); time_signal];
%並直列変換(P/S)
serial_signal_tx=reshape(tx_signal,1,size(tx_signal,1)*size(tx_
signal,2));

%==========
%チャネル
%==========
%フラットフェージング
%このプログラムには連続的なフラットフェージングはない。
%1章にあるフェージングプログラムにより構成することもできる。
faded_signal=serial_signal_tx.*(randn(1)+sqrt(-1)*randn(1))/
sqrt(2);
%ガウス雑音(AWGN)
noise_dis=10^(-modified_eb_no/20);%雑音分散
noise=sqrt(1/2)*(randn(1,length(faded_signal))+sqrt(-1)*randn(1,
length(faded_signal))).*noise_dis;
serial_signal_rx=faded_signal+noise;

%==========
%OFDM受信機
%==========
%直並列変換(S/P)
```

```
076  parallel_signal=reshape(serial_signal_rx,ifft_size+guard_interval,
077  number_symbol+number_pilot);
078  %ガードインターバル除去
079  parallel_signal=parallel_signal(guard_interval+1:ifft_size+guard_
080  interval,:);
081  % FFT 処理部
082  fft_signal=fft(parallel_signal)';
083  frequency_signal=[fft_signal(:,34:64,:),fft_signal(:,1:31,:)];
084
085  %チャネル推定
086  H_resp=frequency_signal(1:number_pilot,:);
087  channel_resp=sum(H_resp,1)/number_pilot;
088
089  %チャネル補償処理
090  %フェージングチャネルは必ずチャネル推定が必要となる。
091  %また,推定したチャネル情報によりチャネル補償処理も必要。
092  received_signal=frequency_signal(number_pilot+1:number_pilot+
093  number_symbol,:)./repmat(channel_resp,number_symbol,1);
094  %復調部
095  for k=1:number_symbol
096      for cc=1:number_carrier
097          if modulation_index==1% BPSK
098              X=received_signal(k,cc);
099              Xi=sign(real(X));
100              detected_bit(k,cc)=(Xi+1)/2;
101          elseif modulation_index==2% QPSK
102              X=received_signal(k,cc);
103              Xi=sign(real(X));
104              Xq=sign(imag(X));
105              detected_bit(k,cc,1)=(Xi+1)/2;
106              detected_bit(k,cc,2)=(Xq+1)/2;
107          end
108      end
109  end
110  %誤り計算部
111  error=find(bit_generation-detected_bit);
112  number_error=length(error);
113  number_bit=size(bit_generation,1)*size(bit_generation,2)*
114  modulation_ index;%
115  ber=number_error/number_bit;%BER計算値
116      ber_result(ebno,1)=modified_eb_no;
117      ber_result(ebno,2)=ber_result(ebno,2)+ber;
118      end
119  end
120  ber_result(:,2)=ber_result(:,2)/repeat;
121  title('BER ');
```

2.2 OFDM変復調の原理と実際

```
122  semilogy(ebno_min:ebno_step:ebno_max,ber_result(:,2)','ro-');
123  xlabel('Eb/No [dB]');
124  ylabel('BER');
125  axis([0,30,10^(-5),10^(0)]);
126  grid;
```

プログラム 2.3 はフラットフェージング環境下の OFDM 性能を測るプログラムであり，プログラム 2.2 と異なる点は，チャネル変動を推定するパイロット信号を備えていることである。パイロット信号はすべて振幅が「1」になるようになっている。この場合，IFFT 処理後の信号は先頭部が大きなピークになる問題があり，実際システムではランダム性を考慮し，配置するが，本プログラムでは非線形フィルタを考慮しないため，結果に問題はない。

```
pilot_signal=ones(number_pilot,ifft_size);
```

また，チャネルモデルにおいては，位相と振幅の変動をすべての信号で同じように発生させるため，`serial_signal_tx` 信号に (randn(1)+sqrt(-1)*randn(1))/sqrt(2) を乗算している。sqrt(2) は randn(1) により I 相と Q 相に電力「1」の信号が発生するため，正規化の割り算である。

```
faded_signal=serial_signal_tx.*(randn(1)+sqrt(-1)*randn(1))/
sqrt(2);
```

図 2.33 はフラットフェージング環境下の OFDM 性能のシミュレーション結果であり，利用するパイロットシンボル数が多くなると BER 特性は理論値と同じになる。しかし，プログラム 2.3 では，パイロットシンボルを二つ利用してシミュレーションを行っているため，理論値と比べ約 2 dB 劣化する。

図 2.34 にフラットフェージングと雑音の影響による受信信号点の分布を示す。本来あるべき位置からランダムに分布していることが以下の

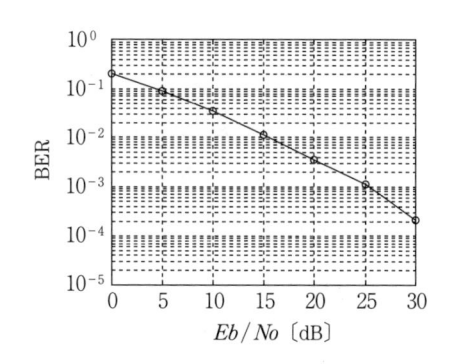

図 2.33 フラットフェージング環境下の OFDM 性能

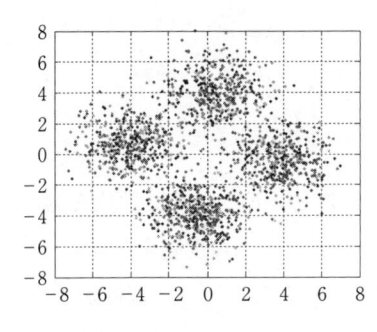

図 2.34 フラットフェージングと雑音の影響による受信信号点の分布（$Eb/No = 10\,\mathrm{dB}$）

プログラムで確認できる。

```
plot(frequency_signal(number_pilot+1:number_pilot+number_symbol,:),'.')
```

特にフラットフェージングの場合は，位相と振幅が変動した信号点の近い部分に分布が集中する傾向がある。このような信号から本来送られた情報を取り出すことは困難であるため，チャネル推定と補償を行う。**図 2.35** にチャネル補償後の信号点の分布を示す。

```
plot(received_signal,'.')
```

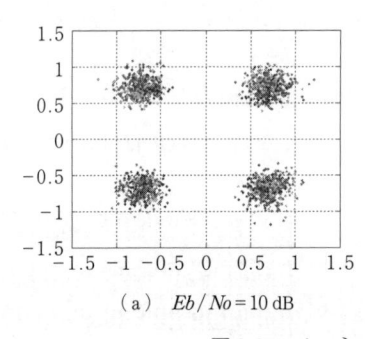

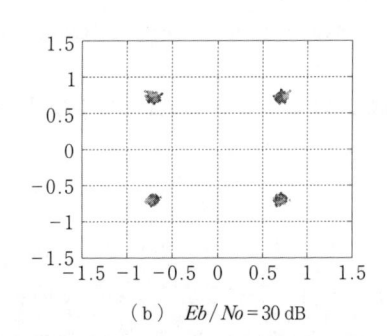

（a） $Eb/No = 10\,\mathrm{dB}$ （b） $Eb/No = 30\,\mathrm{dB}$

図 2.35 チャネル補償後の信号点の分布

チャネル推定がうまく行われた場合は本来あるべき信号点に戻り，雑音の影響だけ受ける。図 2.35（a）は Eb/No が $10\,\mathrm{dB}$ の場合を示す。Eb/No が高くなると雑音の影響を受けにくくなるため，図 2.35（b）のように本来の信号点の近辺に集中する。

2.2 OFDM変復調の原理と実際

プログラム 2.4 周波数選択性フェージング環境下の OFDM 性能測定プログラム
(OFDM-frequency selective fading)

```
001  %作成者:安 昌俊(junny@m.ieice.org)
002  clear all%メモリ初期化
003  rand('state',sum(100*clock));%rand関数の初期化
004  ifft_size=64;%IFFTサイズ
005  guard_interval=16;%ガードインターバル
006  carrier_interval=1;%キャリヤ間隔
007  number_carrier=62;%キャリヤ数
008  number_symbol=20;%データ長
009  number_pilot=2;%パイロットシンボル数
010  modulation_index=2;%変調値
011  trans_rate=20*10^6;%伝送速度(20Msps)
012  Doppler=10;%ドップラー周波数(100Hz)
013  number_path=5;%マルチパス数
014  path_interval=2;%パス間隔
015  decay_factor=1;%パス間受信レベル差(1=>-1dB,2=>-2dB)
016
017  ebno_min=0;%最小Eb/No値
018  ebno_max=30;%最大Eb/No値
019  ebno_step=5;%Eb/No間隔
020  repeat=300;
021  ber_result=zeros(floor((ebno_max-ebno_min)/ebno_step)+1,2);%BER測定値
022  記録メモリ
023
024  for ebno=1:((ebno_max-ebno_min)/ebno_step)+1
025      eb_no=(ebno-1)*ebno_step+ebno_min;
026      disp(['Eb/N0:'num2str(eb_no)]);
027      modified_eb_no=eb_no+10*log10(modulation_index);%変調方式に対する補
028  正
029
030      for r=1:repeat
031         disp([' Repeat', num2str(r)]);
032         %==========
033         %OFDM送信機
034         %==========
035  %データ発生
036  bit_generation=floor(rand([number_symbol,number_carrier,modulation_
037  index])*2);
038  %データの2値化(1,-1)
039  data_nr=bit_generation*2-1;%0=>-1, 1=>1
040  %パイロット信号発生部
041  pilot_signal=ones(number_pilot,ifft_size);
042
```

```
043 %変調部
044 if modulation_index==1%BPSK
045    modulated_data=[data_nr(:,32:62,:),zeros(number_symbol,2,1),
046    data_nr(:,1:31,:)];
047    tx_baseband=[pilot_signal; modulated_data];
048 elseif modulation_index==2%QPSK
049    data=(data_nr(:,:,1)+sqrt(-1).*data_nr(:,:,2))./sqrt(2);
050    modulated_data=[data(:,32:62,:),zeros(number_symbol,2,1),
051    data(:,1:31,:)];
052    tx_baseband=[pilot_signal; modulated_data];
053 end
054 %IFFT処理部
055 time_signal=(ifft(tx_baseband'))*sqrt(ifft_size);%
056 %ガードインターバル挿入
057 tx_signal=[time_signal((ifft_size-guard_interval+1):ifft_size,:);
058 time_signal];
059 %並直列変換(P/S)
060 serial_signal_tx=reshape(tx_signal,1,size(tx_signal,1)*size(tx_
061 signal,2));
062
063 %==========
064 %チャネル
065 %==========
066 %マルチパスフェージング(multipath fading channel)
067 faded_signal=multipath(serial_signal_tx,trans_rate,Doppler,number_
068 path,decay_factor,path_interval);
069 %ガウス雑音(AWGN)
070 noise_dis=10^(-modified_eb_no/20);%雑音分散
071 noise=sqrt(1/2)*(randn(1,length(faded_signal))+sqrt(-1)*randn(1,
072 length(faded_signal))).*noise_dis;
073 serial_signal_rx=faded_signal+noise;
074
075 %==========
076 %OFDM受信機
077 %==========
078 %直並列変換(S/P)
079 parallel_signal=reshape(serial_signal_rx,ifft_size+guard_interval,
080 number_symbol+number_pilot);
081 %ガードインターバル除去
082 parallel_signal=parallel_signal(guard_interval+1:ifft_size+guard_
083 interval,:);
084 %FFT処理部
085 fft_signal=fft(parallel_signal)';
086 frequency_signal=[fft_signal(:,34:64,:),fft_signal(:,1:31,:)];
087 %チャネル推定
088 H_resp=frequency_signal(1:number_pilot,:);
```

2.2 OFDM変復調の原理と実際

```
089 channel_resp=sum(H_resp,1)/number_pilot;
090     %チャネル補償処理
091     received_signal=frequency_signal(number_pilot+1:number_pilot
092     +number_symbol,:)./repmat(channel_resp ,number_symbol,1);
093     %復調部
094     for k=1:number_symbol
095       for cc=1:number_carrier
096         if modulation_index==1%BPSK
097           X=received_signal(k,cc);
098           Xi=sign(real(X));
099           detected_bit(k,cc)=(Xi+1)/2;
100         elseif modulation_index==2%QPSK
101           X=received_signal(k,cc);
102           Xi=sign(real(X));
103           Xq=sign(imag(X));
104           detected_bit(k,cc,1)=(Xi+1)/2;
105           detected_bit(k,cc,2)=(Xq+1)/2;
106         end
107       end
108     end
109     %誤り計算部
110     error=find(bit_generation-detected_bit);
111     number_error=length(error);
112     number_bit=size(bit_generation,1)*size(bit_generation,2)*
113     modulation_index;%
114     ber=number_error/number_bit;%BER 計算値
115
116     ber_result(ebno,1)=modified_eb_no;
117     ber_result(ebno,2)=ber_result(ebno,2)+ber;
118   end
119 end
120 ber_result(:,2)=ber_result(:,2)/repeat;
121 title('BER ');
122 semilogy(ebno_min:ebno_step:ebno_max,ber_result(:,2)','bo-');
123 xlabel('Eb/No [dB]');
124 ylabel('BER');
125 axis([0,30,10^(-5),10^(0)]);
126 grid;
```

プログラム2.4は周波数選択性フェージング環境下のOFDM性能を測るプログラムである。プログラム2.3と異なる点は，プログラム2.1から発生するレイリーフェージングをマルチパス数と同じ生成し，マルチパス数と同じ信号のレプリカと掛けることでマルチパスを生成していることである。**図2.36**に

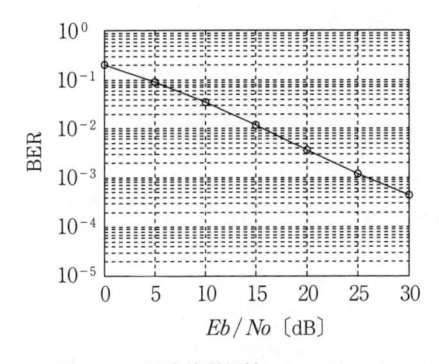

図 2.36 周波数選択性フェージング環境下の OFDM 性能

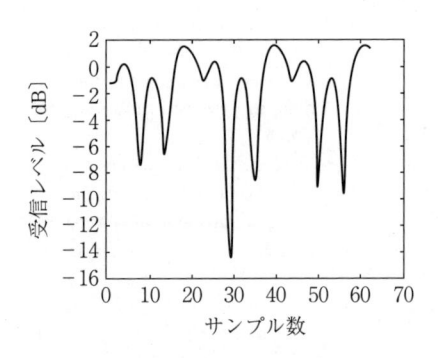

図 2.37 周波数領域における選択性パターン例

周波数選択性フェージング環境下の OFDM 性能を示す。基本的にマルチパス環境下の OFDM の BER とフラットフェージング環境下の OFDM の BER は同じである。これは複数のキャリヤを用いた場合においても各キャリヤの受信レベルはフラットフェージングと同様に考えることができるためである。**図 2.37** に周波数領域における選択性パターン例を示す。以下のプログラムにより選択性パターンを確認できる。

```
plot(10*log10(abs(channel_resp./sqrt(ifft_size))))
xlabel('Samples');
ylabel('Received signal level(dB)');
```

特に注意すべきことは，channel_resp を sqrt(ifft_size) で割り算することであり，MATLAB 関数 fft は正規化せず出力するため，正しい選択性パターンを見るためには sqrt(ifft_size) で正規化する必要がある。

プログラム 2.5 マルチパスフェージング

```
001 %作成者:安 昌俊(junny@m.ieice.org)
002 function faded_signal=multipath(input_signal,trans_rate,Doppler,
003 number_path,decay_factor,path_interval);
004
005 rand('state',sum(100*clock));%rand関数の初期化
006 number_symbol=length(input_signal);
007 Ts=1/trans_rate;%シンボル周期
008 N_0=16;%素波数
009 path_amplitude=zeros(number_path,1);
```

2.2 OFDM変復調の原理と実際

```
010  for tap=1:number_path
011      path_amplitude(tap)=10^(0-(((tap-1)*decay_factor)/10));
012      randtime=(10^10)*rand(1);% ランダム初期タイム
013      Omega_m=2*pi*Doppler;
014      N=4*N_0+2;
015      xc=zeros(1,number_symbol);
016      xs=zeros(1,number_symbol);
017      rand_point=[1:number_symbol]+randtime;
018      for t=1:N_0
019          wm=cos(cos(2*pi*t/N)*rand_point*Omega_m*Ts);
020          xc=xc+cos((pi/N_0)*t)*wm;
021          xs=xs+sin((pi/N_0)*t)*wm;
022      end
023      T=sqrt(2)*cos(rand_point*Omega_m*Ts);
024      xc=(2*xc+T)*sqrt(1/(2*(N_0+1)));
025      xs=2*xs*sqrt(1/(2*N_0));
026      fade(tap,:)=xc+sqrt(-1).*xs;
027  end
028  normalization=sum(path_amplitude.^2);
029  norm_path_amplitude=path_amplitude./sqrt(normalization);
030
031  signal1=repmat(input_signal,number_path,1);
032  signal2=(signal1.*repmat(norm_path_amplitude,1,number_
033  symbol)).*fade;
034  for a=1:number_path
035      fade_signal(a,1:number_symbol)=shift(signal2(a,:),-(path_
036      interval*(a-1)));
037  end
038  faded_signal=sum(fade_signal);
```

プログラム2.5は，プログラム2.1のフェージング信号を複数発生することでマルチパスフェージング環境を再現するプログラムであり，遅延波の受信レベル（decay_factor）や遅延広がり（path_interval）などを自由に変えることができる。また

```
normalization=sum(path_amplitude.^2);
norm_path_amplitude=path_amplitude./sqrt(normalization);
```

により各遅延波の受信レベルを正規化する必要がある。具体的には最初の到来波の受信レベルを1とし，このレベルを基準に遅延信号レベルを与える。例えば，2波目が最初の到来波と比べ2dB小さい場合は，2波目の受信レベルは$10^{-2/10} \fallingdotseq 0.631$になる。

プログラム 2.6　MATLAB 関数（シフトコマンド）

```
001  function y=shift(x,nsr,nsc)
002  if nargin==1
003     nsr=0;
004     nsc=0;
005  end;
006  if nargin==2
007     nsc=0;
008  end;
009  [r,c]=size(x);
010  if nsr > 0
011     if r==1
012        y=[x((nsr+1):c) zeros(r,nsr)];
013     elseif c==1
014        y=[x((nsr+1):r); zeros(nsr,c)];
015     elseif nsc > 0
016        y=[[x((nsr+1):r,(nsc+1):c); zeros(nsr,(c-nsc))] zeros(r,nsc)];
017     else
018        y=[zeros(r,abs(nsc)) [x((nsr+1):r,1:(c+nsc)); zeros(nsr,(c+
019        nsc))]];
020     end;
021  else
022     if r==1
023        y=[zeros(r,abs(nsr)) x(1:(c+nsr))];
024     elseif c==1
025        y=[zeros(abs(nsr),c); x(1:(r+nsr))];
026     elseif nsc > 0
027        y=[[zeros(abs(nsr),(c-nsc)); x(1:(r+nsr),(nsc+1):c)] zeros
028        (r,nsc)];
029     else
030        y=[zeros(r,abs(nsc)) [zeros(abs(nsr),(c+nsc));
031  x(1:(r+nsr),1:(c+nsc))]];
032     end;
033  end;
```

プログラム 2.6 は MATLAB の関数であり，入力される信号を前後に順次に移動させる関数である。使用法は以下のようになる。

```
x=[1:9]
shift(x, 2)=[3 4 5 6 7 8 9 0 0]
shift(x, -2)=[0 0 1 2 3 4 5 6 7]
```

信号を前後にシフトさせることができ，特に正数を入れると左に進むようになり，負数を入れると右に進むようになる。また，1次元信号だけではなく，

2次元信号も処理可能である.

```
x=[1:3;1:3];
shift(x,1,-1)=[0 1 2; 0 0 0]
```

2.3 OFDM 技術の応用

2.3.1 適応変調方式

適応変調とは,チャネルの状態に従って変調方式,符号化率など送信モードを変化させることをいう.OFDM はマルチキャリヤ伝送方式であり,移動通信環境においては各キャリヤの受信レベルは時間的に変動する.このため,OFDM の各キャリヤの時間的な変動に応じて適応的に変調方式を変えるようにすれば良好な通信速度を得ることが可能となり,**OFDM 適応変調**(adaptive modulation)は,周波数の有効利用面で注目を浴びている[15),16)].**図 2.38** は OFDM システムにおける適応変調の原理を示す.

周波数選択性フェージング

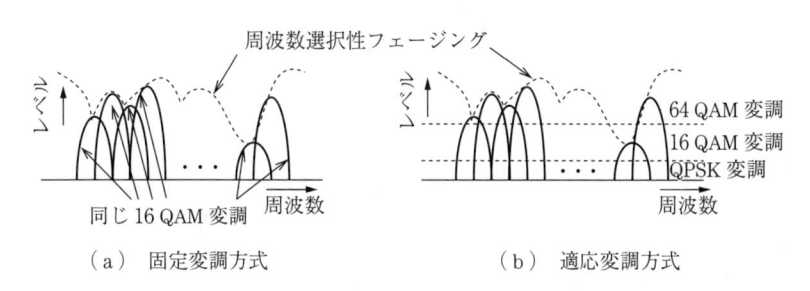

（a） 固定変調方式　　　　　（b） 適応変調方式

図 2.38 OFDM システムにおける適応変調の原理

多値変調方式は,伝送帯域を広げることなく高速伝送が可能であるため,周波数資源が限られた移動通信において高速伝送を実現する上で非常に有効である.しかし,多値数を大きくすると雑音に対する耐性が低下するので,周波数選択性フェージングにより受信レベルが落ち込んだキャリヤで,長いバースト誤りが発生する.この結果,誤り訂正性能が低下し,伝送品質を保つために必要な送信電力が増加することになる.

これに対し,適応変調 OFDM では,相手側から通知された信号と雑音のレ

ベル情報をもとに,各キャリヤの受信 SNR を推定し,推定された受信 SNR が低く,伝搬路状況が劣悪であると判断されたキャリヤについては,雑音耐性が優れた QPSK のような変調方式を用いることにより伝送品質の劣化を防ぐ。一方で,受信 SNR が高く,伝搬路状況が良好であると判断されたキャリヤには,64 QAM のような多値数の大きな変調方式を用いることで伝送速度の向上を図っている。

■ **OFDM 適応変調における送信電力制御**　図 2.38 に示したように,OFDM 適応変調では伝搬路状況に応じて多値数を割り当てていくものの,各キャリヤはそれぞれの所要品質に対して過剰な受信電力を有している。そのため,各キャリヤの電力総和は一定という条件の下で,全キャリヤで伝送できる情報量が最大となるように各キャリヤの多値数と送信電力を設定するために送信電力制御を行う。

図 2.39 に,送信電力制御ありなしのそれぞれの場合の動作状態を示す。図 2.39 (a) は,送信電力を制御しない場合の受信レベルである。受信レベルからわかるように,各キャリヤには目標 BER を満足する変調方式の受信レベルより高い電力が多く受信されている。

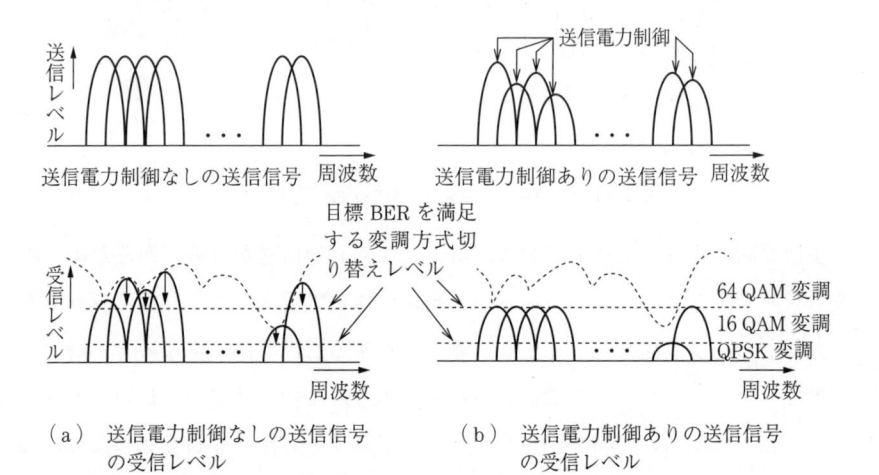

図 2.39 送信電力制御の有無による送信レベルと受信レベル

2.3 OFDM 技術の応用

一方,図2.39(b)に示すように送信信号に対して送信電力を制御した場合,目標 BER を満足しながら少ない送信電力でも同じ伝送速度を実現できている。さらに,各キャリヤの電力総和は一定という条件を考慮すると送信電力を少し上げても,目標 BER を満足しつつ変調多値数を大きくすることができ,送信電力を制御しない場合と比べ伝送速度を高めることができる。

2.3.2 MIMO 技 術

ここ数年,ワイヤレスサービスは,ますます重要になってきており,ネットワークの伝送容量や性能についての要求もますます高まっている[17),18)]。基本的に OFDM は高速無線通信システムを実現するために有効な方式ではあるが,さらなる高速化を図るための伝送帯域の拡大や適応変調・符号多重システムのようないくつかのアイデアでさえ,周波数利用効率を向上させるには実際上限界がある。**MIMO**(multiple-input multiple-output)技術は,**図 2.40** に示すように空間多重技術を用いて帯域の利用効率を向上させるための技術であり,アンテナアレイ技術などが用いられている。

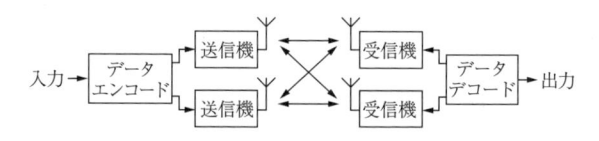

図 2.40 MIMO 技術の基本概念

MIMO システムでは単一のチャネルを利用する際に複数の伝送路入力と複数の伝送路出力を使う。このシステムは空間ダイバーシティや空間多重などとしてなじみがあるものである。空間ダイバーシティはいわゆる受信,送信ダイバーシティとして知られている技術であり,ある信号の複製信号(レプリカ)がもう一つのアンテナから送信され,受信側では一つ以上のアンテナを用いて信号を受信する。このように空間多重を用いたシステムでは,単一の周波数上に同時に複数の空間データストリームを通すことができる。

〔1〕 **MIMO チャネル**　　MIMO を利用していない通常のシステムでは複

数のチャネルを送るためには複数の周波数が必要となるが，MIMO システムでは単一の周波数上に複数のチャネルを乗せることができる．この技術のキーポイントは，利用されるすべての信号パス間のアイソレーションを確保することとそれらを等化する技術である．このため，用いられるチャネルモデルには直接チャネルを表す行列コンポーネントと間接チャネルを表す行列コンポーネントを含む行列 H が必要になる．直接チャネルを表すコンポーネント（つまり，h_{11}）はチャネル平坦度を表している．間接コンポーネント（つまり，h_{12}）はチャネルのアイソレーションを表す．

図 2.41 の MIMO チャネルモデルにおいて送信信号行列を X，受信信号行列を Y で表し，時間不変で狭帯域なチャネルを想定すれば次式が成り立つ．

$$Y = HX + N \tag{2.39}$$

ここで，N はガウス雑音行列である．

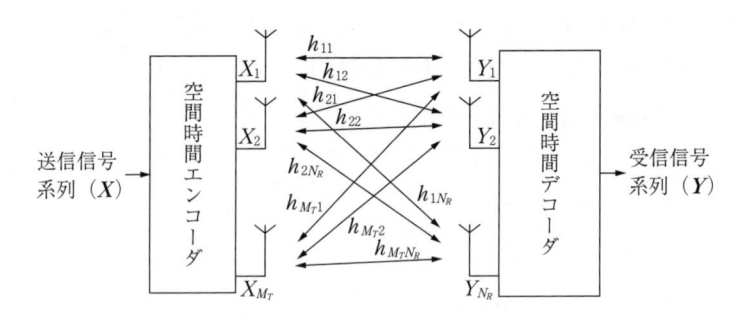

図 2.41 物理 MIMO チャネルモデル

行列 H の情報は信号を復調する際に非常に重要であり，通常，既知のトレーニングシーケンス（パイロット信号）等を用いて情報を提供する．あるいは，受信機からチャネル近似情報を送信機側へ送信し，送信側でその値からプレコーディングのための情報を得る方法もある．送信機側でプレコーディングが行える場合，MIMO システムの性能を大きく向上させることが可能である．

シャノンは伝送容量 C_{SISO}（単一入力，単一出力時）を理論的に計算するつぎの式を導出した．

$$C_{SISO} = B \log_2 \left(1 + \frac{S}{N}\right) \tag{2.40}$$

この式には信号帯域幅 B と信号電力対雑音電力比 S/N (SNR) が含まれており，たいていの場合，伝送容量は帯域の拡大や変調方式の選択により拡大できる．しかし，周波数利用効率はこれらの方法では劇的には改善することができない．そこで，シャノンの定理を MIMO システムに拡張する場合，アンテナ本数を導入する．

M を送信側アンテナ数 M_T，受信側アンテナ数 N_R の小さいほうとし，この M を空間ストリーム数と呼ぶ．例えば，2×3 システムでは 2 個の空間ストリームが用いられる．2×4 システムの場合も同様である．M を用いると，MIMO システムにおける伝送容量 C_{MIMO} はつぎの式で表される．

$$C_{MIMO} = MB \log_2 \left(1 + \frac{S}{N}\right) \tag{2.41}$$

上記の式で明らかなように MIMO システムの伝送路容量はアンテナの本数に従って線形的に増加していく．非対称のアンテナ構成（つまり，1×2 や 2×1 など）の場合には，受信，送信ダイバーシティの計算式が適用される．これらの場合，伝送路容量 $C_{TX/RX}$ は次式に示すようにアンテナの本数に従って対数的に増加していく．

$$C_{TX/RX} = B \log_2 \left(1 + M\frac{S}{N}\right) \tag{2.42}$$

〔2〕 **空間多重化技術**　空間多重化技術には以下のようなものがある．

〔a〕 **固有空間多重伝送方式**　**固有空間多重伝送方式** (eigenbeam space division multiplexing, E-SDM) は MIMO のチャネルインパルス応答ベクトルが既知であることを前提とした手法である．まず，MIMO のチャネルインパルス応答行列 H は

$$H = U\Sigma V^H \tag{2.43}$$

のように分解できる．U，V はそれぞれ**ユニタリ行列** (unitary matrix) であり，また Σ は**対角行列** (diagonal matrix) である．また，V^H は V のエルミー

ト共役を表す[†]。これらの行列 U と V を用いてフィルタリングを行うことにより固有空間多重伝送方式は実現される。具体的には，送信側でアンテナから送信する前の送信信号行列に V を，受信側のアンテナで受信した後の受信信号行列に U^H を乗じる。これにより，受信信号 Y は

$$Y = U^H(U\Sigma X + N) = \Sigma X + U^H N \tag{2.44}$$

となり，送信信号を得ることができる。ここで，X は送信信号行列，N はガウス雑音行列である。

　この手法を用いれば，容易に信号を分離することができる。しかし，送信側でチャネル情報を知らなければならないため，受信側から送信側へのチャネル情報の送信が必要となり，送信時間による遅延やそれに伴うチャネルの変動が起こるなど問題は多い。このため，現在では受信側のみでチャネルインパルス応答を得ることを前提とした手法の研究が盛んである。以下，それらの手法について述べる。

〔b〕**BLAST**　　**BLAST**（Bell laboratories layered space-time architecture）は，異なる情報を複数の送信アンテナから同一周波数で同時に並列伝送し，受信側において干渉抑圧のために制御されたダイバーシティ受信とレプリカ減算によって信号分離を行う方式である。欠点としては，受信機数が送信機数以上必要であること，実装が複雑で難しいことなどが挙げられるアンテナごとに送信タイミングを1シンボルずらして送信する **D-BLAST**（diagonal BLAST）を簡易化し，複数に分割されたサブストリーム間での符号

[†] 正方行列 A がその随伴行列（エルミート共役）A^H に等しいとき，つまり $A = A^H$ であるとき，フランスの数学者エルミートの名をとり，A を**エルミート行列**（Hermitian matrix）という。ここで，随伴行列とは，転置行列（行と列とを入れ替えた行列）の成分の複素数を共役複素数に置き換えたものをいう。例えば，2次正方行列

$$A = \begin{pmatrix} a+pi & b+qi \\ c+ri & d+si \end{pmatrix}$$

に対して，随伴行列は

$$A^H = \begin{pmatrix} a-pi & c-ri \\ b-qi & d-si \end{pmatrix}$$

である。

化を不要とした **V-BLAST**（vertical BLAST）が提案されている[19]。

〔**c**〕 **MLD**　　MLD（maximum-likelihood detection）法では，まずパイロットシンボルを送信し，それによりチャネルインパルス応答の推定を行う。この作業はすべての空間多重化法について同様に行われる。つぎにこの推定値と全通りの推定送信シンボルを掛けることにより**受信信号候補**（received signal candidate）をすべて生成する。その受信信号候補すべてと受信信号のユークリッド距離を計算し，最も距離が短い受信信号候補を受信信号と決定し，送信信号を求める。以上を式に表すと

$$\hat{X} = \arg\min \sum_{n=1}^{N_R} \left| y_n - \sum_{m=1}^{M_T} (h_{m,n} \tilde{x}_m) \right|^2 \tag{2.45}$$

となる。ただし，$\hat{X} = \sum_{m=1}^{M_T} \hat{x}_m$ は求めた送信信号，$\sum_{m=1}^{M_T} \tilde{x}_m$ はすべての受信信号候補である。この方式は良好な信号分離が可能であるが，アンテナ数と変調多値数が増えると，受信信号候補数が変調における信号点個数の指数関数で増加するため，計算量の面で課題がある。このような欠点もあるが，受信アンテナ数分だけのダイバーシティ効果を得ることができ，MIMO では最も優れた誤り率特性を有する。

〔**d**〕 **sphere decoding**　　sphere decoding では MLD 法と違い，**図 2.42** に示すように受信信号候補から半径 $\sqrt{D}$ の範囲を設けて，その範囲に含まれるポイントのみに対して距離を計算し，送信信号を決定する。式に表せば

$$\sum_{n=1}^{N_R} \left| y_n - \sum_{m=1}^{M_T} (h_{m,n} \tilde{x}_m) \right|^2 \leq D \tag{2.46}$$

となり，この条件を満足する送信信号を見つけることとなる。MLD 法と違い，計算量は送信信号の信号点数に依存しないため，大幅な計算量の低減が可能である。

すなわち，sphere decoding は半径 $\sqrt{D}$ の範囲を設けて，送信信号を決定するため，受信信号候補は $\sum_{m=1}^{M_T} \hat{x}_m < \sum_{m=1}^{M_T} \tilde{x}_m$ となり，全体の計算量を減らすことができる。

sphere decoding を用いた際の誤り率特性は $\sqrt{D}$ によって決定され，D の値

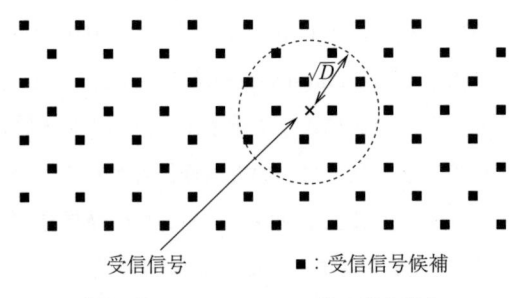

図 2.42 sphere decoding 法の基本概念

を大きくすればするほど計算量は増加するが，MLD 法の BER 特性に近づく．逆に D の値を小さくしていくと，MLD 法の BER 特性から外れていく．このとき，低 Eb/No の領域から BER 特性の劣化は起こる．

〔e〕 **QRM-MLD**　　QRM-MLD[20),21)]（QR decomposition MLD）法では，MLD 法におけるチャネル行列に **QR 分解**[†]（QR decomposition）を適用し，ユニタリ行列 Q と上三角行列 R に分解する．このユニタリ行列のエルミート行列をチャネル行列に乗じることにより，チャネル行列が上三角行列へと変換される．よって MLD を行う際，受信信号候補一つ当りの生成にかかる計算量は減少する．また，M アルゴリズムを適用し，受信候補数を各ステージごとに削減していくことにより演算量をさらに低下させる方式である．これらの方式の欠点として，アンテナ数，変調多値数が少ない場合は演算量を大きく低減できないことが挙げられる．また，BER 特性は MLD 法よりも劣化する．

〔3〕 **時空間符号**　　時空間符号（space-time code）には以下のようなものがある．

〔a〕 **直交時空間ブロック符号**　　STBC（space-time block code）の送信信号行列に直交性を持たせたときの符号を直交時空間ブロック符号と呼ぶ．また，複素直交 STBC とは，送信信号行列の各シンボルが複素数である直交 STBC のことを指す．ここで，直交性とはある行列にその行列のエルミート行

[†] QR 分解は，ある行列 A を直交行列 Q と，上三角行列 R の積に分解することをいい，線型最小二乗問題を解くために使用される．また，固有値問題の解法の一つである，QR 法の基礎となっている．

列を乗じた結果が単位行列の定数倍になることを意味する。複素直交 STBC の送信信号行列は送信アンテナが 2 本の場合

$$G_2 = \begin{pmatrix} x_1 & x_2 \\ -x_2^* & x_1^* \end{pmatrix} \qquad (2.47)$$

のように表され

$$G_2 G_2^H = \left(|x_1|^2 + |x_2|^2 \right) I_2 \qquad (2.48)$$

となる。ここで，x_1, x_2 は 2 本のアンテナから送信された信号，I_2 は 2×2 の単位行列，*は共役複素数を表す。

直交 STBC の復号には最尤復号を用いることが可能である。最尤復号は，受信信号行列と推定シンボルを用いて表される**コスト関数**[†]（cost function）の値を最小とするようにシンボルを決定する方法である。直交 STBC は送信信号行列が直交性を持っているため，最尤復号に際してそれぞれの送信シンボルを独立に復号できる利点がある。

また，最尤復号では逆行列を用いた復号と違い，アンテナ数が増加してもほぼ同様の手順で計算量を大幅に増やすことなく復号できる。直交 STBC では，フルダイバーシティと単純な最尤復号が可能である。さらに実直交 STBC では 8 本までの送信アンテナ，複素直交 STBC では送信アンテナ 2 本の場合には最大伝送速度が実現できる。しかし，送信アンテナの本数を増加させていくと，直交性を保たなければならないために伝送速度が低下する[22]。

表 2.2 に複素直交 STBC における送信アンテナ本数と伝送速度の関係を示す[23]。送信アンテナ 3 本と 4 本の場合の複素直交 STBC の送信信号行列で伝送速度が 3/4 のものは以下のようになる。

$$G_3 = \begin{pmatrix} x_1 & x_2 & x_3 \\ -x_2^* & x_1^* & 0 \\ -x_3^* & 0 & x_1^* \\ 0 & -x_3^* & x_2^* \end{pmatrix}, \quad G_4 = \begin{pmatrix} x_1 & x_2 & x_3 & 0 \\ -x_2^* & x_1^* & 0 & x_3 \\ -x_3^* & 0 & x_1^* & -x_2^* \\ 0 & -x_3^* & x_2^* & x_1 \end{pmatrix} \qquad (2.49)$$

[†] 最適化問題における計算量を表す概念。基本的にコスト関数が少ない解が最適化問題の解でもある。

表 2.2 複素直交 STBC における送信アンテナ本数と伝送速度の関係

送信アンテナ本数	シンボル数	ブロック長	伝送速度
2	2	2	1
3	3	4	3/4
4	3	4	3/4
5	10	15	2/3
6	20	30	2/3
7	35	56	5/8
8	35	56	5/8
9	126	210	3/5
10	252	420	3/5
11	462	792	7/12
12	462	792	7/12

〔b〕**擬似直交 STBC**　複素直交 STBC ではフルダイバーシティが可能であるが, 伝送速度はアンテナの増加とともに減少する。この低下問題を改善する手法として擬似直交 STBC が Jafarkhani により提案された。擬似直交 STBC とは送信信号行列に部分的な直交性を持たせ, 伝送速度の低下を抑える手法である。このような擬似直交 STBC の送信信号行列としてさまざまなものが提案されている。以下には Tirkkonen, Boariu, Hottinen らが提案した送信信号行列の構成を示す[24]。

$$X = \begin{pmatrix} \boldsymbol{A}_{12} & \boldsymbol{A}_{34} \\ \boldsymbol{A}_{34} & \boldsymbol{A}_{12} \end{pmatrix} = \begin{pmatrix} x_1 & x_2 & x_3 & x_4 \\ -x_2^* & x_1^* & -x_4^* & x_3^* \\ x_3 & x_4 & x_1 & x_2 \\ -x_4^* & x_3^* & -x_2^* & x_1^* \end{pmatrix} \quad (2.50)$$

ここで, $\boldsymbol{A}_{12}$ は Alamouti により提案された送信アンテナ 2 本時の送信信号行列であり, 以下のように表される[25]。

$$\boldsymbol{A}_{12} = \begin{pmatrix} x_1 & x_2 \\ -x_2^* & x_1^* \end{pmatrix} \quad (2.51)$$

式 (2.50) の送信信号行列を含む送信アンテナを 4 本用いる際の擬似直交 STBC では, 4 時刻に対して 4 シンボルを送信できる構成であるため, 伝送速度は 1 となる。擬似直交 STBC の復号の際には, 直交 STBC と同様に最尤復号が可能である。

例えば，送信アンテナ n 本，受信アンテナ 1 本で通信を行うことを考える。送信アンテナ n 本用の送信信号行列を X とし，通信路のインパルス応答行列を H，ガウス雑音行列を N とすれば，受信信号行列 Y は以下のように表される。

$$Y = HX + N \tag{2.52}$$

この受信信号を用いて，情報シンボルを復号することを考える。送信信号行列 X が m 個の情報シンボルで構成されているとき，推定シンボルをそれぞれ $\bar{x}_1, \bar{x}_2, \cdots, \bar{x}_m, \bar{X}$ とするとコスト関数 J は以下のように表される。

$$J(\bar{x}_1, \bar{x}_2, \cdots, \bar{x}_m) = |Y - H\bar{X}|^2 \tag{2.53}$$

この $J(\bar{x}_1, \bar{x}_2, \cdots, \bar{x}_m)$ の計算において，擬似直交 STBC は直交 STBC の場合とは違い部分的な直交性しか有していないため，それぞれのシンボルの関数に分解することはできない。しかし，ある個数のシンボル組の関数にまでは分解することができる。

例えば，送信アンテナ 4 本で送信信号行列に式 (2.50) の行列を用いた場合，コスト関数は x_1 と x_3 に関する多項式 $J_{1,3}$ と，x_2 と x_4 に関する多項式 $J_{2,4}$ に分けることができる。したがって，$J_{1,3}$ を最小とするように x_1，x_3 を選び，$J_{2,4}$ を最小とするように x_2，x_4 を選ぶことによって送信アンテナが 4 本のときの擬似直交 STBC の最尤復号が実現できる。

アンテナ本数が変化しても同様にシンボルの組で構成される関数を最小にするようにシンボルの組を選ぶことにより最尤復号が実現できる。このように擬似直交 STBC では直交 STBC よりも高い伝送速度を実現でき，少し複雑ではあるが直交 STBC よりも単純な最尤復号も行うことができる。しかし，擬似直交 STBC の送信信号行列は完全な直交性を持たず，例えば式 (2.50) の送信信号行列のランクはともに 2 となる。つまり，式 (2.50) の送信信号行列を用いた場合には，2 本の送信アンテナ分のダイバーシティ利得しか得ることができないことがわかる。

そこでこの問題に対して，信号点の位相回転を行うことによりフルダイバー

シティを実現する手法が提案されている[26),27)]。

この手法ではシンボルの組の片方にある位相回転を行うことにより，行列のランク低下を防ぎフルダイバーシティを得ている。例えば，式 (2.50) の送信信号行列の場合には，x_1 と x_3 および x_2 と x_4 のシンボルの組のうち片方のシンボルを角度 ϕ だけ回転させる。つまり，$\{x_1, x_2\} \in A$，$\{x_3, x_4\} \in e^{j\phi}A$ となるようにシンボルを選ぶ。この手法により，擬似直交 STBC においてもフルダイバーシティが実現できる。

2.3.3 無　　　線 LAN

無線 LAN (local area network) とは，無線通信を利用してデータの送受信を行う LAN システムのことである。ワイヤレス LAN (wireless LAN, wave LAN)，あるいはそれを略して WLAN とも呼ばれる[3),28)]。

無線 LAN は，図 2.43 に示すように，本来は同一の建物や部屋の中に分散しているパソコンやプリントなどとネットワークを構成することで情報を共有するとともに，経済性を高めるための手段である。一般的に電波を利用するには無線局免許が必要であるが，無線 LAN は **ISM** (industry-science-medical band) バンド[†]の無線周波数を利用するため，電力密度が 10 mW/MHz 以下であれば免許は不要で，誰でも自由に使用することができる。

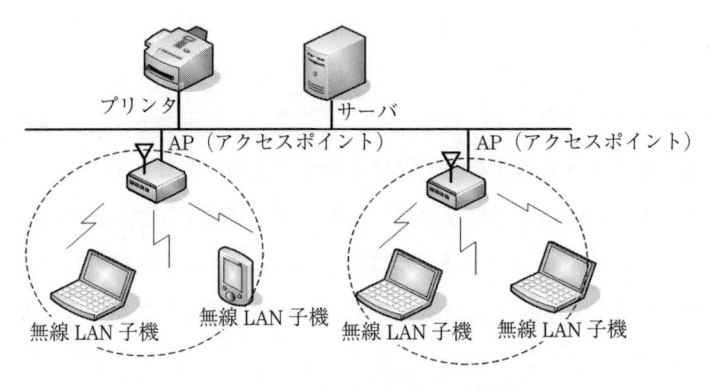

図 2.43　無線 LAN システムの構成例

2.3 OFDM技術の応用

〔1〕 **WLAN IEEE 802.11 a**　表2.3に，IEEE 802.11 a で標準化された主要仕様を示す。OFDM 信号は，48 本の情報を伝送するキャリヤと復調動作を補助するための 4 本のパイロット用キャリヤから構成されており，合計 52 本 (48 本＋4 本) が使用されている。また，モデムでの各種実装誤差の影響を低減するため，中央のキャリヤ (DC キャリヤ) は使用しないようになっている。

表2.3　IEEE 802.11 a の OFDM 主要仕様

項目	内容
変調方式	BPSK, QPSK, 16 QAM, 64 QAM (OFDM 変調方式)
キャリヤ数	52 (FFT サイズは 64)
誤り訂正符号	畳込み符号 ($CR^* = 1/2, 2/3, 3/4$)
伝送速度	6 Mbps (BPSK, $CR = 1/2$), 9 Mbps (BPSK, $CR = 3/4$), 12 Mbps (QPSK, $CR = 1/2$), 18 Mbps (QPSK, $CR = 3/4$), 24 Mbps (16 QAM, $CR = 1/2$), 36 Mbps (16 QAM, $CR = 3/4$), 48 Mbps (64 QAM, $CR = 2/3$), 54 Mbps (64 QAM, $CR = 3/4$)
チャネル配置	200 MHz 幅 (8 チャネル)，チャネル間隔は 20 MHz

＊　CR：符号化率

各キャリヤの変調方式と誤り訂正符号化率の組み合わせにより，表2.3のような伝送速度を実現できる。伝送速度は IEEE 802.11 a においては，6 Mbps から最大 54 Mbps まで定義されている。図 2.44 は OFDM フレーム構成である。

送信された OFDM パケットの初期同期をとるため，ショートプリアンブル

OFDM プリアンブル		OFDM ヘッダ	OFDM データ
パケットの同期をとるための信号パターン 16 μs		4 μs	OFDM データ部の伝送速度は 6 ～ 54 Mbps
8 μs	8 μs	パケットの長さと変調情報を乗せ，送信	
ショートプリアンブル	ロングプリアンブル	信号	OFDM データ

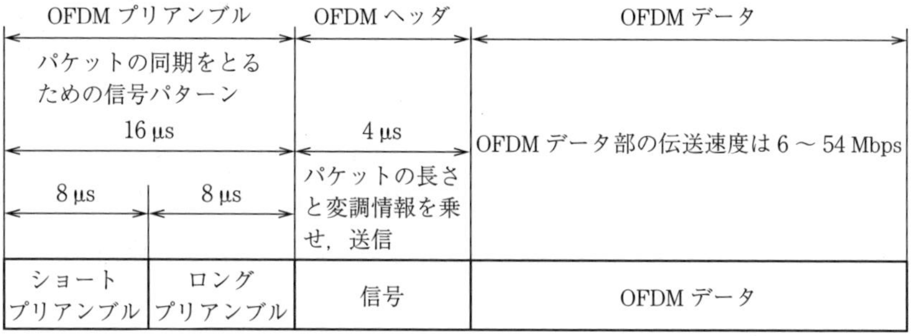

図 2.44　IEEE 802.11 a の OFDM フレーム構成

---

† 産業，科学，医療用のバンドで日本国内では 10 mW 以下なら免許不要で利用できるバンド。無線 LAN をはじめ，Bluetooth，Home RF，FWA，電子レンジ，医療機器など，さまざまな分野で利用されている。

とロングプリアンブルを利用している。また，送信されたOFDMデータのパケット長と変調方式の情報を受信機に知らせる必要があり，これらシグナルに関連する情報をヘッダに乗せて送信している。また，遅延波に対応するため，ガードインターバルを挿入している。無線LANにおいて，ガードインターバルは0.8 μsとなっており，大きな工場やショッピングセンターなどで発生する遅延波に対応できるように設計されている。日本における無線LAN用5 GHz帯の周波数を以下に示す。

① 4.9 GHz帯：4.9〜5 GHz（100 MHz幅，免許登録必要）
② 5.03 GHz帯：5.03〜5.09 GHz（61 MHz幅，免許登録必要）
③ 5.2 GHz帯：5.15〜5.25 GHz（100 MHz幅，免許登録不要）
④ 5.3 GHz帯：5.25〜5.35 GHz（100 MHz幅，免許登録不要）

図2.45に，IEEE 802.11aのOFDMパケット構成を示す。まず，ショートシンボルとロングシンボルが配置され，ショートシンボルは，12キャリヤに10個が配置されている。1個のショートシンボルは0.8 μsであり，**自動利得制御**（AGC, automatic gain control）と**自動周波数制御**（AFC, automatic frequency control）用に利用される。ロングシンボルはチャネル推定を行うため，既知の信号パターンを配置したものであり，**超遅延波**（large delay wave）に対応するため，ガードインターバルは2シンボル分をまとめた信号からとるようになっている。さらに，パケット長が長くなるとチャネル変動が起き，チャネル内での補償ができないため，時間領域で4キャリヤ分のパイロット信号を配置することにより，チャネル変動補償のための位相変動情報を得ている。

〔2〕 **WLAN IEEE 802.11 b**　　IEEE 802.11bは，現在，最も広く製品化されている2.45 GHz帯（2.4 GHz〜2.497 GHz）を用いた伝送速度が1Mbps, 2M bps, 5.5 Mbps, および11 Mbpsの無線LANの規格である。免許は不要で，おもに室内・外で使用されている。変調方式は，**DBPSK**（differential BPSK），**DQPSK**（differential QPSK），**CCK**（complementary code keying），多重方式は**直接拡散方式**（DS-SS, direct sequence spread spectrum），アクセス制御は同一のチャネルに複数のユーザがアクセスする際の競合を回避する方

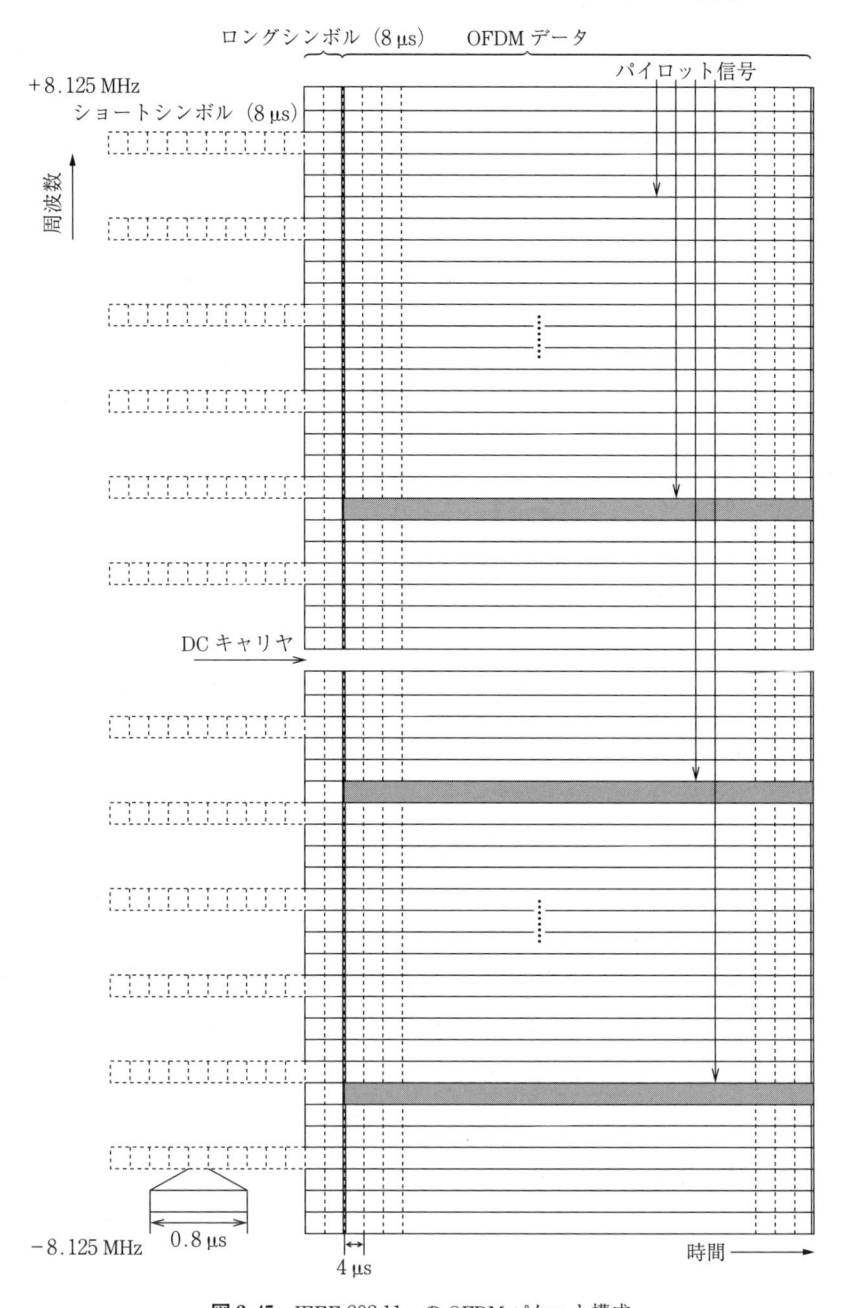

図 2.45 IEEE 802.11 a の OFDM パケット構成

式である **CSMA/CA**（carrier sense multiple access/collision avoidance）が採用されている。

〔3〕 **WLAN IEEE 802.11 g**　　IEEE 802.11 g は，IEEE 802.11 b と同じ 2.45 GHz 帯（2.4 GHz～2.485 GHz）を用いた伝送速度が 6～54 Mbps の無線 LAN の規格である。変調方式は，DBPSK，DQPSK，CCK，BPSK，QPSK，16 QAM，64 QAM，多重方式は DS-SS と CCK-OFDM 方式，OFDM 方式，アクセス制御は CSMA/CA を採用している。IEEE 802.11 g 規格は，IEEE 802.11 a 規格や IEEE 802.11 b 規格と互換性を持つ特徴があり，2.45 GHz 帯の高速化を図って標準化された無線 LAN 規格である。

〔4〕 **WLAN IEEE 802.11 n**　　802.11 n 標準は，いくつかの点で以前のワイヤレス LAN テクノロジーよりも優れている。最も注目すべき利点は，信頼性とアプリケーションデータスループットの大幅な向上である。帯域はこれまでの 20 MHz から 40 MHz へ拡大され，また，20 MHz モードでも四つのデータキャリヤが追加された。ただし，この拡張により 2.4 GHz 帯の使用が難しくなり，20 MHz モードを使用する場合，2.4 GHz 帯では重なり合わないようにチャネル配置するためにわずか三つのチャネルしか選択できなくなった。

一方，5 GHz 帯では 12 個のチャネルが使用可能になり，結果として，かなり自由度が高くなった。つぎに挙げられる点は，符号化率 5/6 の誤り訂正符号が新たに追加され，以前の 3/4 のコードを使用するときに比べて，データスピードが最大 10 % 速くなったことである。これは **MCS**（modulation and coding schemes）によって採用され，**MAC**（media access control）レイヤの効率を最適化するために，パケットバーストモードおよびフレーム結合モードが導入された。ただし，フレームのオーバヘッドを減らすこれらの方法により以前の 802.11 用装置との互換性がなくなった。さらに，OFDM フレームも変更され，802.11 n ではガードインターバルが 800 ns から 400 ns に短縮された。この結果，カバレッジ範囲が小さくなり，その代わりに伝送速度は最大でおよそ 10 % 速くなった。無線 LAN 規格では最大で四つまでの空間データストリームをサポートしているが，これは最大で 4 倍のビットレートを実現できること

を意味する．三つまでのストリームであれば時空間コードを適用し，送信できるが，四つのストリームを実現する場合には空間多重が必要になる．

2.3.4 無　　線 MAN

無線 MAN（wireless metropolitan area network）とは，屋外のアンテナを通じてやり取りされる無線ブロードバンド通信のことで，2002 年 8 月に，米国電気電子学会（IEEE）によって IEEE 802.16 として標準化された．無線 MAN では，10～66 GHz の周波数帯を用いて，1 台のアンテナで半径約 50 km 圏内の複数のアクセスポイントをカバーすることができる．アンテナは基地局で基幹回線と接続されており，ラストワンマイルと呼ばれるエンドユーザ側の通信回線を無線で代替する通信方式として用いられている．2002 年 11 月には，IEEE 802.16 規格に次いで IEEE 802.16 a が策定された．IEEE 802.16 a は 2～11 GHz の周波数帯を使用し，従来の一対多のネットワーク構造に代わってメッシュ構造のネットワークを形成することができるようになっている．IEEE 802.16 a は一般に **WiMAX**（worldwide interoperability for microwave access）の名称で呼ばれている．

〔1〕 **WiMAX IEEE 802.16-2004**　　WiMAX は都市部における**広帯域ワイヤレスアクセス**（BWA, broadband wireless access）を実現する目的で開発された．IEEE ワーキンググループが 2004 年 10 月 1 日に固定アクセスの WiMAX 規格を策定したが，これには，以前の規格がすべて含まれていて，固定通信に対する規格は 802.16-2004 という呼び名で呼ばれている[29]）．

この方式は有線の DSL（digital subscriber line）サービスの置き換えというアプローチで考えられている．この規格では，2～66 GHz の範囲について規定し，この周波数帯域には，2.5 GHz や 3.5 GHz といったライセンス周波数帯域や 5.2 GHz や 5.8 GHz といったライセンス不要周波数帯域が含まれている．802.16-2004 にはつぎに示す五つのサブ規格が含まれる．

－ wireless MAN SC（シングルキャリヤ，見通し外（NLOS, non line of sight）ではない）

- wireless MAN SCa（シングルキャリヤ，見通し外で使用）
- wireless MAN OFDM
- wireless MAN OFDMA
- wireless HUMAN

wireless MAN OFDM で規格化されているエアインタフェースには送信ダイバーシティは含まれているが，MIMO は含まれていない。MIMO は wireless MAN OFDMA の中で最大4本のアンテナに対して示されており，ここでは一つもしくは二つのデータストリームに対して Alamouti コードを適用した時空間符号が使われている。四つのデータストリームについては符号化されていない空間多重という形で記述されている。

固定 WiMAX でサポートされている帯域は OFDM エアインタフェースに対しては 1.75〜10 MHz の間で，OFDM エアインタフェースに対しては 1.25〜28 MHz の範囲で規定されているとなっている。また，シングルキャリヤシステムについては，WiMAX 802.16-2004[†] は 256 QAM もしくは 64 QAM を使うように定義されている。誤り訂正符号は符号率 7/8 のものもサポートされており，WLAN 802.11n の符号化率 5/6 の誤り訂正符号に比べて 5% の性能向上が期待できる。

バーチャルアンテナは WiMAX の新しい特徴であり，この機能によりアップリンクにおいて MIMO が可能となる。この機能を用いる場合，原理的には端末側で複数のアンテナを用意する必要はなく，2ユーザから一つの空間スト

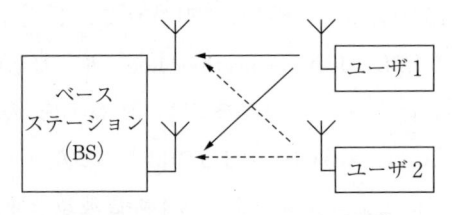

図 2.46　バーチャルアンテナの原理

[†] 以下のような特徴がある。すべての帯域で FFT サイズは 2048 である，キャリヤ間隔は帯域によって変化する，移動環境において帯域が変化したとき性能を保つのが困難である，など。

リーム信号を同一の周波数で送ることによって実現できる。**図2.46**に，バーチャルアンテナの原理を示す。

〔2〕 **WiMAX IEEE 802.16 e**　　WiMAX 802.16 e[30)]は，2005年12月に規格化されたもので，モバイル WiMAX として定義されている。モバイル WiMAX にはスケーラブル OFDM[†]が採用されている。固定 WiMAX とモバイル WiMAX の比較を**図2.47**に示す。以下の3種類のエアインタフェースが決められている。

- wireless MAN Sca
- wireless MAN OFDM
- wireless MAN OFDMA

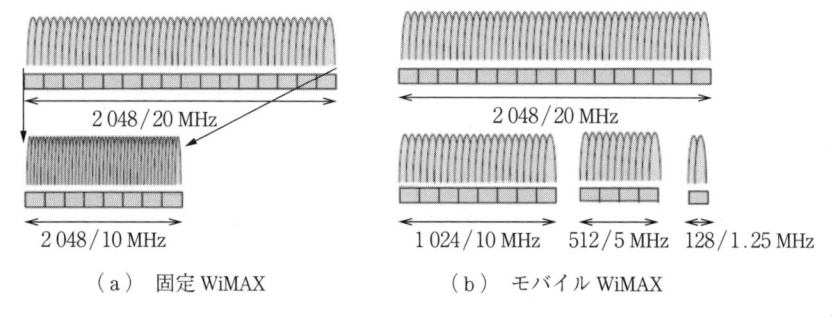

(a) 固定 WiMAX　　2048/20 MHz　　2048/10 MHz

(b) モバイル WiMAX　　2048/20 MHz　　1024/10 MHz　　512/5 MHz　　128/1.25 MHz

図2.47　固定 WiMAX とモバイル WiMAX の比較

上記の中で，OFDMA エアインタフェースだけが MIMO について記述されている。一つもしくは二つの空間ストリームが時空間符号を用いて生成され，三つもしくは四つのストリームについては空間符号化せずに送られる。ここで時空間符号は Alamouti 符号をベースに考えられており，二つアンテナ以上の構成では Alamouti 符号を変形したものが用いられる。帯域は，固定 WiMAX と同様に規定されており，1.25 MHz ～ 28 MHz の範囲で，符号化率5/6，変調方式は 64 QAM まで規定されている。**表2.4**はモバイル WiMAX の伝送速度を示す。

[†] 以下のような特徴がある。使用する帯域によって使用する FFT サイズを変更する，キャリヤ間隔が一定である，移動環境において帯域が変化しても性能は同じである，など。

表2.4 モバイル WiMAX の伝送速度

パラメータ		下りリンク	上りリンク	下りリンク	上りリンク
システム帯域幅〔MHz〕		5		10	
FFT サイズ		512		1 024	
ヌルキャリヤ数		92	104	184	184
パイロットキャリヤ数		60	136	120	280
データキャリヤ数		360	272	720	560
チャネル数		15	17	30	35
シンボル長 T〔μs〕		102.9			
フレーム長〔ms〕		5			
1フレーム当りのシンボル数		48			
OFDM データシンボル数		44 ($DL/UL = 32/12$)			
変調方式	符号化率	伝送速度〔Mbps〕		伝送速度〔Mbps〕	
QPSK	1/2 CTC*×6	0.53	0.38	1.06	0.78
	1/2 CTC×4	0.79	0.57	1.58	1.18
	1/2 CTC×2	1.58	1.14	3.17	2.35
	1/2 CTC×1	3.17	2.28	6.34	4.70
	3/4 CTC	4.75	3.43	9.50	7.06
16 QAM	1/2 CTC	6.34	4.57	12.67	9.41
	3/4 CTC	9.50	6.85	19.01	14.11
64 QAM	1/2 CTC	9.50	6.85	19.01	14.11
	2/3 CTC	12.67	9.14	25.34	18.82
	3/4 CTC	14.26	10.28	28.51	21.17
	5/6 CTC	15.84	11.42	31.68	23.52

* CTC：convolution turbo code：畳込みターボ符号

802.16 e はユーザ接続のハンドオーバを規定しており，同時にマクロダイバーシティも規定している．現在のところ，最高ラジアルスピードは約 60 km/h にとどまっている．

〔3〕 **WiBRO**　WiBRO（wireless broadband）は 802.16e の韓国版であり，世界で最初に実用化された規格でもある[31]．2006 年 6 月の商用化を目指して開発され，時速 60 km で走行中でも，通信速度は上り最大 5.53 Mbps，下り最大 19.97 Mbps を実現できた．IEEE 802.16 e 規格を基本に開発を進めた韓国独自の方式であり，TTA により標準化が進まれている．2005 年 KT（Korea Telecom）と SK Telecom および Hanaro Telecom の 3 社をサービス事業者に選定し，現在，KT と SK Telecom がサービスを実施している．**表 2.5** は韓国の WiBRO の規格を示す．

2.3 OFDM技術の応用

表 2.5 WiBRO の規格

周波数帯	2.3〜2.4 GHz
帯域幅	8.75 MHz
変調方式	上り回線：QPSK，16 QAM 下り回線：QPSK，16 QAM，64 QAM
多元接続方式	OFDMA 方式
FFT サイズ	1 024
複信方式	TDD 方式
伝送速度	上り回線：5.53 Mbps 下り回線：19.97 Mbps
移動速度	最大 120 km/h
サービス内容	ポータブルインターネット，高速無線通信

2.3.5 次世代無線通信システム

有線アクセス系の高速化に対して，携帯電話系アクセスにおいても高速・広帯域化の検討が進められている。従来は，第4世代（あるいは Beyond 3G）ということで 2010 年頃のサービス開始を目指してシステムの検討を行っていた。しかし，第4世代無線システム用の無線周波数割り当てが遅れ，製品の商品化が遅れたことと，直接 4G に移行するより，3G の高度化により移行する必要があり，3G と 4G の中間の無線アクセス系（3.9G）が検討されていた。W-CDMA や GSM 系の仕様の標準化を進めている 3GPP では，3.9G として **LTE**（long-term evolution）を規定している。一方，CDMA 2000 系の仕様の標準化を進めている 3GPP 2（third generation partnership project 2）では，**UMB**（ultra mobile broadband）を 3.9G として規定している。表 2.6 に 3

表 2.6 3GPP/3GPP2 の標準化規格比較表

組織	規格名	仕様周波数	最大伝送速度（下り）	セル半径	標準化年度
3 GPP	W-CDMA	2 GHz 帯ほか	384 kbps	2〜10 km	1999
	HSDPA	2 GHz 帯ほか	3.6〜14 Mbps	2〜10 km	2002
	LTE	2 GHz 帯ほか	326.4 Mbps	2〜10 km	2009
3 GPP 2	CDMA 20001X	2 GHz 帯ほか	144 kbps	2〜10 km	1999
	1xEV-DO Rev.0	2 GHz 帯ほか	2.4 Mbps	2〜10 km	2000
	1xEV-DO Rev.A	2 GHz 帯ほか	3.1 Mbps	2〜10 km	2004
	1xEV-DO Rev.B	2 GHz 帯ほか	73.5 Mbps	2〜10 km	2006
	UMB	2 GHz 帯ほか	288 Mbps	2〜10 km	2007

GPP/3GPP2の標準化規格を比較したものを示す．

〔1〕**3 GPP Release 7**　　**UTRA**（UMTS terrestrial radio access）では，Release 7 が立ち上げられている[32]．内容は WCDMA に基づいており，標準的な 5 MHz 帯域システムについて検討され，最大 21 Mbps（64 QAM 利用）の伝送速度の仕様が規定された．また，Alamouti 時空間符号化などを利用することで最大 28 Mbps を実現する仕様になっている．Release 7 では **TDD**（time division duplex）モードおよび **FDD**（frequency division duplex）モードが検討され，TDD モードでは **PARC**（per-antenna rate control）に対する提案があった．これは WLAN の **MCS**（modulation and coding scheme）と類似した技術であり，MCS ではチャネルの品質にしたがって変調方式，符号化率が選択される．使用される変調方式は QPSK，16 QAM である．また，符号化率は 1/2，3/4 である．この PARC を用いると四つのデータストリームによる伝送が可能となる．

　FDD モードでは **D-TxAA**（double transmit antenna array）技術が使われる．これは Release 99 で規定された **STTD**（space-time transmit diversity）の原理が基本となっている．この構成は 2 重チェーンの送信ダイバーシティと考えることができ，それぞれのチェーンでは伝送速度をコントロールすることが考えられる．これはフィードバック制御を利用している PARC と似た構成になる．また，DTxAA では重み付けを考慮したチャネル**品質情報**（CQI，channel quality information）も導入する．

〔2〕**3 GPP Release 8**（**LTE**）　　このリリース番号は long-term evolution としても知られているもので，**E-UTRA**（evolved UTRA）に関するものである．下り方向で OFDMA を使用することや，上り方向で **SC-FDMA**（single carrier FDMA）を使用することが標準化された．SC-FDMA はシングルキャリヤ伝送のため，クレストファクタを小さくすることができ，端末側で安価なアンプが使用可能となる．帯域は 1.25 MHz～20 MHz，変調方式は QPSK，16 QAM，64 QAM である．

　LTE には，TDD（time division duplex）と FDD（frequency division duplex）

2.3 OFDM 技術の応用

の2つのタイプがある。基本的なフレーム構成を**図 2.48** に示す。例えば，FDD は図 2.48 のようなフレームで異なる周波数で通信を行う。TDD ではフレーム構成は FDD と同じであるが，**図 2.49** のようにある周期によって，上り，下りリンク切り換えることで通信を行う。

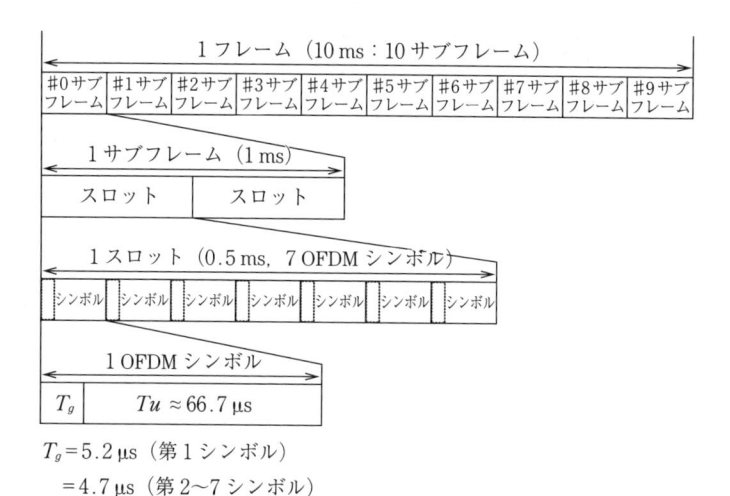

```
1 フレーム (10 ms : 10 サブフレーム)
#0サブフレーム #1サブフレーム #2サブフレーム #3サブフレーム #4サブフレーム #5サブフレーム #6サブフレーム #7サブフレーム #8サブフレーム #9サブフレーム

1 サブフレーム (1 ms)
スロット | スロット

1 スロット (0.5 ms, 7 OFDM シンボル)
シンボル | シンボル | シンボル | シンボル | シンボル | シンボル | シンボル

1 OFDM シンボル
$T_g$ | $Tu \approx 66.7\,\mu s$
```

$T_g = 5.2\,\mu s$ (第 1 シンボル)
　　$= 4.7\,\mu s$ (第 2〜7 シンボル)

図 2.48 LTE フレーム構成

```
フレーム | フレーム
DL | S | UL | UL | DL | S | UL | UL | UL
         DwPTS | GP | UpPTS
         サブフレーム (1 ms)
```

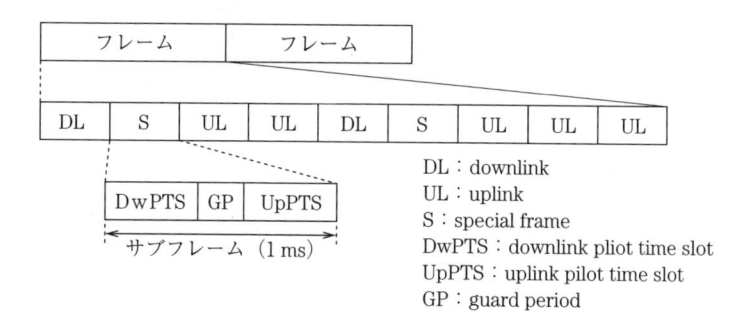

DL：downlink
UL：uplink
S：special frame
DwPTS：downlink pliot time slot
UpPTS：uplink pilot time slot
GP：guard period

図 2.49 LTE TDD における上り，下りリンクの構成例

上下のトラヒック量に応じて変更する必要があり，**表 2.7** のように上り，下りリンクにおける割り当てパターンが決められている。

また，LTE においては，上り，下りリンク間信号発生のメカニズムが異なり，下りリンクは OFDM 方式を，上りリンクは SC-FDMA 方式による信号を

表2.7 LTE上り，下りリンクにおける割り当てパターン

構成パターン	周期〔ms〕	サブフレーム番号									
		0	1	2	3	4	5	6	7	8	9
0	5	DL	S	UL	UL	UL	DL	S	UL	UL	UL
1	5	DL	S	UL	UL	DL	DL	S	UL	UL	DL
2	5	DL	S	UL	DL	DL	DL	S	UL	DL	DL
3	10	DL	S	UL	UL	UL	DL	DL	DL	DL	DL
4	10	DL	S	UL	UL	DL	DL	DL	DL	DL	DL
5	10	DL	S	UL	DL	DL	DL	DL	DL	DL	DL
6	10	DL	S	UL	UL	UL	DL	S	UL	UL	DL

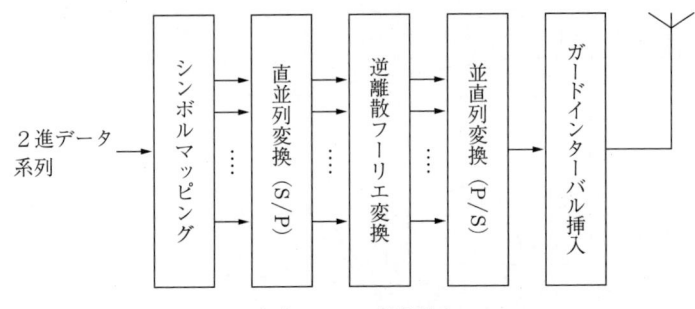

(a) OFDM 信号発生

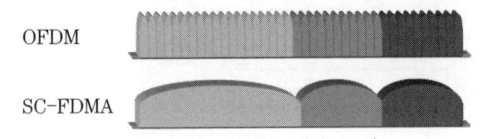

(b) OFDM と SC-FDMA のキャリヤ構成

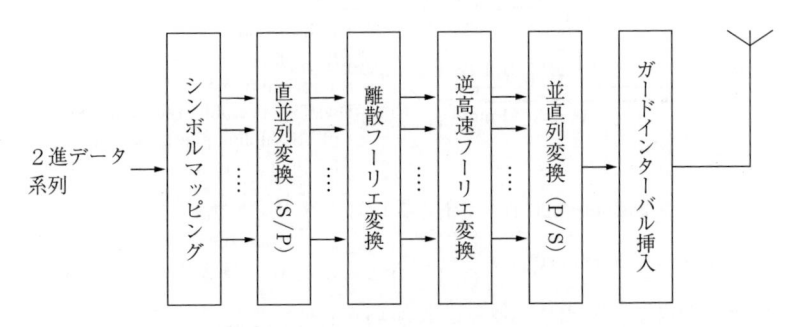

(c) SC-FDMA 信号発生

図 2.50　OFDM と SC-FDMA の信号発生比較

2.3 OFDM 技術の応用

発生している．図 2.50 は OFDM と SC-FDMA の信号発生メカニズムを比較して示す．

OFDM と SC-FDMA 信号発生の大きく異なる点は OFDM 方式の中間に離散フーリエ変換を入れて，シングルキャリヤの周波数領域で信号を決め，逆高速フーリエ変換（IFFT）により，送信信号（時間領域信号）に戻して送信周波数を決めていることである．SC-FDMA 方式は DFT 信号処理部が入っているため，DFT spread OFDM とも呼ばれている．日本国内の LTE サービス実現のため，総務省が通信各社に対する周波数割り当てを 2009 年 6 月に発表している．表 2.8 と図 2.51 は日本国内における LTE 周波数割り当てを示す[33]．

〔3〕 **IEEE 802.20**　　IEEE 802.20 WG は，ゼロレベルから移動体高速通信に最適化されたワイヤレスブロードバンドを実現するシステムの標準化を目

表 2.8　LTE における周波数割り当て

	事業者	イー・モバイル株式会社	株式会社エヌ・ティ・ティ・ドコモ	ソフトバンクモバイル株式会社	KDDI 株式会社／沖縄セルラー電話株式会社
	希望周波数帯／帯域幅	1.7 GHz 帯／10 MHz	1.5 GHz 帯／15 MHz	1.5 GHz 帯／10 MHz	1.5 GHz 帯／10 MHz
3.9世代等の導入	採用技術	DC-HSDPA LTE (5 MHz 2×2 MIMO)	LTE (15 MHz 2×2 MIMO)	DC-HSDPA LTE (5 MHz 2×2 MIMO)	LTE (10 MHz 2×2 MIMO)
	導入周波数帯	1.7 GHz 帯 (DC-HSDPA, LTE)	1.5 GHz 帯 2 GHz 帯（LTE）	1.5 GHz 帯 (DC-HSDPA) 2 GHz 帯（LTE）	800 MHz 帯／1.5 GHz 帯（LTE）
	運用開始時期	2010 年 9 月	2010 年 7 月	2011 年 1 月	2011 年 11 月
	サービス開始時期	2010 年 9 月	2010 年 12 月	2011 年 7 月	2012 年 12 月
	エリア展開（2014 年東京）	6 388 局 75.2%	20 700 局 51.10%	9 000 局 60.63%	29 361 局 96.5%
	設備投資額（2014 年末まで類型）	644 億円	3 430 億円	2 073 億円	5 150 億円
	加入者見込み（2014 年度末）	295 万加入	1 774 万加入	541 万加入	984 万加入
1.5 GHz 帯／1.7 GHz 帯の使用	採用技術	HSPA, DC-HSDPA LTE	LTE	HSPA, DC-HSDPA	LTE
	運用開始時期	2010 年 1 月	2012 年 5 月	2009 年 12 月	2011 年 11 月
	サービス開始時期	2010 年 1 月	2012 年度第 3 四半期	2010 年 4 月	2012 年 12 月
	エリア展開（2014 年東京）	6 676 局 75.2%	5 700 局 50.62%	10 000 局 81.47%	6 361 局 53.0%
	設備投資額（2014 年末まで類型）	660 億円	1 151 億円	2 100 億円	1 315 億円

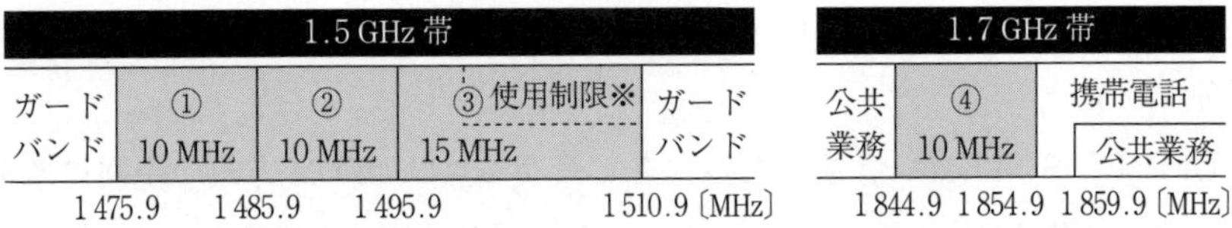

ガード バンド	① 10 MHz	② 10 MHz	③ 使用制限※ 15 MHz	ガード バンド	公共 業務	④ 10 MHz	携帯電話
							公共業務

1.5 GHz 帯 / 1.7 GHz 帯

1 475.9 1 485.9 1 495.9   1 510.9 [MHz]   1 844.9 1 854.9 1 859.9 [MHz]

① 1 475.9 MHz を超え 1 485.9 MHz 以下　ソフトバンクモバイル株式会社
② 1 485.9 MHz を超え 1 495.9 MHz 以下　KDDI 株式会社/沖縄セルラー電話株式会社
③ 1 495.9 MHz を超え 1 510.9 MHz 以下　株式会社エヌ・ティ・ティ・ドコモ
④ 1 844.9 MHz を超え 1 854.9 MHz 以下　イー・モバイル株式会社

図 2.51　LTE における周波数割り当て

的として，2003年3月より検討を開始した．2004年7月には，移動性能，周波数利用効率，伝送速度等の目標仕様を決定し，2005年9月より FDD 方式および TDD 方式のそれぞれについてシステムの提案公募を開始した．

その結果，TDD 方式については，QTDD 方式および BEST-WINE 方式の2方式がフル提案として提出された．2006年1月，IEEE 802.20 WG は，TDD 方式の選定システムとして，QTDD 方式を基とした wideband モードおよび BEST-WINE 方式を基とした 625k-MC モードの2方式を決定し，2006年3月よりレターバロット手続きを開始した．その後，IEEE-SA（IEEE standard association）の判断による2006年6月から11月までの一時休止期間をはさみ，2007年3月には，新たな技術提案の追加によるドラフト案の再構築を実施し，2007年10月までには，合計3回のプラクティスバロットおよびレターバロットを経て，WG のドラフト案の作成を完了した．

IEEE 802.20 の特徴は，当初から高速移動環境への適用を前提とした IP トランスポートシステムとして設計されている点である．SRD（SRD，system

表 2.9　SRD において規定されている要求仕様

項目	目標仕様
移動速度	最大 250 km/h
周波数利用効率 (bps/Hz/sector)	下りリンク：2.0 (3 km/h) 　　　　　　1.5 (120 km/h) 上りリンク：1.0 (3 km/h) 　　　　　　0.75 (120 km/h)
最大伝送速度/帯域幅	下りリンク：4.50 Mbps/2.5 MHz 上りリンク：2.25 Mbps/2.5 MHz

requirements document)において規定されている要求仕様は，**表2.9**のとおりである．上記の要求仕様を満足するための各方式の技術的な概要は，以下のとおりである[34]．

〔a〕 **IEEE 802.20 wideband**　2 GHz TDD 帯域に適用する 802.20 wideband の主要諸元および性能を**表2.10**（98ページ）に示す．TDD 方式のみに適用し，チャネル帯域幅が 5 MHz，10 MHz である．この帯域幅はガードバンド幅選択により調整可能である．2 GHz 帯で用いられる IMT-2000 方式と同様のシステム設定（例：基地局最大送信電力 43 dBm，基地局アンテナ利得 17 dBi（適切なチルト角付き），基地局間距離約 1 km，端末送信電力 23 dBm，端末アンテナ利得 0 dBi）での運用が可能である．

また，802.20 wideband プロトコルは MIMO／ビームフォーミング／SDMA などの最新のアンテナ制御技術に加え，優れた干渉制御技術と最適化された上り回線の技術などによりシステムの安定化と QoS の実現，および柔軟なネットワーク構築を可能としている．端末は，通信可能な状態にあるセクタ（CDMA で使用されている"active set"）から報知される干渉情報を収集し，通信するセクタとの間で QoS，バッファサイズ，端末が送信可能な電力制御の割り当てを行い，QoS を保つのに最適な条件で送信する．上り回線の制御チャネルは CDMA 多重された後，周波数領域に変換され，OFDM シンボル多重して送信されることで，制御チャネルの容量を増やすとともに干渉の影響を緩和する．上位プロトコルは，セルラ通信で広く用いられている階層化されたネットワークアーキテクチャと，自律分散的に制御されるフラットなアーキテクチャの両方に対応する柔軟なプロトコルを有する．これらを実現する 802.20 wideband プロトコルのレイヤ構造を**図2.52**（99ページ）に示す．

〔b〕 **IEEE 802.20 625k-MC（iBurst）**　IEEE 802.20 625k-MC は，すでに世界各国にて運用実績のある ANSI にて規格制定された iBurst "ATIS 0700004-2005（HC-SDMA, high capacity spatial division multiple access）"をベースに IEEE 802.20 の SDR（system requirement document）を満足するように，機能追加および性能向上を実施したシステムである．特に変調方式の多値化，マ

表 2.10 IEEE 802.20 wideband の主要諸元および性能

システム名称	802.20 wideband（ワイドバンド）
(1) デュプレックス	TDD 連続送信フレーム数構成比 4：4（6：3 も可）
(2) 占有周波数帯の許容値	5 MHz，10 MHz （ガードバンド幅選択により柔軟に調整可能）
(3) 多元接続方式／多重化方式	OFDM／OFDMA。空間多重（MIMO／SDMA）を併用。
(4) 変調方式	OPSK／8PSK／16QAM／64QAM（下り・上りリンクとも）
(5) 最大伝送速度	TDD 4：4 10 MHz SIMO 1×2 において， 　　下り 18 Mbps／10 MHz　上り 16 Mbps／10 MHz 計算方法は，802.20 WG で定められた算出方法（IEEE 802.20-PD-09 "the apprpved version of the evaluation criteria document (ECD)"：pilot 信号，制御チャネル，cyclic prefix 等オーバーヘッドをすべて除いた，トラヒック伝送に供される伝送速度を計算）に基づく。 ［参考］ 下り：上り＝4：4，下り：4×4 MIMO，上り 1×4(3 分割-SDMA) 条件 　　下り 66 Mbps／10 MHz　上り 48 Mbps／10 MHz
(6) 周波数利用効率	TDD 4：4 10 MHz SIMO 1×2, 1.9 GHz, Ped. B(3 km／h)60%，Veh. A（120 km／h）40%，基地局間距離＝1 km 条件において 　　下り：1.124 bps／Hz／sector 　　上り：0.746 bps／Hz／sector 計算方法は，802.20 WG で定められた算出方法（IEEE 802.20-PD-09 "the apprpved version of the evaluation criteria document (ECD)" 19 cell-wap-round 干渉条件）に基づく。 ［参考］ MIMO の場合 　　下り（MIMO 4 × 4）2.006 bps／Hz／sector 　　上り（SIMO 1 × 4）1.222 bps／Hz／sector
(7) モビリティ	(3-1) モビリティサポート 静止状態～250 km／h 移動クラスでの接続・接続維持特性を有する。 (3-2) ハンドオフ（下り・上り独立して実施される） （i）切り替え時間（同一周波数の場合） 　　下り：セクタ間（同一基地局）8.9 ms 　　　　　基地局間：27.1 ms 　　上り：セクタ間（同一基地局）9.3 ms 　　　　　基地局間：10.2 ms （ii）同一周波数および周波数間ハンドオフ 　　　（ビーコンパイロットを使用）をサポート

2.3 OFDM 技術の応用

MAC layer / physical layer	security functions	services sublayer	route control plane	session control plane	connection control plane	MAC and PHY MIB
		radio link sublayer				
		lower MAC sublayer				
		physical layer				

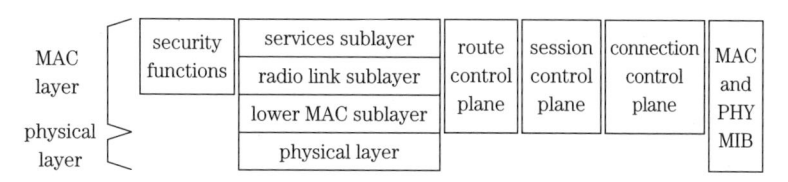

- physical layer (PHY)：物理レイヤパラメータとプロトコルを規定
- lower MAC sublayer：物理レイヤとの送受信手順プロトコルを規定
- radio link sublayer：QoS, パケット信頼性, services sublayer パケットの多重分離プロトコルを規定
- services sublayer：802.20 シグナリングと IP データ送受信サービスに関するプロトコルを規定
- connection control plane：接続の確立と維持に関するプロトコルを規定
- session control plane：プロトコルの設定・構成に関する手続きを規定
- route control plane：パケット伝送経路（route）の設定，維持，削除に関するプロトコルを規定
- security functions：認証鍵，暗号化・秘匿に関するプロトコルの規定
- MAC and PHY MIB：802.20 プロトコルにおける統計データの収集とその機能

図 2.52 IEEE 802.20 wideband プロトコルのレイヤ構造

ルチキャリヤ，アダプティブアレイアンテナ，空間多重技術等の高度化により，高速移動時においても高速伝送性能と高い周波数利用効率を実現するものである。625 k-MC のシステムの仕様は，HC-SDMA と同様に 1 キャリヤ 600 kHz の帯域幅を持つ TDD 方式のマルチキャリヤシステムである。625 k-MC の主要パラメータを**表 2.11** に示す。

表 2.11 625k-MC の主要パラメータ

項目		仕様
通信方式		TDD 方式
		FDMA / TDMA / SDMA
フレーム長		5 ms
上り/下り時間比率		1 : 2
シンボル長		2 μs
変調方式		BPSK, QPSK, 8 PSK, 12 QAM, 16 QAM, 24 QAM, 32 QAM*, 64 QAM* による適応変調方式
占有周波数帯域の許容値		600 kHz / carrier
キャリヤ間隔		625 kHz
データ伝送速度	下り	最大 1 492.8 kbps / carrier（3 スロット使用時）
	上り	最大 571.2 kbps / carrier（3 スロット使用時）

* 625 k-MC のみ。

多元接続方式としては，最大 16 キャリヤによる FDMA 方式，上り下りともに 3 スロット構成の TDMA 方式そして 2～4 多重の SDMA 方式を多元接続方式として採用している。**図 2.53** にキャリヤ構成のイメージを示す。625 k-MC のフレームは，**図 2.54** のように 5 ms を 1 フレームとした上り下り 3 スロット構成を採用している。

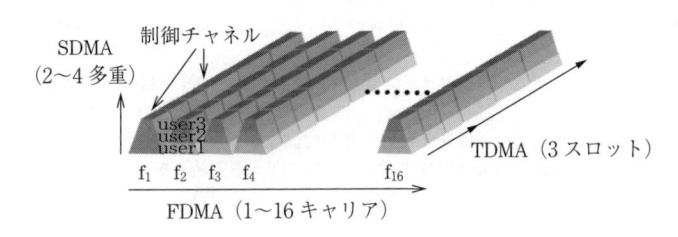

図 2.53 625 k-MC のキャリヤ構成

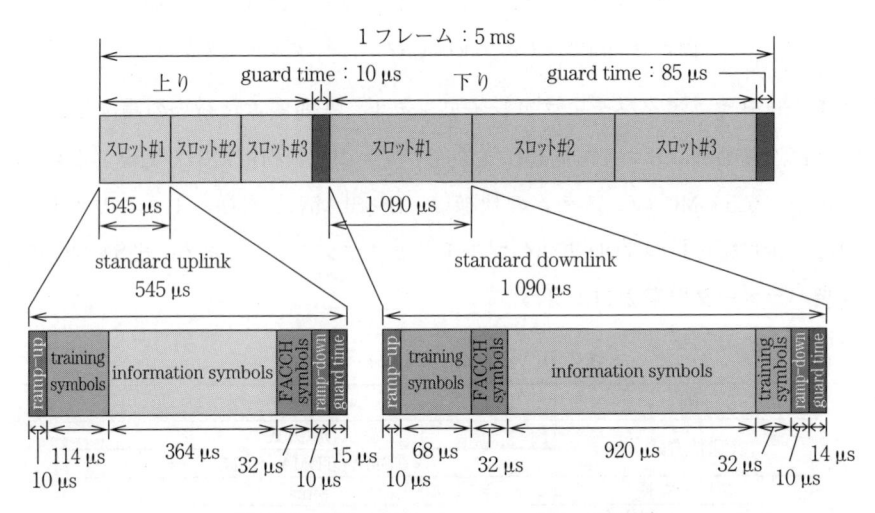

図 2.54 625 k-MC のフレーム・スロット構成

625 k-MC の変調方式は，環境に応じて最適な通信が行えるよう，適宜変調方式が選択できるようになっている。上り下りともに BPSK から 64 QAM（HC-SDMA は上り 16 QAM/下り 24 QAM まで）の変調方式をサポートする。これらの変調方式は，パワーコントロールにより最適化された電力供給が移動局−基地局間で実施された上で，その時々の環境に応じ，適宜選択される。**表**

2.12 に各々の変調方式に対するキャリヤ当りの伝送速度および 5 MHz 帯域における最大スループットの値を示す。

表 2.12　625 k-MC の変調方式と最大伝送速度

変調方式	ダウンリンク				アップリンク			
	625 kHz 帯域			5 MHz 帯域	625 kHz 帯域			5 MHz 帯域
	情報シンボル〔bit/frame〕	符号化率	データ伝送速度〔kbps/carrier〕	最大伝送速度〔kbps〕	情報シンボル〔bit/frame〕	符号化率	データ伝送速度〔kbps/carrier〕	最大伝送速度〔kbps〕
BPSK	460	0.38	105.6	844.8	182	0.18	19.2	153.6
BPSK+	460	0.54	148.8	1 190.4	182	0.35	38.4	307.2
QPSK	920	0.44	244.8	1 958.4	364	0.35	76.8	614.4
QPSK+	920	0.69	379.2	3 033.6	364	0.59	129.6	1 036.8
8 PSK	1 380	0.59	484.8	3 878.4	546	0.53	172.8	1 382.4
8 PSK+	1 380	0.72	595.2	4 761.6	546	0.66	216.0	1 728.0
12 QAM	1 649	0.80	787.2	6 297.6	652	0.75	292.8	2 342.4
16 QAM	1 840	0.83	921.6	7 372.8	728	0.79	345.6	2 764.8
24 QAM	2 109	0.84	1 060.8	8 486.4	834	0.80	398 4	3 187.2
32 QAM	2 300	0.82	1 132.8	9 062.4	910	0.78	427.2	3 417.6
64 QAM	2 760	0.90	1 492.8	11 942.4	1 092	0.87	571.2	4 569.6

（注）　32 QAM，64 QAM は 625 k-MC のみでサポート。「+」が付いているものは，符号化率が変更されているものである。

3. OFDM を用いた地上ディジタル放送技術

日本の地上ディジタル放送[†1]の伝送面における大きな特徴は，地上放送にとって最大の課題である**マルチパス**（multi-path）に強く，かつ隣接する送信局間で同じ周波数を使用する **SFN**（single frequency network，単一周波数ネットワーク）の構成が可能な OFDM 変調方式を採用していることである[†2]。本章では，OFDM を用いたディジタル放送システムの概要と実際のネットワークの構成，安定なネットワークを実現するための等化技術，鋭意研究が進められている高速移動受信技術および維持・管理のための測定技術などについて述べる。

3.1 地上ディジタル放送システムの概要

地上放送の最大の課題は，図 3.1 に示すように周囲のビルや山岳からのマルチパスによる受信障害である。すなわち，希望波にマルチパスによる遅延波が重なることによりシンボル間に干渉が生じ，信号品質の劣化が起こる。これに対してはシンボル長（シンボル期間）が長いほど妨害を受ける時間の割合が相対的に短くなり，影響が少なくなる。

しかし，シンボル長を長くすると**伝送速度**（ビットレート）が低下し，所要伝送容量を確保することが困難となる。OFDM は多数のキャリヤを変調し，それを合成して伝送する方式であることから，シングルキャリヤを使用したディジタル変調信号に比べて伝送速度はそのままでシンボル長を長くできるた

[†1] **ISDB-T**（integrated services digital broadcasting-terrestrial，統合ディジタル放送）と呼ばれている。
[†2] 同一周波数で同じ番組内容を持つ他局からの電波（妨害波）はマルチパスによる遅延波とみなせる。

3.1 地上ディジタル放送システムの概要

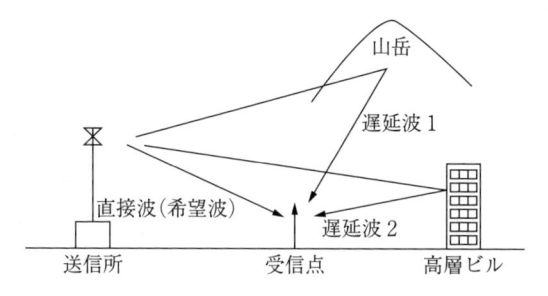

図3.1 マルチパスによる遅延波の到来

め，マルチパスに対して強い．このため，日本とヨーロッパにおいては，マルチパスの影響を受けやすい地上ディジタル放送の変調方式として採用されている[7]．

また，日本は約70％を山岳地が占めている関係で**中継局**（relay station，受信した放送波を再送信する局）の数がきわめて多く，ディジタル放送用として利用できる周波数は限られていたことから，隣接する局間で同じ周波数を使用できるSFNの実現が可能なOFDMの採用は是非とも必要であった．SFNは**図3.2**に示すように同一の番組を同一周波数で送信する方式であり，周波数を有効に利用できるとともに受信者がチャネルを変更する必要がないなどのメリットを持つ．ただし，送信点から受信点へのまわり込み波の抑圧や，マルチパスや同一チャネル混信による信号劣化，送信点への信号の伝達方法，周波数同期の手段，遅延時間の調整が必要であるなどさまざまな課題があり，これらを克服するための新しい技術が開発されている（3.2～3.4節および4章参照）．

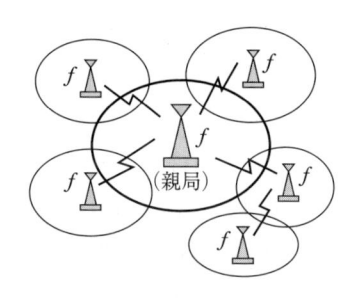

図3.2 SFNネットワーク

以上も含めて地上ディジタル放送用OFDM信号の特徴をまとめると以下のとおりである[7]．

・広いサービスエリアをカバーし，かつSFNを実現させる必要があること

からシンボル長が 1 ms 以上，ガードインターバルが 126 μs と通信用に比べて非常に長い（**表 3.1**）。このため必然的にキャリヤ間隔が狭くなり（帯域幅一定のため），高速移動受信には適していない。すなわち，固定受信を優先した方式となっている。

表 3.1 OFDM の適用分野と規格[35]

適用分野	変調方式	最大キャリヤ数	シンボル長	ガードインターバル	最大伝送速度 / 帯域幅
地上ディジタル放送（ISDB-T）	OFDM	5 617	1.134 ms	126 μs	23.23 Mbps/6 MHz
無線 LAN（802.11 a）	OFDM	52	4 μs	0.8 μs	54 Mbps/20 MHz
無線 LAN（802.11 n）	MIMO OFDM	114	4 μs	0.8 μs / 0.4 μs	600 Mbps/40 MHz
モバイル WiMAX（802.16 e）	OFDMA	1 024	102.86 μs	11.43 μs	23.04 Mbps（下り），4.032 Mbps（上り）/ 10 MHz
UMB (ultra mobile broadband)	OFDMA	1 920	113.93〜133.46 μs	3.26 μs	288 Mbps（下り），75 Mbps（上り）/20 MHz

（注）　地上ディジタル放送の規格値は，運用中のモード 3 における値である。

- 移動受信性能を向上させるため周波数インタリーブに加えて時間インタリーブも行っており，誤り訂正効果が大きい（ただし，時間インタリーブの採用により遅延が発生する[†]）。
- 雑音状の波形であることに加えて，各キャリヤの変調方式として振幅方向に情報を持つ 64 QAM を採用しているため，平均電力とピーク電力の差が大きい（約 10 dB）。また，相互変調による信号劣化を防ぐため，直線性のよい増幅器が必要である。
- 連続的なストリーム伝送であり，雑音状の波形から各シンボル，各フレームの区切りを検出するなどして，正確に送受間の同期をとる必要がある。

[†]　帯域圧縮用 MPEG（moving picture experts group）-2 での遅延を含めると 2 秒程度遅れる。

3.1.1 伝送パラメータ

表 3.2 に規格化されている伝送パラメータを示す[7]。約 5.6 MHz の帯域は図 3.3 に示すように 13 の**セグメント**(segment)に分割され,各セグメントの帯域は約 429 kHz である。13 のセグメントは,セグメントごとに変調が可能で,最大 3 階層まで選ぶことができるようになっている(変調方式など伝送パラ

表 3.2 伝送パラメータ

モード	モード 1 (移動受信用)	モード 2 (移動/固定受信用)	モード 3 (固定受信用)
セグメント数	13 (1 セグメントの帯域:428.57 kHz, キャリヤ数:432)		
キャリヤ間隔	3.968 kHz	1.984 kHz	**0.992 kHz**
帯域幅	5.575 MHz	5.573 MHz	**5.572 MHz**
キャリヤ数	1 405	2 809	**5 617**
シンボル数/フレーム	204		
キャリヤ変調方式	QPSK (**携帯端末用**), $\pi/4$ シフト DQPSK, 16 QAM, **64 QAM** (**ハイビジョン用**)		
有効シンボル長	252 μs	504 μs	**1.008 ms**
ガードインターバル	63 μs(1/4), 31.5 μs(1/8), 15.75 μs(1/16), 7.875 μs(1/32)	126 μs(1/4), 63 μs(1/8), 31.5 μs(1/16), 15.75 μs(1/32)	252 μs(1/4), **126 μs(1/8)**, 63 μs(1/16), 31.5 μs(1/32)
フレーム長	57.834 ms (1/8)	115.668 ms (1/8)	**231.336 ms** (1/8)
IFFT サンプリング周波数	約 8.127 MHz		
内符号(畳込み符号)	符号化率:1/2, **2/3(携帯端末用)**, **3/4(ハイビジョン用)**, 5/6, 7/8		
外符号(RS 符号*)	RS(204, 188)		
伝送ビットレート	3.65〜23.23 Mbps		

＊ リードソロモン符号
(注) 太字が実際に運用されているパラメータである。

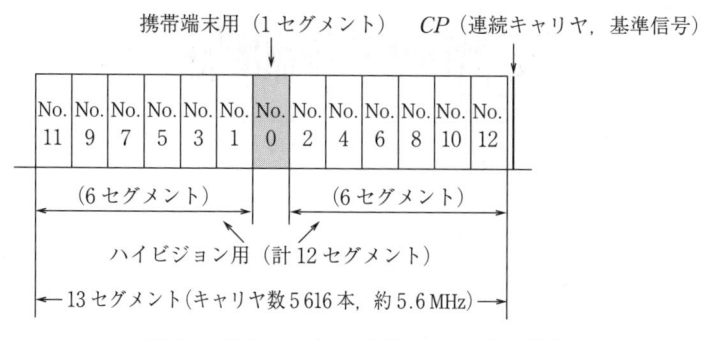

図 3.3 地上ディジタル放送のスペクトル構造

メータを三つまで自由に選べるようになっている）が，現在は2階層，すなわち帯域中央部にある1セグメントの携帯受信階層（2006年4月から開始されたいわゆる**ワンセグ放送**(one segment broadcasting)用）と残りの12セグメントを使用した固定受信階層（高品質のハイビジョン放送用）で運用されている。

太字は運用中のパラメータである．モードについては，シンボル長・ガードインターバルが最も長く，長遅延のマルチパスに強い**モード3**（キャリヤ総数：5617本）が使われている．

3.1.2 OFDM信号波形

図3.4は，地上ディジタル放送の時間領域におけるOFDM信号波形である（1シンボル分）．シンボル長は1.134 msで，**有効シンボル長**（effective symbol length）T_u は1.008 ms，**ガードインターバル**（guard interval）T_g は126 µs（有

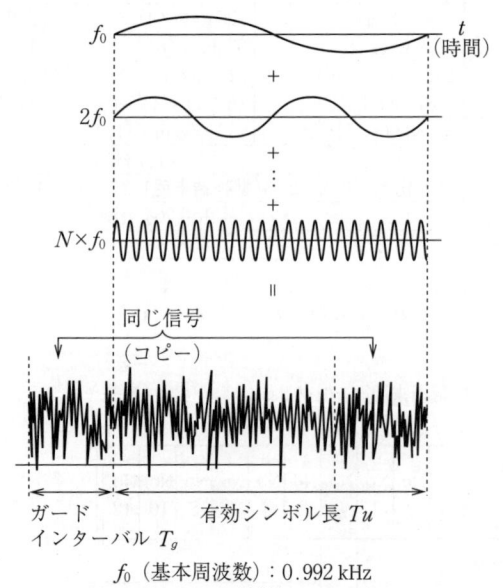

f_0（基本周波数）：0.992 kHz
N（キャリヤ総数）：5617本
T_g：126 µs，T_u：1.008 ms

図3.4 地上ディジタル放送の時間領域におけるOFDM信号波形（1シンボル分）

3.1 地上ディジタル放送システムの概要

効シンボル長の 1/8)となっており,遅延時間が 126 μs までの遅延波に対応できる[†1]。また,基本周波数すなわち最も低い周波数 $f_0 (=1/Tu$,キャリヤ間隔)は 0.992 kHz,キャリヤ総数 N は 5617 本である。

信号波形は雑音状となっており,ある時間確率で瞬時的に平均電力より 10 dB 以上高いピーク電力が現れる。すなわち **PAPR**(peak power to average power ratio,ピーク電力の平均電力に対する比)が大きい特徴を持つ。

このため,伝送路に非直線性があると相互変調による信号劣化が生じることから直線性のよい増幅器が必要となり,**プリディストーション**(pre-distortion)などひずみ補償技術の採用が必須である。また,雑音状の波形から正確に同期をとる必要があり,受信機側での同期動作が複雑となる。これについてはガードインターバルなどを利用したシンボル同期,キャリヤ周波数同期,サンプリング周波数同期,フレーム同期技術が考えられている[7]。

図 3.5 は地上ディジタル放送で用いられている OFDM 信号の実測スペクトル波形である。帯域幅は約 5.6 MHz で,この中に 5617 本のキャリヤが約 0.992 kHz の間隔で配置されている。変調時においては,各キャリヤの変調スペクトルはオーバラップしているが,直交性[†2]を有していれば,各キャリヤの周波数ポイントでは,他のキャリヤのスペクトル成分は 0 となる。これにより,スペクトルが重なっていても,受信側で周波数と位相が一致する信号を作り出し,乗算することにより分離することが可能となる[7]。

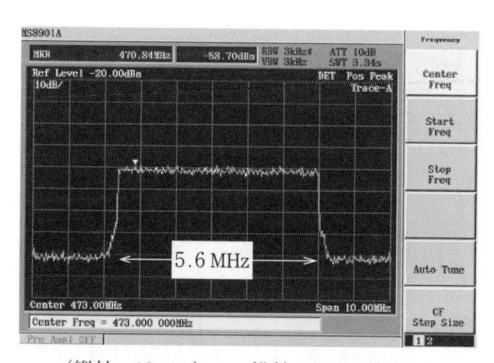

(縦軸:10 dB/div., 横軸:1 MHz/div.)

図 3.5 地上ディジタル放送の実測スペクトル波形

また,帯域内では方形波状となっている。このようにキャリヤの数が多い場

[†1] 希望波との伝搬距離差は,約 37.8 km(= c(光速)× 126 μs)である。
[†2] 各キャリヤの周波数が整数倍の関係になっていることをいう。

合はロールオフ率が0に近い理想的な矩形スペクトルとなり，シングルキャリヤを高速ディジタル変調する場合に比べて，帯域外の放射成分は少ない．このため，他のチャネル，周波数帯に与える電磁妨害の面で優れており，**周波数利用効率**（spectral efficiency，伝送速度／帯域幅）が高い．

3.1.3 送受信システムの系統

図3.6は運用中の2階層（ハイビジョン用の12セグメント（B階層）とワ

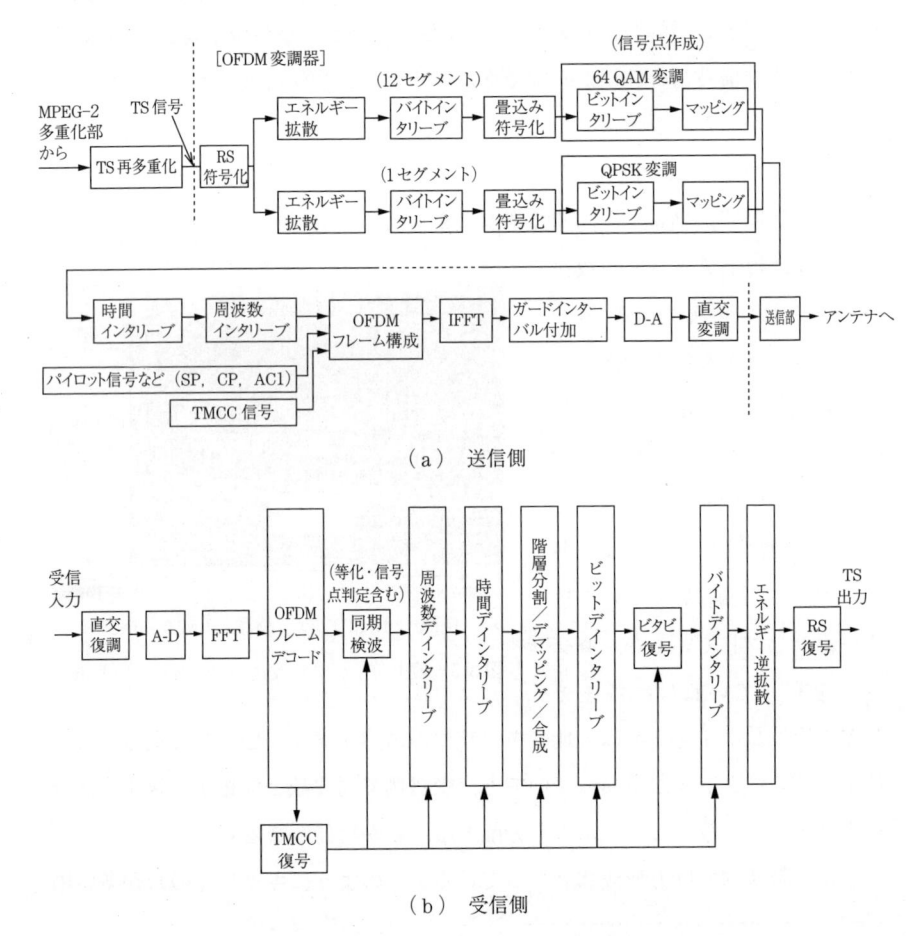

（a）送信側

（b）受信側

図3.6 送受信システムの構成（2階層伝送時）

3.1 地上ディジタル放送システムの概要

ンセグ用の1セグメント（A階層））伝送時の送受信システムの系統である[7]。

TS再多重化部からの**TS**（transport stream）信号（図3.7）はOFDM変調器内で二つ（A階層およびB階層）に分けられ，A階層の信号はQPSK，B階層信号は64QAMで変調された後，移動受信性能（耐マルチパス性）を向上させるための時間インタリーブと周波数インタリーブが施される。

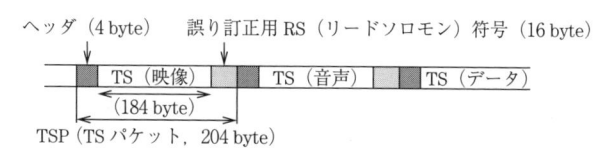

ヘッダ（4 byte）　　誤り訂正用RS（リードソロモン）符号（16 byte）

TS（映像）　　TS（音声）　　TS（データ）
（184 byte）
TSP（TSパケット，204 byte）

図3.7 TS信号の構造

この後，モードやキャリヤ変調方式などを制御する**TMCC**（transmission and multiplexing configuration control，伝送多重制御信号）信号や，マルチパスの等化や受信機の同期・復調用のための**SP**（scattered pilot，分散パイロット）信号，受信機での同期・復調用の**CP**（continual pilot）信号および**AC**（auxiliary channel，放送局で独自に付加情報を伝送できるチャネル）信号が付加され，図3.8に示すOFDMフレームが構成される。ガードインターバルは，**IFFT**（inverse fast Fourie transform，逆高速フーリエ変換）の出力で付加され

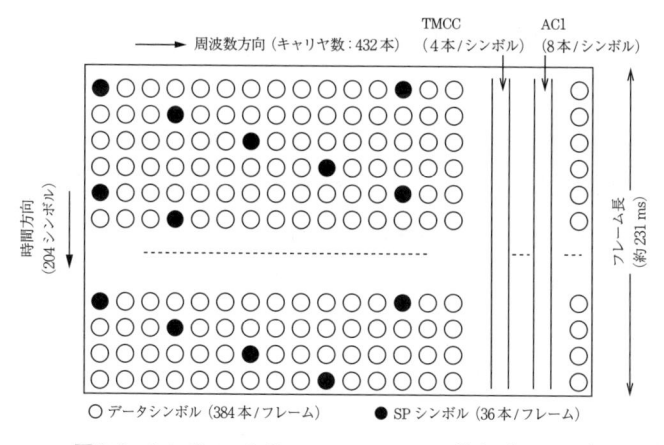

図3.8 1セグメント分のOFDMフレーム構成（モード3）

110   3. OFDMを用いた地上ディジタル放送技術

る。この後 D-A 変換，**直交変調**（quadrature fast modulation）されたあと，**PA**（power amplifier，電力増幅器）で所定の出力に増幅されて送信される。

一方，受信部（図 3.6（b））では，**直交復調**（quadrature demodulation）後に A-D 変換され，FFT 処理により復調される。

図 3.9 は 2 階層伝送時の復調**コンスタレーション**（constellation，信号点配置図）実測波形である。

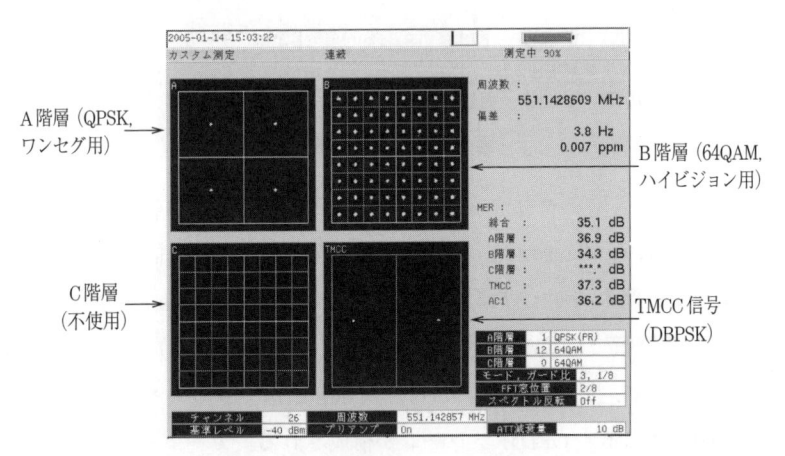

A階層（QPSK，ワンセグ用）
B階層（64QAM，ハイビジョン用）
C階層（不使用）
TMCC信号（DBPSK）

図 3.9 2階層伝送時の復調コンスタレーション実測波形

3.1.4 OFDM 変復調器の基本構成

図 3.10（a）にワンセグ放送用に採用されている QPSK-OFDM 変調器（QPSK で中央のワンセグメントの各キャリヤを変調）の構成を示す。入力ディジタル信号はS/P 変換（直並列変換）後，2 ビット単位で各変調器に入力され，**マッピング**（mapping，ビットを**信号点**（signal point）に割り当てること）により，図 3.9（A 階層）に示す信号点が作成される。この信号は，直交関係（位相差が 90°）にある各キャリヤと掛け合わせられた後，I軸，Q軸ごとに加算され，D-A，LPF（ローパスフィルタ）を通った後，直交変調され高周波帯の信号となる。

図 3.10（b）は復調器の基本構成である。まず，直交復調によりベースバン

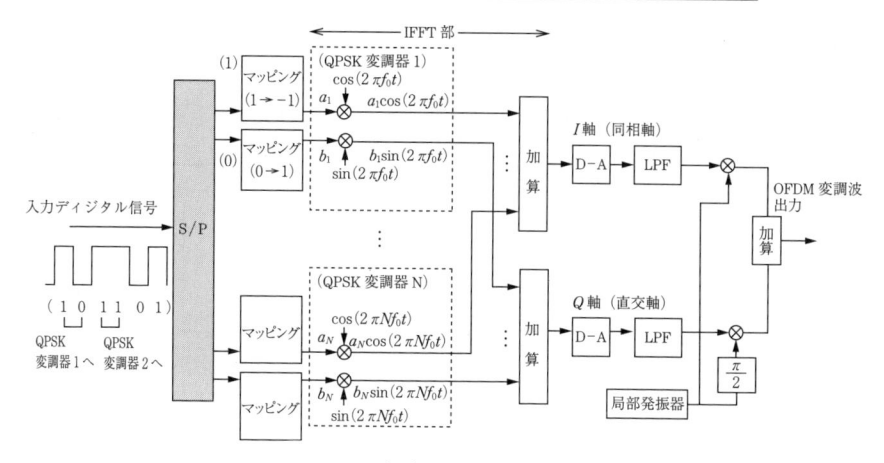

3.1 地上ディジタル放送システムの概要

(a) 変調器

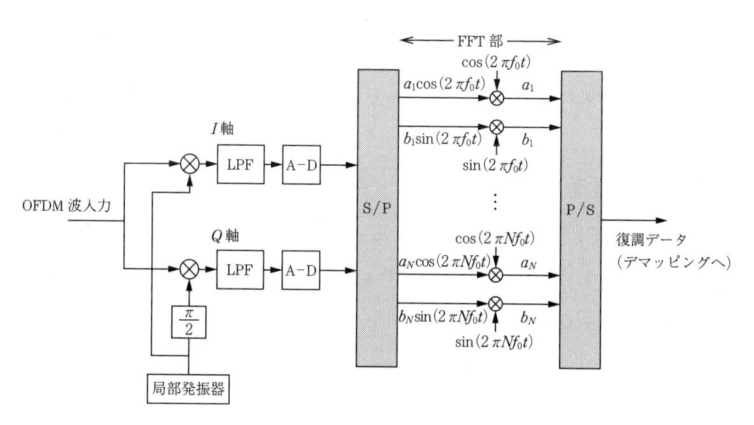

(b) 復調器

図 3.10 QPSK-OFDM 変復調器の構成

ド信号に変換し，LPF を通した後 A－D 変換する．つぎに，マルチパスの影響を抑えるため有効シンボル期間のみを切り取り，FFT 部で各キャリヤを掛け合わせて周波数ごとに復調した後，メモリに格納する．このデータを，P/S 変換（並直列変換）により順次読み出せば，もとの送信データが復元できる．

図 3.11 にハイビジョン放送用である 64 QAM で各キャリヤを変調する 64 QAM-OFDM 変調器の構成を示す．入力ディジタル信号は 6 ビット単位で各

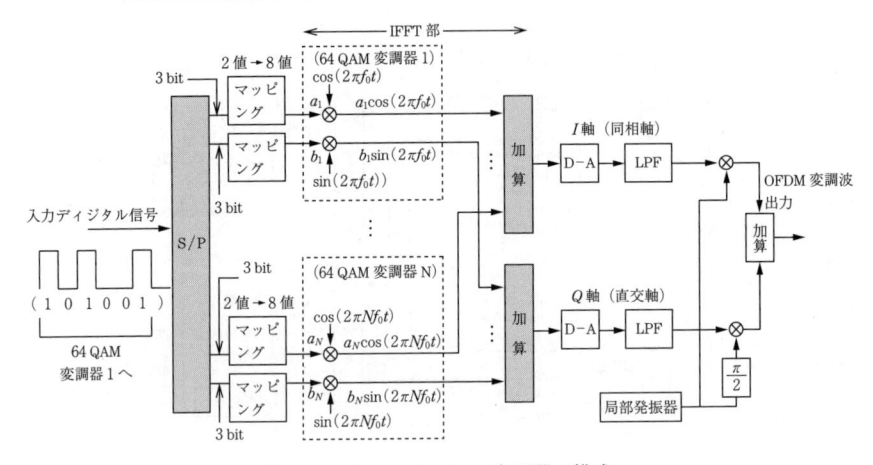

112   3. OFDMを用いた地上ディジタル放送技術

図 3.11 64 QAM-OFDM 変調器の構成

変調器にマッピングされ，図 3.9（B 階層）に示す 64 個の信号点が作成されることのみが異なる。

3.1.5 OFDM 信号の式表示

3.1.4 項においては説明を容易にするため，実数での動作を説明した。しかしながら，実際には，周波数利用効率を高めるため I 軸と Q 軸を用いて伝送・変復調が行われることから，複素数で処理を行う方法を考える（実数部を I 軸，虚数部を Q 軸に割り当て）。また，ベースバンドでの処理の容易さ（サンプリング周波数を低くすること）を考慮し，正負の周波数を用いる（**図 3.12** 参照）。

OFDM 信号は時間的に連続する多数のシンボルから成っているが，各シンボルにおけるベースバンド信号 $s_B(t)$ は，マッピング後の送信データを複素数

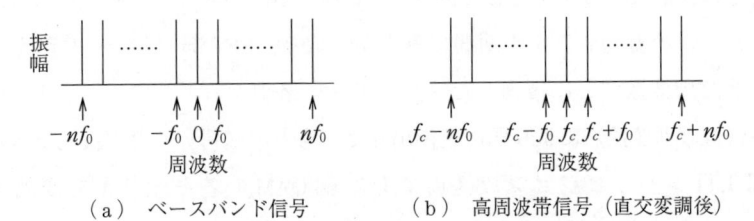

（a）ベースバンド信号　　　（b）高周波帯信号（直交変調後）

図 3.12 周波数領域の OFDM 信号

3.1 地上ディジタル放送システムの概要

$d(k) = a_k - jb_k$ (k はキャリヤ番号) で表せば次式となる (逆フーリエ変換の式)。

$$s_B(t) = \sum_{k=-n}^{n} d(k)\exp(j2\pi k f_0 t) = s_{BI}(t) + js_{BQ}(t) \qquad (3.1)$$

ここで,$s_{BI}(t)$ と $s_{BQ}(t)$ はそれぞれ次式で表される。

$$s_{BI}(t) = \sum_{k=-n}^{n} \left[a_k \cos(2\pi k f_0 t) + b_k \sin(2\pi k f_0 t)\right] \qquad (3.2)$$

$$s_{BQ}(t) = \sum_{k=-n}^{n} \left[a_k \sin(2\pi k f_0 t) - b_k \cos(2\pi k f_0 t)\right] \qquad (3.3)$$

なお,実際の処理は以下のように離散的に行われる。

有効シンボル長 Tu (1.008 ms) をサンプリング数 Nu (8 192) で割ったものがサンプリング間隔 Δt (約 0.123 μs) となり,$\Delta t = Tu/Nu$ が成り立つ。このサンプリング間隔で基準化した時間 (i,離散値) を用いれば,$i = t/\Delta t$ であるからこれらを式 (3.1) に代入すればベースバンド信号のサンプル値 $s_B(i)$ は次式で表される。ここで,$f_0 = 1/Tu$ である。

$$s_B(i) = \sum_{k=-n}^{n} d(k)\exp(j2\pi k i \Delta t/(Nu\Delta t)) = \sum_{k=-n}^{n} d(k)\exp(j2\pi k i/Nu) \qquad (3.4)$$

実際に設計,解析,シミュレーションなどを行う場合にはこの式を用いれば便利であり,3.3.2項,4.1節,4.2節においては,この式により解析を行っている。

式 (3.1) の $s_B(t)$ は局部発振器からの高周波信号 $\exp(j2\pi f_c t)$ (f_c は周波数) と乗算 (直交変調) され,次式に示す高周波帯の複素 OFDM 変調波 $s(t)$ が得られる。

$$s(t) = \sum_{k=-n}^{n} d(k)\exp(j2\pi k f_0 t)\exp(j2\pi f_c t) \qquad (3.5)$$

$s_{BI}(t)$ と $s_{BQ}(t)$ を用いて表せば,次式を得る。

$$s(t) = s_{BI}(t)\cos(2\pi f_c t) - s_{BQ}(t)\sin(2\pi f_c t)$$
$$+ j\left[s_{BQ}(t)\cos(2\pi f_c t) + s_{BI}(t)\sin(2\pi f_c t)\right] \qquad (3.6)$$

なお,式 (3.6) の実数部 (Re) が実際の送信波形であり,次式で表される。

$$\text{Re}(s(t)) = s_{BI}(t)\cos(2\pi f_c t) - s_{BQ}(t)\sin(2\pi f_c t) \qquad (3.7)$$

式 (3.5) の受信信号は，復調器の直交復調部で局部発振器出力 exp$(-j2\pi f_c t)$ と乗算され，ベースバンド信号となる．このあと S/P 変換し，exp$(-j2\pi k f_0 t)$ と掛け合わせたあと，各シンボル期間で積分すれば，もとの送信データが復元される（フーリエ変換）．

なお，複数シンボル時のベースバンド OFDM 信号波形については，m を時間方向のシンボル番号，送信データを $d(m,k)$ とすれば，すべてのシンボルを加算することにより求められ，次式を得る．

$$s_B(t) = \sum_{m=-\infty}^{\infty} \sum_{k=-n}^{n} d(m,k) \exp(j2\pi k f_0 t) \tag{3.8}$$

また，局部発振器からの出力 exp$(j2\pi f_c t)$ と乗算された高周波帯の信号は次式で表される．

$$s(t) = \sum_{m=-\infty}^{\infty} \sum_{k=-n}^{n} d(m,k) \exp(j2\pi k f_0 t) \exp(j2\pi f_c t) \tag{3.9}$$

3.2 実際の放送ネットワークの構成

演奏所（スタジオ）から**親局**（main station，都市部において大電力で広いエリアをカバーする局），中継局を含むディジタル放送ネットワークの構成例を**図 3.13** に示す[36]．

スタジオの TS 再多重化部から **STL**（studio to transmitter link，スタジオと送信所を結ぶ伝送回線，マイクロ波を利用）を通して親局に送られてきた TS 信号は，OFDM 変調された後，電力増幅器（PA）などで構成された送信部を経て **UHF**（ultra high frequency）帯放送波として送信される．

また，日本のあらゆる地域に電波を送り届けるためには数多くの中継局が必要である．中継局の入力としては親局からの放送波を受信し，同じチャネルで再送信する **SFN** 局（図 3.13 の A 局），チャネルを変えて再送信する **MFN**（multiple frequency network）局（C 局），SFN を構成させるため，すなわち遅延時間を調整可能とするためにマイクロ波回線（**TTL**，transmitter to

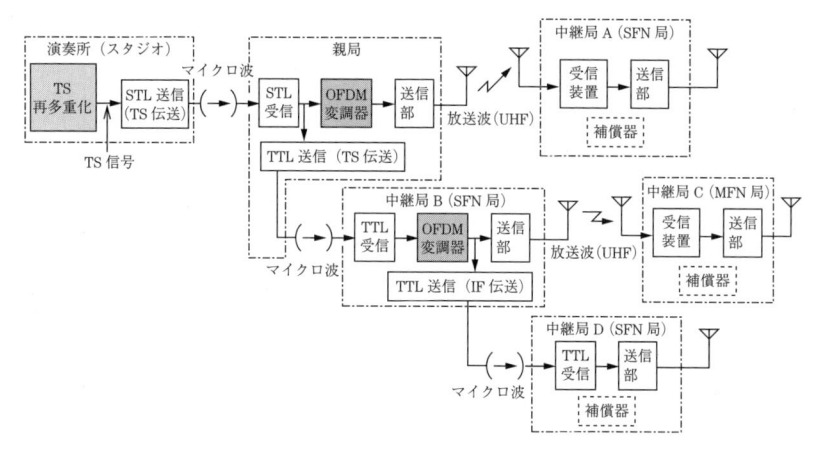

図3.13 ディジタル放送ネットワークの構成例

transmitter link）を使用する SFN 局（B 局，D 局）などさまざまなタイプの局が存在する．

なお，A 局や C 局のような**放送波中継局**（on air relay station）の場合は，伝送品質を劣化させるさまざまな原因（マルチパスによる遅延波の到来あるいは同一チャネル混信など）による信号劣化を抑えるため，状況に応じて**等化器**（equalizer）などさまざまなタイプの補償器が挿入される（3.3節参照）．

ディジタル放送ネットワークはこのように多種・多様な要素で構成されているため，その信頼性・安定度を高めるための新しい技術が開発・実用化されている．以下，本節および3.3節で，その代表例について述べる．

3.2.1　親局送信機

図 3.14 に親局送信機の系統例（送信電力が 3 kW（平均電力）で現用・予備の 2 台方式）を示す[37]．スタジオからマイクロ波回線（STL 回線）で送られてきた **RF**（radio frequency）信号（64 QAM で変調された信号）は，STL 受信部で TS 信号およびフレーム同期信号・クロック信号（SFN 構築用，詳細は 3.2.4 項）が復調される．

この TS 信号は OFDM 変調され，37.15 MHz（帯域中心周波数）の **IF**

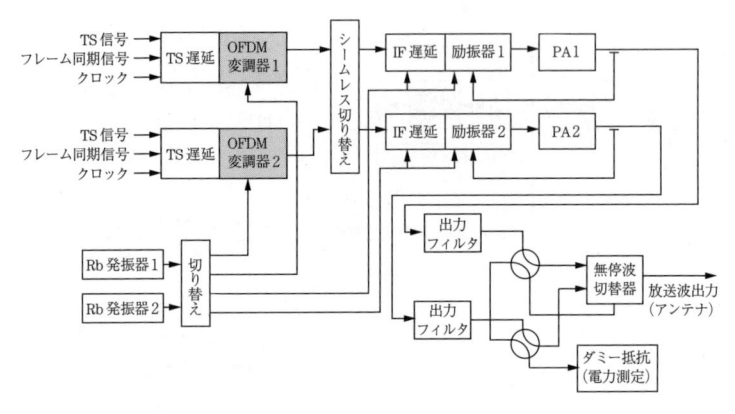

図3.14 親局送信機の系統例

(intermediate frequency, 中間周波数) 信号として出力される。シームレス切り替え部においては，2台のOFDM変調器をシームレス（停波なし）で切り替えることができるように，入力信号間の位相，レベルを一致させている。

SFNを構築するためには隣接する送信所の周波数差を1 Hz以内に抑える必要があり[7]，**ルビジウム発振器**（Rb oscillator）からの10 MHz信号で外部同期をかけることにより，送信機としての周波数精度を規格値の0.2 Hz以内に保っている。

なお，送信電波の中心周波数は，アナログ放送への混信妨害[†]を軽減するため，チャネルプランでの中心周波数から1/7 MHz（≒142.857 kHz）高い周波数にずらして配置されている。

OFDM変調器からの出力は，中継局とのSFNを成立させるためのIF帯遅延器[38]（**図3**.15）を通り，**励振器**（exciter）で送信周波数への変換，**AGC**（automatic gain control, 自動利得制御）による出力調整，**IMD**（intermodulation distortion, 相互変調ひずみ）補償を行った後，出力300 WのPAに入力される。ディジタル送信機のPAは，10 dB程度の**バックオフ**（back-off, PA飽和出力からの低下レベル）で設計され，IMDは−35 dB程度であるが，PA出力からのフィードバックを用いた**プリデストーション補償技術**を採用することに

[†] アナログ受信機の高域側フィルタ特性のばらつきが大きいために発生する。

3.2 実際の放送ネットワークの構成

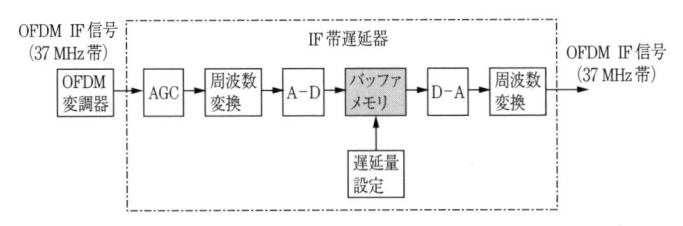

図 3.15 IF 帯遅延器の系統例

より，−47 dB 程度の IMD 特性を得て後述の規格値を満足させている（改善量は 12 dB 程度）[39]。

ディジタル放送では**クリフエフェクト**（cliff effect，崖効果），すなわち**ビット誤り率**（bit error rate，BER）がある値を超えるとまったく受信できなくなる現象が発生するため，送信機はその出力変動においてアナログ送信機より高い安定度が要求される。このため，上記 AGC により変動を 10 % 以内に抑えている。なお，立上りが遅い OFDM 変調器については，停電時に自家発電装置が起動するまでの間，**UPS**（uninterruptible power supply，バッテリ装置）によりバックアップを行っている。

OFDM 信号は，PAPR（＝ピーク電力/平均電力）が大きいため，プリディストーション技術を用いても送信機としての総合効率（出力平均電力／AC 入力電力）は 10 % 程度と低い。このため，送信電力が大きくなるとブロワーによる**強制空冷方式**（forced air cooling system）では，冷却面の課題が生じる。このため，3 kW 以上の送信機については**水冷方式**（water cooled system）が採用されている。

1 号系（PA 1 系）と 2 号系（PA 2 系）を切り替えるための出力切り替え部には，**無停波切替器**（noninterruption switching equipment）を使用しており，停波・出力低下なしで切り替えが可能である。アナログ放送と異なりディジタル放送では，放送波の瞬間的な断（停波）が，受信者側では数秒間の**ブラックアウト**（blackout），あるいは**フリーズ**（freeze）現象となって現れる[†]ため，

[†] 出力低下の場合でも，サービスエリアの末端では，クリフエフェクトにより同じような現象が起きる可能性がある。

3. OFDM を用いた地上ディジタル放送技術

表 3.3 親局送信機のおもな性能規格

項目	性能規格
周波数許容偏差	±0.2 Hz 以内
出力電力（平均電力）	定格出力電力[*1] の ±10 % 以内
振幅周波数特性	±0.5 dB 以内（キャリヤ中心周波数 f_c ±2.79 MHz）
相互変調ひずみ（IMD）	−47 dB
位相雑音	−50 dB_c[*2] 以下（10 Hz〜1 MHz の積分値）
群遅延時間特性	200 ns_{p-p} 以内（f_c ±2.79 MHz）
占有周波数帯幅	5.7 MHz 以下
スペクトルマスク	50 dB マスク（3.5 節参照）
スプリアス放射	−63 dB_c かつ 6 mW 以下
IFFT サンプリング周波数偏差	±2.4 Hz 以内[*3]
負荷条件	出力開放または短絡で破損しない
効率（参考）	PA 効率は 18 % 以上，総合効率（出力電力／AC 電源入力電力）は 10 %程度

*1 連続して出すことができる出力電力である．
*2 dB_c は平均電力に対する比を表す．
*3 サンプリング周波数（約 8.127 MHz）に対する許容偏差は $0.3×10^{-6}$ であるため．

表 3.4 OFDM 変調器に要求される性能

項目	性能
出力変動	定格出力の ±0.5 dB 以内
周波数偏差	±0.2 Hz 以内（外部基準周波数に従う）
相互変調ひずみ（IMD）	−53 dB 以下
位相雑音	−56 dB_c 以下

切り替え部にはこのように無停波かつ出力低下なしで切り替えることができる装置が必須である．

表 3.3 に親局送信機の性能規格をまとめて示す[40]．表 3.4 は OFDM 変調器に要求される性能である[40]．

3.2.2 中継局送信機

ディジタル中継局用送信機のシステム構成は，入力の中継方式（放送波中継，TS-TTL（TS 信号伝送の TTL），IF-TTL（OFDM 信号伝送の TTL））など，ネットワーク方式（SFN あるいは MFN），PA の構成方法（**MCPA**[†]（multiple

---

† 多数のチャネルを一括増幅できる PA のことである．

channel power amplifier）あるいは **SCPA**[†]（single channel power amplifier）），冗長系の構成方法（1台方式，2台方式）などにより異なる．

このようにきわめて多様なシステム構成が考えられるが，**図3.16**のように送信機の受信入力部には **MCLNA**（multiple channel low noise amplifier），電力増幅部には MCPA を用い複数のチャネルを同時増幅してコストの低減を図ることが基本となっている[7),40)]。ただし，以下のような場合は放送波同士で妨害を受けないようなシステム構成を考える必要がある。

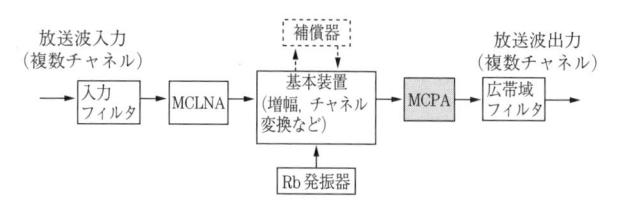

図3.16 MCPA を用いた中継局送信機

① 受信チャネル間，受信チャネル近傍にディジタル放送波やアナログ放送波がある場合は，過大入力により相互変調特性が劣化するため，これらを除去する **BPF**（band pass filter，帯域通過フィルタ）が必要．
② 送信チャネル間，または近傍に受信チャネルがある場合は，受信チャネルに妨害を与えるので，妨害を与えるチャネルは切り離して SCPA とするとともに，急峻な特性の BPF を出力に挿入する．

また，OFDM 信号はマルチキャリヤのため，非線形伝送路を通った場合は相互変調により IMD（相互変調ひずみ）が発生する．良好な IMD 特性を得るには受信入力から PA にいたるまでのレベルダイアの決定が重要となる[7)]．

表3.5 に性能規格をまとめて示す[40)]．**図3.17** は実際の小規模中継局送信機（出力電力 0.1 W，SCPA）の系統例である[41)]。表3.5をすべて満足した性能が得られている．

[†] 単一チャネルを増幅する PA のことである．

表3.5 放送波中継局送信機のおもな性能規格

項目	性能規格
周波数許容偏差	SFN局：±0.4 Hz 以内（0.5W 超時の例），MFN局：±120 Hz 以内（0.5W 超時，かつ補償器か下位局がある場合）
出力電力（平均電力）	定格出力の＋10 ％/－20 ％以内（0.5W 超時の例）
振幅周波数特性	1.5 dB$_{p-p}$ 以内（f_c±2.79 MHz）
占有周波数帯幅	5.7 MHz 以下
相互変調ひずみ(IMD)	－47 dB 以下または－40 dB 以下（局所別指定）
位相雑音	－50 dB$_c$* 以下（10 Hz～1 MHz の積分値）
群遅延時間特性	1 000 ns$_{p-p}$ 以内（f_c±2.79 MHz）
遅延時間	16 μs 以内
スペクトルマスク	50 dB マスク
スプリアス放射	－63 dB$_c$ 以下（出力 25 W 超），12.5 μW 以下（出力 25 W 以下）
雑音指数	3 dB 以下（受信変換入力より測定）
入力レベル	－47±20 dB$_m$（50 Ω）
負荷条件	出力開放または短絡で破損しない。

* dB$_c$ は平均電力に対する比を表す。

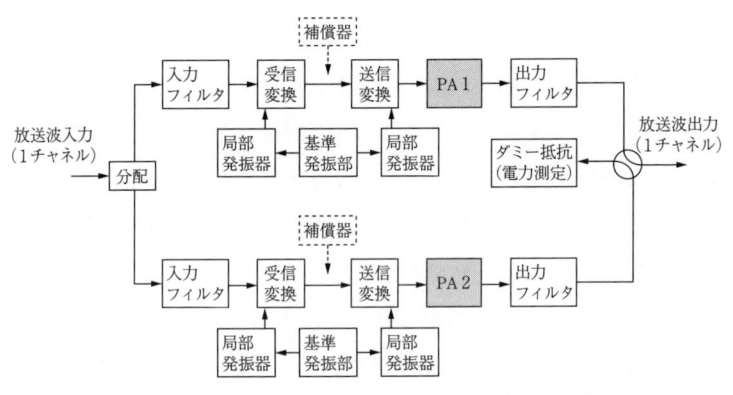

図3.17 SCPA を用いた小規模中継局送信機（2台方式）の例

3.2.3 出力フィルタ特性が信号劣化に与える影響

日本は諸外国に比べて送信局が多いために地上ディジタル放送の実施においては隣接チャネルの使用を余儀なくされており，隣接チャネル間の干渉が大きな問題となる。特に送信機の PA から出力される使用周波数近傍の IMD の除去が課題となる。この課題を解決するためのものが PA の出力に挿入される**出力フィルタ**（output filter）の役目である。

出力フィルタを使用せずに**スペクトルマスク**（spectrum mask, 変調スペクトルの広がりを規定したもの（3.5節参照））を満足させようとすれば, 直線性がきわめてよい PA が必要となり, PA の大型化, 電力効率の低下, 高コスト化を招くことになる.

出力フィルタに要求される特性としては, 減衰度, 帯域内の**群遅延時間**（group delay time）の偏差および振幅偏差などがあるが, このうち OFDM 信号の品質劣化に関係すると考えられる帯域内群遅延時間偏差および振幅偏差について述べる.

〔1〕**群遅延時間特性**　OFDM 信号は有効シンボル長が 1.008 ms と長いため, 群遅延時間特性の劣化で波形ひずみが発生しても**等価 CNR**[†1]（equivalent carrier to noise ratio）の劣化は少ない（群遅延時間が数 μs でもほとんど劣化しない）と考えられる.

また, 帯域内の群遅延時間偏差により生じる位相変動については, 受信機側で SP による等化を行うので, このことを考えても大きな影響は受けないと推測される. 確認のため, 信号帯域内（約 5.6 MHz）で図 3.18 のような振幅と群遅延時間（最大: 400 ns）を持つフィルタを通したあとの劣化状況についてシミュレーションが行われた[†2]. 結果として, キャリヤ数が 512 の場合（キャリヤ間隔 16 kHz）は等価 CNR に約 0.5 dB の劣化が生じるが, 2 048 本の場合はほとんど劣化がないことが報告されている（遅延補正および誤り訂正なし）[42]．

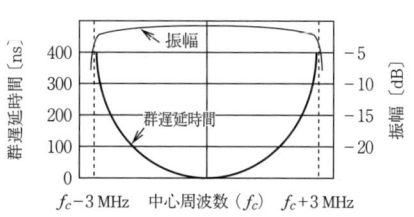

図 3.18　出力フィルタの群遅延時間特性の例

この理由としては, 2 048 本の場合はキャリヤ間隔が 4 kHz と狭く, 帯域内では遅延によるひずみは無視できるためと考えられる. 現在運用されている

[†1] IMD など種々の雑音やマルチパス・混信などがビット誤り率に与える影響を**ガウス雑音**に置き換えたときの CNR をいい, ビット誤り率とは 1 対 1 に対応する.
[†2] SP の配置は 4 キャリヤごとで, 補間方法は周波数方向ホールド型である.

モード3におけるキャリヤ間隔は 0.992 kHz であり,さらに帯域幅が狭いので問題はないものと考えてよい。

フィルタの群遅延時間特性と遮断特性はトレードオフの関係にあり,群遅延時間特性を厳しくするとコスト高となる。このことから当初,中継局送信機における帯域内偏差は $200\,\mathrm{ns}_{p\text{-}p}$ 以内と規定されていたが,$1\,000\,\mathrm{ns}_{p\text{-}p}$ 以内に緩和されている(表3.5参照)。

〔2〕**振幅偏差**　ディジタル中継局については,放送波による多段中継が多数のルートで想定されている。しかしながら,これらのケースにおいては**図3.19**に示すように多数の入出力フィルタがカスケード接続(縦列接続)されて使用されることによって生じる帯域内の振幅偏差(**図3.20**)が信号劣化に大きな影響を与えることが危惧される。このため,フィルタの振幅周波数特性の偏差が等価 CNR に与える影響についての検討が行われ,以下のことが明らかにされた[43]。

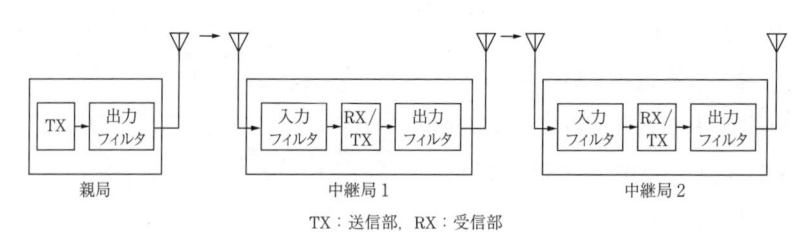

図3.19 中継局の多段中継の例

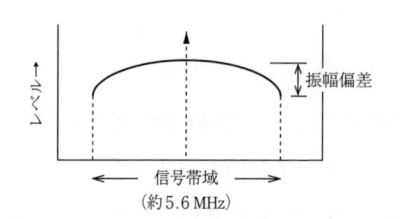

図3.20 フィルタの帯域内振幅偏差の例

(ⅰ) カスケード接続時は,帯域内の振幅偏差に応じて等価 CNR は劣化する。

(ⅱ) 3台のフィルタ(フィルタ①(振幅偏差 1.0 dB,等価 C/N=44.6 dB),フィルタ②(振幅偏差 1.4 dB,等価 C/N=41.1 dB),フィルタ③(振幅偏差

2.3 dB, 等価 $C/N=36.4$ dB) をカスケード接続した場合は, 等価 CNR は 31.3 dB にまで低下する.

この結果から帯域内偏差が 5 dB 以上になると送信機出力の等価 CNR は限界値である 30 dB 以下に劣化することが予測され, ネットワークの設計においては十分な注意が必要である.

3.2.4 SFN に関する課題と対策

日本の地上ディジタル放送に OFDM 変調方式が採用された大きな理由として, 地上波にとって最大の課題であるマルチパスに強いことに加えて, SFN の構築が可能であることが挙げられる. しかしながら, 実際の放送ネットワークにおいて SFN を実現させるためにはさまざまな条件を満たすことが必要となる. また, 実際の構築・運用にあたっては, 調整法も大きな課題であり, 本章ではこれらも含めて記述する.

〔1〕 **SFN 実現のための条件** SFN を実現するためには以下の条件を満足させる必要がある[44]．

〔a〕 **送信周波数偏差が 1 Hz 以内であること** 放送エリア内でのキャリヤ間干渉[†]（intercarrier interference, ICI）（図 3.21）を抑えるためには, 各送信所間の周波数偏差は ± 1 Hz 以内に抑える必要がある. このため, ルビジウム発振器を基準信号に用いて安定化させている.

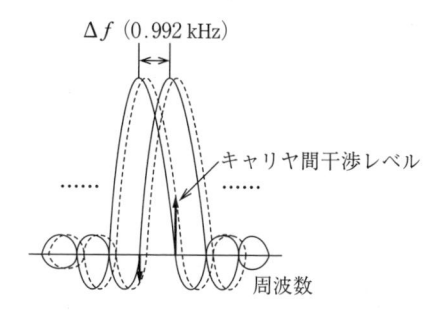

図 3.21 SFN 局の周波数偏差により生じるキャリヤ間干渉 (ICI)

〔b〕 **IFFT サンプリング周波数が一致していること** 複数の OFDM 変調器を用いる場合など異なる IFFT サンプリング周波数で発生した OFDM 信号で SFN を行うときは, IFFT のサンプ

[†] 移動受信時におけるドップラーシフトによっても生じる.

リング周波数は一致している必要がある（許容偏差は 0.3×10^{-6} 以内[7]（8.127 MHz$\times0.3\times10^{-6}\fallingdotseq2.4$ Hz 以内））。

また，演奏所の TS 再多重化部と送信所に置かれた OFDM 変調器間で TS 信号伝送を行う場合，再多重化部と変調器のクロックが同期していないとメモリバッファのオーバフロー／アンダフローによりデータの欠落が生じる。

同期をとる方法としては，図 3.22 に示すように演奏所で 64QAM 変調（STL 用）に用いたクロックを再生し，OFDM 変調器の基準信号として用いる方式（従属同期方式）と **GPS**（global positioning system）等の 1 pps（pulse per second）信号を用いる方法（リファレンス同期方式）がある。

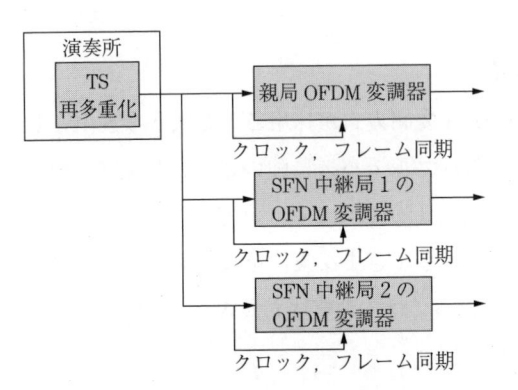

図 3.22 TS 再多重化部と複数の OFDM 変調器との同期

〔c〕 **送信 OFDM 信号波形が一致していること**　図 3.23 のように複数の OFDM 変調器を用いる場合は，ガードインターバルを有効に利用するためにも送信 OFDM 波形が SFN 実施各局で同一であることが必要であり，送信波形を一致させるため遅延器が挿入される。

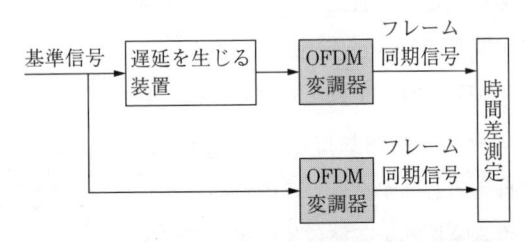

図 3.23 OFDM 信号のフレーム同期を用いた遅延時間測定

この遅延時間の測定・調整にはフレーム同期信号を利用する方法がある。フレーム同期信号は**図 3.24** に示すようにフレームの最初と最後でレベルが変化する信号で，フレームパルス信号はフレームの先頭から 1 シンボル期間アクティブになる信号である。これらは OFDM 信号のフレーム位相管理に大変便利な信

号であり，SFN 構築時の遅延時間測定と調整などに特に有効である．

〔2〕 **遅延時間の調整法** 実際に遅延時間の調整を行う場合は"最大遅延時間調整法"，すなわち，あらかじめ想定されるネットワークの中で生じる最大遅延時間（τ_{max}）を見込んで行う方法が採用されている[45]．

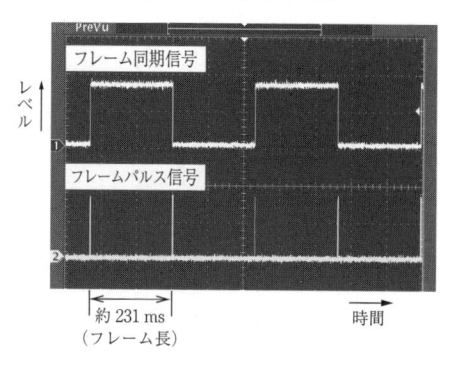

図 3.24 フレーム同期信号とフレームパルス信号の波形

図 3.25 に示すように τ_{max} には，STL，TTL での遅延時間＋TS 遅延器遅延時間（τ_{TS}），OFDM 変調器の処理時間（τ_{OFDM}，おもに時間インタリーブ処理で生じる），および IF 遅延器以降の遅延時間（τ_{other}）が含まれる．それぞれの系統において，演奏所の TS 再多重化部出力から各 OFDM 変調器出力までの遅延時間（$\tau_{TS} + \tau_{OFDM}$）と送信部出力の遅延時間（$\tau_{TS} + \tau_{OFDM} + \tau_{other}$）が同じとなるように，TS 遅延器および IF 遅延器で遅延調整を行う．

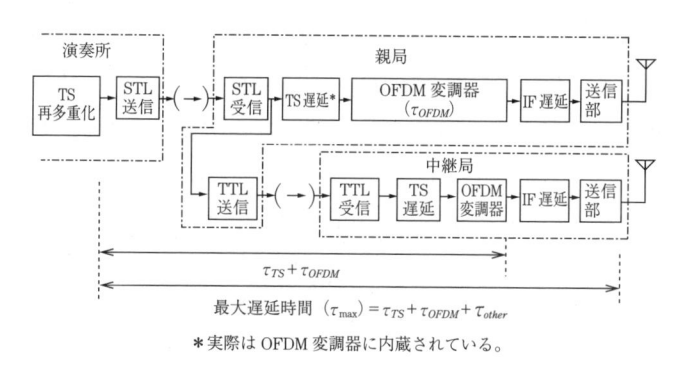

図 3.25 SFN における遅延時間調整法

3.2.5 受　信　機

以上，ディジタル放送ネットワークにおける送信側の構成・性能について述べたが，本章では受信機の性能について述べる．アナログ放送と異なりディジ

タル放送においては伝送されるディジタル信号の復号性（判定性）のみが問題となるため，これに密接に関連する受信機フロントエンド部の実際の性能について文献46）をもとに紹介する。

ディジタル受信機のフロントエンド部においては，表 3.6 に示すように従来のアナログ受信機の概念にはない項目，例えば，入力レベルに対する所要 CNR（受信限界 CNR），局部発振器の位相雑音抑制特性，FFT ウィンドウ位置の最適化制御性能などが重要となる。これらの評価については本来 BER（ビット誤り率）を用いるべきであるが，今回の市販の受信機では測定が不可能であったため，ブロックノイズ（図 4.20）やフリーズを生じない状態を受信限界点としている。

表 3.6　性能評価項目（フロントエンド部）

項目	受信感度	妨害波排除性能
アナログ放送	映像，音声信号の SNR（信号対雑音比）	上側，下側隣接チャネル妨害
ディジタル放送	・入力電界強度対所要 CNR（受信限界 CNR） ・局部発振器の位相雑音抑制特性	FFT ウィンドウ位置適応制御性能

〔1〕　**受信入力レベルに対する所要 CNR**　表 3.7 の伝送パラメータにおいてハイビジョンを受信したときのディジタル受信機における所要等価 CNR は 20.1 dB とされており，例えば文献7）の BER 監視装置では IF 入力時（チューナなし）に 19.1 dB，RF 入力時（チューナあり）に 20.1 dB が得られている（このときのビタビ復号後の BER は 2×10^{-4}）。

表 3.7　試験信号の伝送パラメータ

モード	階層	ガードインターバル	セグメント数	変調方式	畳込み符号化率	変調内容
モード 3	A 階層（ワンセグ用）	126 μs	1	QPSK	2/3	PN 信号
	B 階層（ハイビジョン用）		12	64 QAM	3/4	試験映像

標準入力レベルは $-47\ \mathrm{dB}_m$ であるが，ARIB（電波産業会）の標準規格では受信可能なレベルは $-75 \sim -20\ \mathrm{dB}_m$ と定められており，受信入力レベルに対する所要 CNR（受信限界 CNR）が調査された。測定結果によれば，$-70 \sim$

$-10\,dB_m$ 間では 19.1 dB から 20 dB, $-75\,dB_m$ および $-5\,dB_m$ においても 21 dB 程度となっており,すべての受信機で良好な結果が得られている.

〔2〕 **位相雑音抑制特性**　地上ディジタル放送においては OFDM 信号の各キャリヤを変調する方式として,位相を変化させる QPSK(ワンセグ放送用)や位相と振幅の両方を変化させる 64 QAM(ハイビジョン放送用)を採用しており,局部発振器の位相雑音の影響を受けやすい.

発振器は一般に図 3.26(a)に示すような位相雑音スペクトルを持っており,このような発振器を局部発振器に用いて直交変調(乗算)した場合,OFDM 波の各キャリヤには,キャリヤ自身の位相雑音(common phase error, **CPE**)とその他の全キャリヤから自分自身の帯域に入る位相雑音(intercarrier interference, ICI)を加算した雑音が印加される(図 3.26(b)および**図 3.27** 参照).このため,受信機では文献 7)に示すような抑圧回路により位相雑音を低減させており,この抑圧効果が調査された.

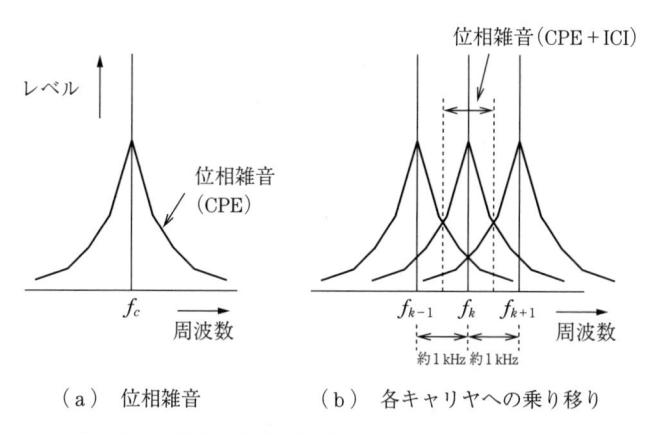

図 3.26 局部発振器位相雑音の各キャリヤへの乗り移り

受信機によって差はあるが,受信限界値として $-60 \sim -67\,dB_c/Hz$(キャリヤから約 1 kHz 離れた値,図 3.26(b))が得られている.日本 CATV 標準規格では共同受信用ヘッドアンプ(前置増幅器)の最低限必要な性能は,2.1°(rms)以下($-71\,dB_c/Hz$ に相当)とされており,抑圧回路の性能が年々向上

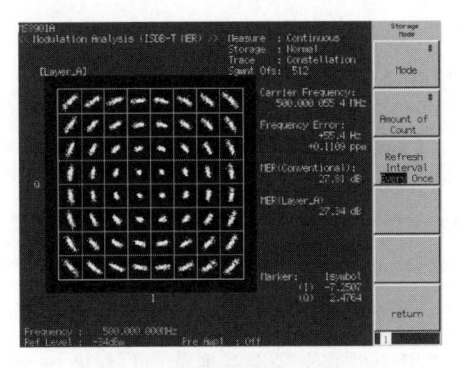

図3.27 位相雑音がある場合のコンスタレーション

[3] **FFTウィンドウ位置の最適化** 地上ディジタル放送は図3.28に示すように，ガードインターバル（126 μs）を付加して，受信機では有効シンボル期間のみを切り取ること（ウィンドウ処理）により，最長126 μs遅れの妨害波（一般的には遅延波）まで対応可能な方式となっている。

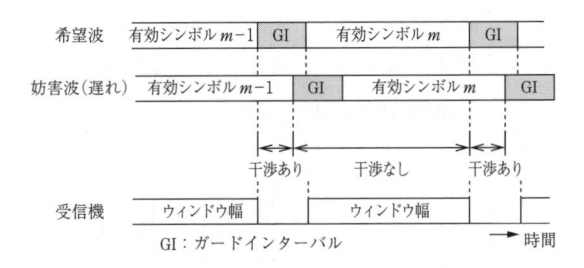

図3.28 妨害波（遅延波）干渉時の受信機の復調動作

しかしながら，FFT切り取り位置が固定のままでは妨害波が「進み位相」の場合，進み時間がわずかであっても干渉が生じる。この対策としてはガードインターバルを進み位相波用にあらかじめ割り振っておくことも考えられるが，図3.29に示すようにウィンドウ位置を適応的に調整できるようになっていることが最も望ましい方法である。市販の受信機にはこの機能が備わっており，図3.30のように±110 μsの範囲においてはDU比（desired-to-undesired signal ratio，希望波レベル/妨害波レベル）が0 dB（希望波と妨害波が同レベル）でも受信が可能となっている。

±110 μsを超えた場合は，受信可能なDU比は急速に上昇しており，±150 μsではDU比が8 dB前後で受信可能となる。それ以上の遅延時間では受信機のばらつきが大きくなるとともに，±の遅延時間で非対称となり，

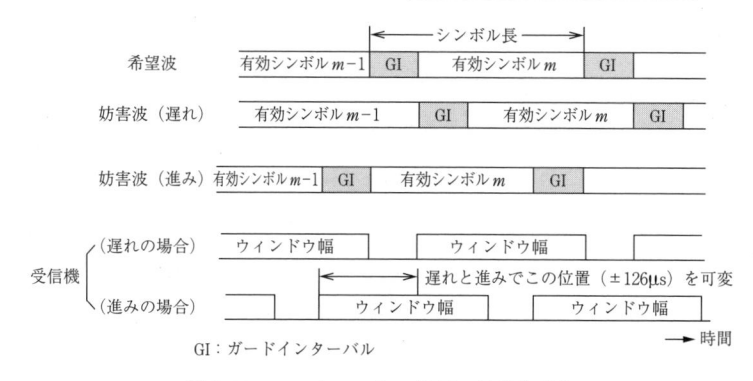

図 3.29 FFT ウィンドウ位置の最適化動作

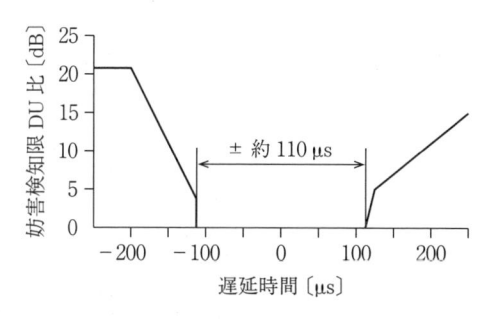

図 3.30 遅延時間に対する妨害検知限 DU 比（イメージ）

$-200\,\mu s$ で別プログラムによる同一チャネル混信の DU 比（約 20 dB）となっている。

3.3 等 化 技 術

　日本は山岳地が多く，全国のあらゆる地域に放送サービスを行うためには数多くのディジタル中継局が必要となる．中継局に放送プログラムを伝送する手段としてはマイクロ波回線（STL, TTL）や光ファイバなど専用回線を用いる方法があるが，上位局からの放送波を受信，増幅して再送信する方法（放送波中継）が最も経済的で，かつ新たな周波数資源も必要としないため有利である．しかしながら，マルチパスによる遅延波の到来あるいは他局からの**同一**

チャネル混信（co-channel interference）などさまざまな原因による信号品質の劣化が生じる恐れがあり，劣化を抑えるための補償技術（等化を含む）の開発・実用化が重要な課題となってきている。

このため，**表3.8**に示すようにまわり込みキャンセラ，マルチパス等化器，同一チャネル干渉除去装置，C/Nリセット装置など多種・多様な補償器が開発されている[47]が，本章では，最も重要と考えられる**等化器**に焦点を当てて紹介する。

表3.8 補償器の種類

種類	機能および動作の概要	処理のタイプと特徴
まわり込みキャンセラ	SFN局における送受アンテナ間のまわり込みによる等価CNRの劣化を改善。	・時間領域処理型のため，遅延時間が非常に短くSFN局に適用可能。 ・復号，シンボル判定処理が不可能なため，劣化が蓄積。
マルチパス等化器	マルチパスやフェージングによる品質劣化を改善。	・時間領域処理型（シンボル判定処理不可）および周波数領域処理型（シンボル判定処理可）の2種類あり。 ・時間領域処理タイプはSFN局に適用可能であるが，周波数領域処理型は遅延時間が長く適用不可能。
同一チャネル干渉除去装置	他局（ディジタル・アナログ波）からの干渉波による品質劣化を改善。	・時間領域処理および周波数領域処理型の2種類あり。
C/Nリセット装置	復号（TS再生）を行うことにより，劣化の蓄積を解消。	・復号処理型のため，遅延時間が非常に長く，SFN局に適用不可能。 ・時間調整が必要な局にも不向き。

マルチパスの等化方式は**周波数領域等化方式**（frequency domain equalizing method）と**時間領域等化方式**（time domain equalizing method）の二つに大別できる。

周波数領域等化方式は，**図3.31**に示すように入力OFDM信号をFFTした後，SPにより伝送路特性を推定

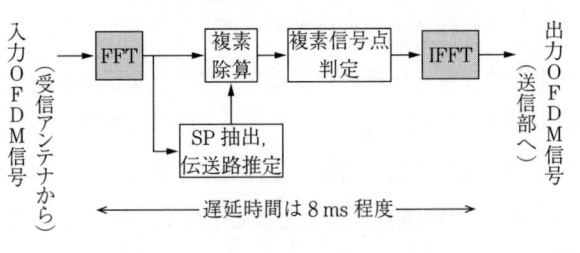

図3.31 周波数領域等化方式の構成

し，求めた**伝達関数**（transfer function）で除算することにより等化を行う方式である．家庭用受信機などに使用されているが，FFT，IFFT 処理が必要なことから放送ネットワークで使用する場合は，ガードインターバル（126 μs）をはるかに超えるミリ秒単位の遅延（約 8 ms）が生じ，SFN 局での使用は不可能である．

しかしながら，**シンボル判定処理**（symbol decision processing）ができることから等価 CNR が改善でき，MFN 局に有効である．ここで，シンボル判定処理とは，**図 3.32** に示すように位相平面上の各枠内において雑音により分布した信号点を強制的に中心位置に収れんさせる処理をいう．具体的には，**図 3.33** に示す非線形な入出力特性を持つ回路を通すことにより実現できる．

図 3.34 は 64 QAM 変調時におけるシンボル判定処理の効果を示したもので

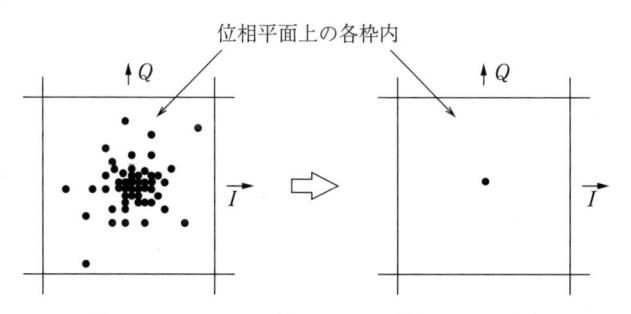

図 3.32 シンボル判定処理による等価 CNR の改善

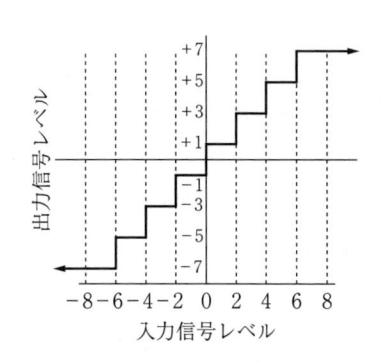

図 3.33 シンボル判定処理器の入出力特性

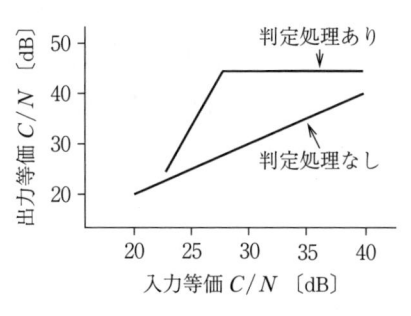

図 3.34 シンボル判定処理の効果（イメージ）

ある[48]。受信信号の等価 CNR が 28 dB までは約 44 dB（最大改善量 16 dB），それ以下の領域においても等価 CNR が 22 dB 程度までは改善効果があることが示されている。

時間領域等化方式は，**図 3.35** に示すように **FIR フィルタ**（finite impulse response filter）を用いて等化を行う方式である。FFT，IFFT を通す必要がないことから，処理に要する時間がマイクロ秒単位ですみ，SFN 局にも適用できる。本節では，これら等化技術について述べる。

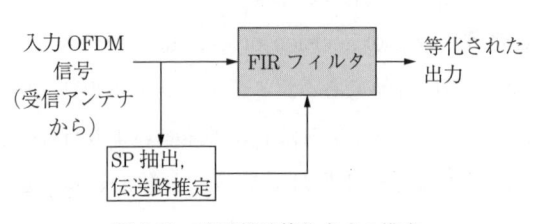

図 3.35 時間領域等化方式の構成

3.3.1 周波数領域での等化（ガードインターバル内）

OFDM 信号は数多くのキャリヤを用いているため，マルチパスによる遅延波が到来した場合は**図 3.36** に示すようにキャリヤごとにその振幅および位相が変化する[7]。

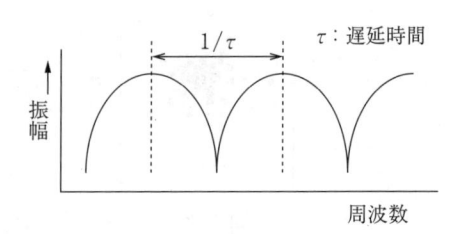

図 3.36 マルチパスがあるときの周波数特性

各キャリヤの変調方式が BPSK や QPSK の場合は，位相のみに情報が乗せられており，かつ**差動検波**（differential detection，遅延検波ともいう）を行えば等化の必要はない（ヨーロッパの **DAB**（digital audio broadcasting，ディジタル音声放送）では，差動変調・差動検波が用いられている）。

しかし，テレビ放送のように映像伝送が必要な場合は限られた帯域で伝送速度を高める必要があり，振幅方向にも情報をもつ 16 QAM や 64 QAM が用いられている。この場合，差動検波は実質的に不可能であり，同期検波がどうしても必要となる。同期検波においては，その原理から各振幅と位相の補正をキャ

リヤごとに行い，信号点を本来の位置に戻さなければ正しく復調できない。

このため以下に示すように SP 信号を利用した周波数領域における等化技術（周波数偏差がある遅延波が到来した場合の等化（動的等化）も含む）が用いられている。

〔1〕 **静的等化（周波数偏差がない場合）**　遅延波の遅延時間が 1 シンボル以内に収まっている場合は，シンボル内での動作のみを考えればよい。この場合の希望波 $s(t)$ は，k をキャリヤ番号，f_0 を基本周波数（周波数間隔），f_c をキャリヤ中心周波数とすれば，次式で表される（3.1.5 項参照）。

$$s(t) = \sum_{k=-n}^{n} d(k) \exp(j2\pi k f_0 t) \exp(j2\pi f_c t) \tag{3.10}$$

ここで，$d(k) = a_k - jb_k$ は送信データ，n は 2 808（(キャリヤ総数 − 1) / 2) である。

遅延波が加わった場合の合成波 $s_r(t)$ は，r を遅延波レベル / 希望波レベル，遅延時間を τ，**初期位相差**（initial phase difference，キャリヤ中心周波数における希望波と遅延波の位相差）を θ_0 とすれば，次式で表される。

$$\begin{aligned}s_r(t) = &\sum_{k=-n}^{n} d(k) \exp(j2\pi k f_0 t) \exp(j2\pi f_c t) \\ &\times [1 + r\exp(j(\theta_0 - 2\pi k f_0 \tau))]\end{aligned} \tag{3.11}$$

地上ディジタル放送の場合は，図 3.8 に示すように振幅・位相が規格で決められた SP 信号が周波数方向および時間方向に間欠的に挿入されている。この SP を利用して各キャリヤの振幅および位相の変動を推定し，等化のための伝達関数 $H(k)[=1+r\exp(j(\theta_0-2\pi k f_0 \tau))]$ を作り出し，割り算を行う。これによりひずみ成分はキャンセルされ，各複素信号点はもとの位置に戻されるため，正しく復調できる。

SP は**補間**（interpolation）を考慮すれば，周波数方向には 3 キャリヤ（3 シンボル）に 1 個，時間方向には 4 シンボルに 1 個挿入されている。標本化定理からキャリヤ周波数間隔を f_0 とすれば，時間方向の通過帯域は $1/(3f_0)$，周波数方向の通過帯域は $1/(4Tu) = f_0/4$ となり，理想的にはこの範囲内の等化が

可能となる。ここで，Tu は有効シンボル長である。

実際に運用されているモード3においては，f_0 ＝約 0.992 kHz であるから，時間方向では $1/(3f_0)$ ＝約 336 μs（遅れ，進みを考慮すれば ±168 μs 以内）の範囲で等化が可能となるが，これ以上の遅延時間を持つ遅延波が到来した場合は対応できない。このため，±1 ms 程度の時間まで等化できる方式が開発されている（3.3.2項参照）。

なお，等化が完全に行われたとしても，図 3.36 に示す帯域内のリプル（ripple）により等価 CNR が劣化する[7]。ただし，等価 CNR がある程度高い場合は，前記のシンボル判定処理を行えば，劣化を抑えることは可能である。

〔2〕 **動的等化（周波数偏差がある場合）**　移動受信時や放送波中継局において周波数偏差がある他の SFN 局の波を受信した場合は，時間方向にレベル変動を生じる。例えば移動受信においては，**図 3.37** に示すように直接波に加えてビルなどからの反射による遅延波が到来するため，それぞれ異なった**ドップラーシフト**（Doppler shift）（Δf_D）を受けている波を受信することとなり，合成波の包絡線（エンベロープ）は**図 3.38** のように $1/(2\Delta f_D)$ の周期で変動する[7]。他の SFN 局との周波数偏差もドップラーシフトとみなすことができ，この場合の変動周期は $1/\Delta f_D$ となる。このため，**図 3.39** に示すように時間方向の補間を行った後，周波数方向の補間を行い，等化のための伝達関数を生成する。

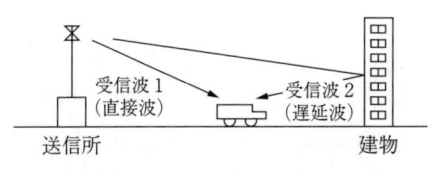

図 3.37　移動受信時のマルチパス干渉

この時間方向の等化についても SP を用いればよいが，SP は時間方向には4シンボルに1本の割合でしか挿入されていないため，残りの3シンボルについては補間を行う必要がある。補間方法については**図 3.40** の**ステップ補間**（step interpolation），**直線補間**（linear interpolation）などがあるが，補間誤差が小さい直線補間が通常使用される[†]。

---

† ただし，4シンボル分のデータを蓄積できるメモリが必要である。

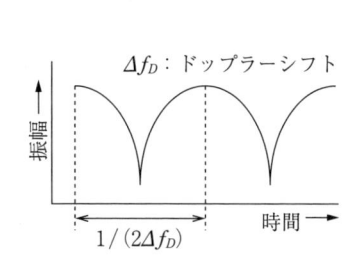

図 3.38 ドップラーシフトを受けたときの包絡線の変化

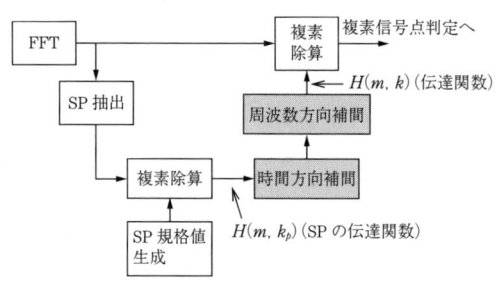

図 3.39 補間方式

k_p：SP が存在する周波数

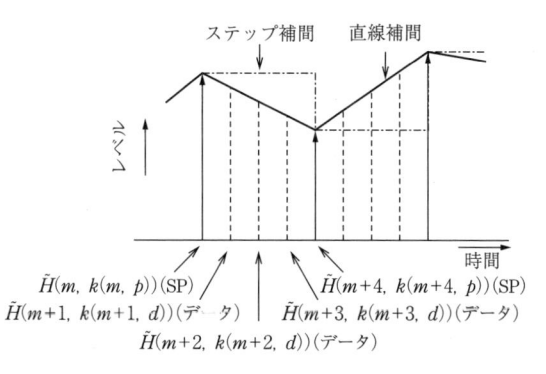

図 3.40 ステップ補間と直線補間

ただし，新幹線，高速道路走行時など高速移動体での受信においては，ドップラーシフト Δf_D が大きくなり，変動周期 $1/(2\Delta f_D)$ が短くなることから，直線

〔コラム〕 **直線補間法**

図 3.40 に示すように時間方向のシンボル番号が m，周波数方向のキャリヤ番号が k のときの SP の伝送路応答を $\tilde{H}(m, k(m, p))$，シンボル番号が $m+4$ のときの伝送路応答を $\tilde{H}(m+4, k(m+4, p))$ とすれば，データシンボルの伝送路応答 $\tilde{H}(m, k(m, d))$ は次式で表される[48]。

$$\tilde{H}(m,k(m,d)) = \tilde{H}(m,k(m,p)) + (k(m,d)-k(m,p))$$
$$\times [\tilde{H}(m+4,k(m,p)+4) - \tilde{H}(m,k(m,p))]/4$$

上式右辺の $k(m, d)$ を $k(m, p)+1$, $k(m, p)+2$, $k(m, p)+3$ とすれば，各データシンボルの伝送路応答（推定値）が求められる。

補間では受信が困難となる。これについては**斜め補間** (oblique interpolation),FIR フィルタによる補間などが考えられている（3.4.2 項参照）。

なお，上記のように周波数偏差がある複数の波を受信する場合は ICI（キャリヤ間干渉）による品質劣化も課題となる（3.4.3 項参照）。

3.3.2　周波数領域での等化（ガードインターバル超え遅延波の等化技術）

地上ディジタル放送における SFN 環境下では，受信点において同一周波数で到来時間が異なる複数の局の電波（番組内容は同一）が受信されるため，マルチパスによるひずみが発生する。しかしながら，日本で採用されている放送方式（ISDB-T 方式）では，実効的に SP が周波数方向に 3 本に 1 本の割合で配置されており，±168 μs（マイナスは進みを意味する）までの遅延時間であれば，原理的には問題は生じない。

しかし，これ以上の遅延時間を持つ遅延波が到来した場合は，等化が不可能となり，受信不能となる場合が生じる。特に近年の SFN 中継局の増加に伴い，**ガードインターバル超え遅延波**（delay wave over guard interval）が到来する事例が増えている。このため，遅延時間が ±168 μs を超えた場合でも等化が可能な方式が開発されている[49),50)]が，ここでは，文献 50) に示された遅延時間が ±1 ms 程度，DU 比（希望波レベル/遅延波レベル）が 2.5 dB 程度の遅延波でも等化可能な方式について述べる。

この方式は，周波数領域で等化する点は従来と同じであるが，伝達関数を推定する手段（アルゴリズム）が異なる。すなわち，この方式においては，既開発の**電力スペクトル法**（power spectrum method，4.1 節参照）により遅延波レベル/希望波レベルと遅延時間（絶対値）を，SP を用いた遅延プロファイル測定法により遅延時間の極性（遅れ，進み）と初期位相差（キャリヤ中心周波数における希望波と遅延波の位相差）を求め，伝達関数を推定することにより等化を行っている。

〔1〕 **方式の基本構成**　　方式の基本構成を**図 3.41** に示す。受信波 $s_r(t)$ は希望波，複数の遅延波およびガウス雑音から成っている。

3.3 等化技術

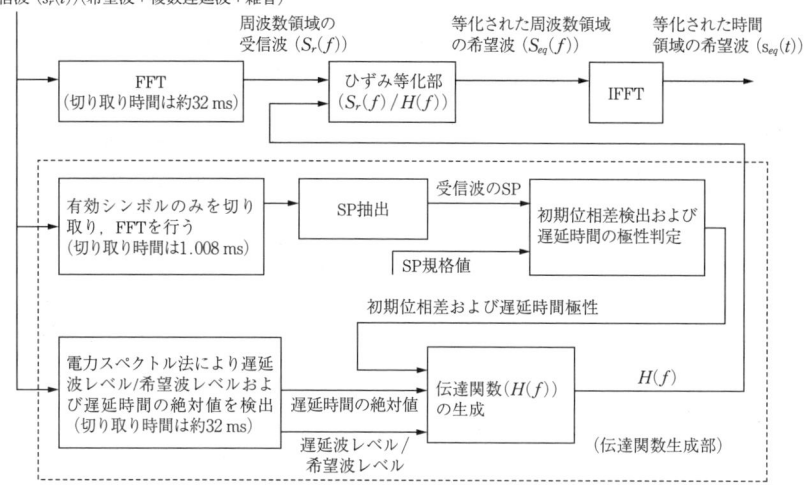

図3.41 方式の基本構成

（図中のラベル）
- 受信波 ($s_r(t)$)（希望波＋複数遅延波＋雑音）
- FFT（切り取り時間は約32 ms）
- 周波数領域の受信波 ($S_r(f)$)
- ひずみ等化部 ($S_r(f)/H(f)$)
- 等化された周波数領域の希望波 ($S_{eq}(f)$)
- IFFT
- 等化された時間領域の希望波 ($s_{eq}(t)$)
- 有効シンボルのみを切り取り，FFTを行う（切り取り時間は1.008 ms）
- SP抽出
- 受信波のSP
- SP規格値
- 初期位相差検出および遅延時間の極性判定
- 初期位相差および遅延時間極性
- 電力スペクトル法により遅延波レベル/希望波レベルおよび遅延時間の絶対値を検出（切り取り時間は約32 ms）
- 遅延時間の絶対値
- 遅延波レベル/希望波レベル
- 伝達関数 ($H(f)$) の生成
- $H(f)$
- （伝達関数生成部）

等化のための伝達関数生成部においては，希望波と遅延波間の初期位相差を検出するため，まず，有効シンボル期間のみを切り取り，SPデータだけを抽出する。このSPデータとSPの規格値を用いて初期位相差を検出するとともに，遅延時間の極性判別（遅れ，進みの特定）を行っている（〔3〕を参照）。

また，電力スペクトル法により，遅延波レベル/希望波レベルと遅延時間の絶対値を得た後，SPから求めた初期位相差と遅延時間の極性を組み合わせて伝達関数 $H(f)$ を生成している。

目的とする等化された時間領域の希望波信号 $s_{eq}(t)$ は，有効シンボル長（1.008 ms）の32倍（約32 ms）で切り取った受信波 $s_r(t)$ をFFTして得られた周波数領域信号 $S_r(f)$ を求めた伝達関数 $H(f)$ で除算し，さらにこの信号 $S_{eq}(f)$ をIFFTすることにより得ている。なお，信号の切り取り時間すなわちFFT長（ウインドウ幅）を有効シンボル長の32倍としている理由は，良好に等化されたシンボル数を増やすためである。

〔2〕 **基本原理** 図3.42に，実際に運用されているモード3における時間領域のOFDM信号列を示す。有効シンボル長 Tu は1.008 ms，有効シンボ

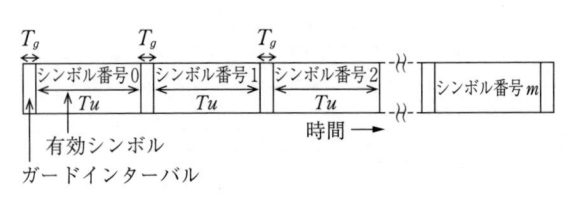

$T_g = 126\,\mu s$, $Tu = 1.008\,ms$

図 3.42 モード 3 における時間領域の OFDM 信号列

ルのデータ数 Nu は 8 192, サンプリング間隔は約 $0.123\,\mu s\,(= Tu/Nu)$, ガードインターバル T_g は $126\,\mu s$ である。前記のように等化は周波数領域で行っており, 周波数領域の受信波を得るための切り取り時間は, 有効シンボル長の整数 (p) 倍（この方式では, $p=32$）としている。したがって, この切り取り時間におけるデータ総数 N_D は, pNu である。

希望波+複数遅延波+雑音の時間領域信号を $s_r(t)$ とすれば, FFT 後の周波数領域信号 $S_r(f)$ は次式で表される（切り取り時間におけるデータ数は N_D 個）。

$$S_r(f) = (1/N_D) \sum_{t=-N_D/2}^{N_D/2-1} s_r(t)\exp(-j2\pi ft/N_D) + N(f) \tag{3.12}$$

ここで, t はサンプリング間隔で基準化した時間（実際の時間 / (Tu/Nu), 式 (3.4) の i に相当, 離散値）, f は離散周波数間隔 (f_0/p ($f_0 = 0.992\,kHz$)) で基準化した周波数（離散値）である。また, $N(f)$ はガウス雑音および遅延時間がガードインターバルを超えることにより生じる**シンボル間干渉** (intersymbol interference, ISI), およびキャリア間干渉（信号波形の不連続性により発生[7]）による雑音電圧の周波数領域信号である。

一方, 複数 (L 個) の遅延波到来時の伝達関数 $H(f)$ は, r_l を l 番目の遅延波レベル/希望波レベル, t_{dl} をサンプリング間隔で基準化した遅延時間, θ_{0l} を初期位相差とすれば, 次式で表される。

$$H(f) = 1 + \sum_{l=1}^{L} r_l \exp\left[j(\theta_{0l} - 2\pi ft_{dl}/N_D)\right] \tag{3.13}$$

等化された周波数領域の希望波信号 $S_{eq}(f)$ は $S_r(f)$ を $H(f)$ で割れば求められ, 次式で表される。

$$S_{eq}(f) = S_r(f)/H(f) \tag{3.14}$$

3.3 等化技術

等化後の時間領域の希望波信号 $s_{eq}(t)$ は，式 (3.14) を IFFT すれば得られ，次式で表される（切り取り時間における周波数の数は，N_D 個）。

$$\begin{aligned}
s_{eq}(t) &= \sum_{f=-N_D/2}^{N_D/2-1} S_{eq}(f)\exp(j2\pi ft/N_D) \\
&= s(t) + \sum_{f=-N_D/2}^{N_D/2-1} (N(f)/H(f))\exp(j2\pi ft/N_D) \\
&= s(t) + n(t) \quad (3.15)
\end{aligned}$$

ここで，$s(t)$ は希望波信号，$n(t)$ は等化後の時間領域の希望波信号 $s_{eq}(t)$ に含まれる雑音電圧である。上式に示すように，等化後の時間領域においても $n(t)$ が存在するが，$n(t)$ のビット誤り率への影響がガウス雑音と同じとすれば，信号電力（$s_{eq}(t)$ の電力）/ 雑音電力（$n(t)$ の電力），すなわち，CNR が 20.1 dB 以上であればシンボル判定処理と誤り訂正により，受信が可能である[7]。

ただし，式 (3.13) から明らかなように，$H(f)$ を求めるためには r_l，t_{dl}，θ_{0l} を知る必要があるが，SP を用いた遅延プロファイル測定では 168 μs を超えた遅延時間は測定できない。一方，電力スペクトル法による遅延プロファイル測定では，遅延時間が 1 ms の範囲を超えても遅延時間の絶対値と遅延波レベルの測定は可能である。

そこで，r_l，$|t_{dl}|$ は電力スペクトル法のアルゴリズムにより，θ_{0l} と遅延時間の極性（遅れ，進み）については〔3〕で述べる方法で求める。

〔3〕 **初期位相差および遅延時間の極性検出方法**　ここでは，L 個の遅延波のうち，任意の l 番目の遅延波における初期位相差 θ_{0l} および遅延時間の極性（遅れ，進み）の検出方法について述べる。

まず，θ_{0l} は SP を用いて求めている。図 3.43 に示すように SP は周波数方向に 12 シンボルに 1 本，時間方向には 4 シンボルに 1 本の割合で間欠的に配置されている。

時間方向のシンボル番号を m，Nu を有効シンボル期間のデータ総数，周波数方向のキャリヤ番号を k（〔2〕では f（離散周波数間隔 = 0.992 kHz / 32）

140   3. OFDMを用いた地上ディジタル放送技術

周波数方向のキャリヤ番号

時間方向のシンボル番号

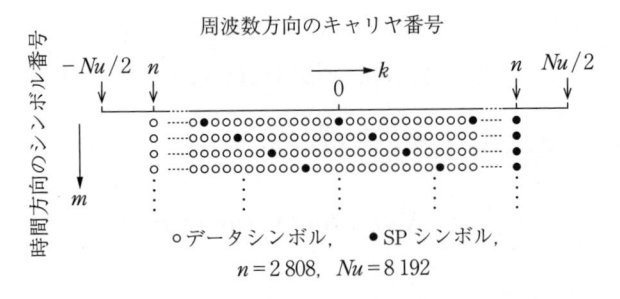

○データシンボル，●SPシンボル，
$n = 2\,808,\ Nu = 8\,192$

図3.43 SPシンボルの配置

を用いたが，ここでは，切り取り時間が有効シンボル長（1.008 ms）であるため k とする）とすれば，受信波の任意のシンボル m における周波数領域信号 $S_r(m, k)$ は次式で表される．

$$S_r(m, k) = (1/Nu) \sum_{t=t_0}^{t_0 + Nu - 1} s_r(t) \exp(-j2\pi kt / Nu) \tag{3.16}$$

ここで，$t_0 = m(9Nu/8)$（ガードインターバルを含めたシンボル長は有効シンボル長の9/8倍であるため）である．

式（3.16）にはデータとSPが含まれているが，初期位相差 θ_{0l} の検出にはSPだけを用いるので，以下においてはSPが存在するキャリヤ番号 k_p だけで行う．

希望波のSPシンボルの周波数領域信号を $S(m, k_p)$，ガウス雑音電圧およびシンボル間干渉，キャリヤ間干渉により生じる雑音電圧（ガウス雑音と同じと仮定）の和を $N(m, k_p)$ とすれば，次式が成り立つ．

$$S_r(m, k_p) = S(m, k_p)\left(1 + \sum_{l=1}^{L} r_{pl} \exp\left[j(\theta_{01} - 2\pi k_p t_{dl}/Nu)\right]\right) + N(m, k_p) \tag{3.17}$$

ここで，r_{pl} は遅延時間の遅れあるいは進みにより生じるシンボル間の干渉により低下する遅延波レベル，t_{dl} はサンプリング間隔で基準化した l 番目の遅延波の遅延時間である．

式（3.17）を $S(m, k_p)$ で除した $S_r(m, k_p)/S(m, k_p)$ はSPを用いて検出した伝達関数であり，これを $H(m, k_p)$ とすれば，次式が成り立つ．

$$H(m,k_p)-1 = \sum_{l=1}^{L} r_{pl}\exp\bigl[j(\theta_{0l}-2\pi k_p t_{dl}/Nu)\bigr] + N(m,k_p)/S(m,k_p) \tag{3.18}$$

式 (3.18) から $r_{pl}\exp(j\theta_{0l})$ を求める場合, 雑音項があるため, 単一の k_p における値だけでは精度よく求めることができない. そこで平均化することにより, 誤差を除去して求める.

L 個のうち任意の q 番目の遅延波の遅延時間を t_{dq} とし, 式 (3.18) の両辺に $\exp(j2\pi k_p t_{dq}/Nu)$ を掛け, すべてのキャリヤ (SP) を加算すれば次式を得る.

$$\sum_{k_p=-n}^{n}\bigl[(H(m,k_p)-1)\exp(j2\pi k_p t_{dq}/Nu)\bigr]$$
$$=\sum_{k_p=-n}^{n}\sum_{l=1}^{L}\bigl(r_{pl}\exp\bigl[j(\theta_{0l}-2\pi k_p(t_{dl}-t_{dq})/Nu)\bigr]$$
$$+(N(m,k_p)/S(m,k_p))\exp(j2\pi k_p t_{dq}/Nu)\bigr) \tag{3.19}$$

式 (3.19) において右辺第 1 項の $\exp(-j2\pi k_p(t_{dl}-t_{dq})/Nu)$ は k_p の変化に対して半径 1 の円周上を回転するので, $t_{dl}\neq t_{dq}$ の場合の平均は 0 となり, $t_{dl}=t_{dq}$ の場合はすべての k_p において 1 となる. 第 2 項においては, t_{dq} は 0 でないため, 上記と同様に k_p の変化に対して半径 1 の円周上を回転し, 平均は 0 となる.

以上から次式が得られる.

$$\sum_{k_p=-n}^{n}(H(m,k_p)-1)\exp(j2\pi k_p t_{dq}/Nu)=(2n/12)r_{pl}\exp(j\theta_{0l}) \tag{3.20}$$

なお, 係数が $2n/12$ となっているのは, 加算を SP だけで行っており, SP は周波数方向に 12 本に 1 本配置されているためである.

式 (3.20) を変形すれば, 次式が得られる.

$$r_{pl}\exp(j\theta_{0l})=(12/2n)=\sum_{k_p=-n}^{n}(H(m,k_p)-1)=\mathrm{Re}+j\mathrm{Im} \tag{3.21}$$

$r_{pl}\cos\theta_{0l}=\mathrm{Re}$, $r_{pl}\sin\theta_{0l}=\mathrm{Im}$ であるから, 初期位相差 θ_{0l} は $\tan^{-1}(\mathrm{Im}/\mathrm{Re})$ で求められる.

t_{dl} の極性 (遅れ/進み) 判別については, 式 (3.19) において t_{dq} が真の極性の場合は式 (3.20) に示す値を持つが, 逆極性の遅延時間の場合 ($t_{dl}=-t_{dq}$)

は0となるので、$\pm t_{dq}$ の二つのケースについて計算を行い、計算結果を比較すれば判別可能である。

なお説明は省くが、θ_{0l} が検出可能な遅延時間の範囲は $r_{pl} > 0$ となる条件（4.1節）から求められ、遅れの場合は $(Nu + t_g)$ 未満、進みの場合は Nu 未満の時間となる。

〔4〕 **性能**　この章では性能を検証するためのシミュレーション結果について記述する。切り取り時間 pTu は前記のように有効シンボル長の32倍（約32 ms）としている。また、θ_0（初期位相差）は45°（遅延波が2波の場合も同じ値）、入力信号のCNRは50 dBである。

図3.44に r（遅延波レベル/希望波レベル）= -2.5 dB、遅延時間=0.9 ms の遅延波が到来した時の等化前と等化後のコンスタレーション（切り取ったシンボルのうちほぼ中央部にあたる12番目のシンボル）を示す。等化前に比べて、等化後のCNRは37 dBと大幅に改善されている。

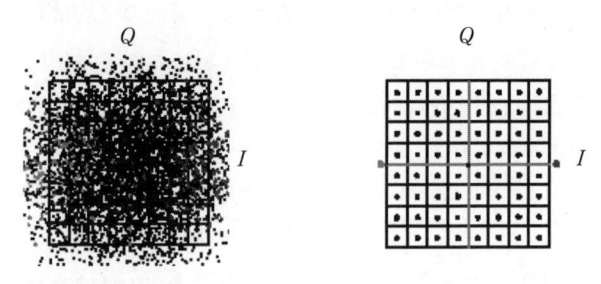

（a）等化前（C/N=5.6 dB）　　（b）等化後（C/N=37 dB）

図3.44　遅延波レベル / 希望波レベル = -2.5 dB、遅延時間=0.9 ms の遅延波が到来したときの等化前と等化後のコンスタレーション

図3.45は、遅延波が2波［1番目の r_1（遅延波レベル/希望波レベル）= -6 dB、遅延時間=150 μs、2番目の r_2 = -10 dB、遅延時間=0.9 ms］の場合の等化前と等化後のコンスタレーション（12番目のシンボル）を示す。両遅延波とも遅延時間はガードインターバル長あるいは±168 μsを超えているが、遅延波が1波の場合と同様に良好に等化されている。

なお、本方式においてはガードインターバルが機能しないため、遅延時間が

(a) 等化前　　　　　　（b) 等化後

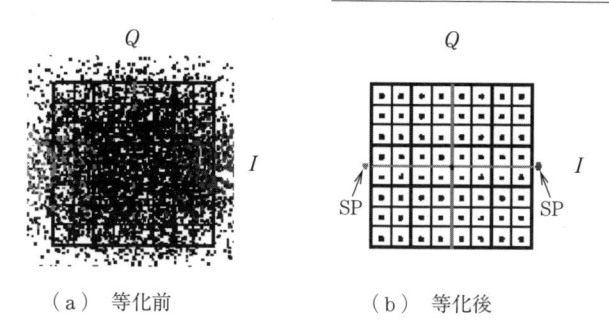

図 3.45 遅延波が 2 波の場合の等化前と等化後のコンスタレーション（遅延時間が 150 μs と 0.9 ms）

長く（1 ms 程度），かつ遅延波レベルが希望波レベルに近い場合は，周波数領域の信号を時間領域信号に戻したときシンボル間の干渉により最初と最後の方のシンボルについて CNR が劣化する．しかしながら，切り取り時間を有効シンボル長の 32 倍とすれば，残りのシンボルでは良好な信号を得ることができる（シンボル番号 7 以上では $C/N \geqq 26$ dB）．

以上から，2 台の等化器を用い，CNR が低いシンボルは除去して，良好なシンボルのみを利用すれば，すべてのシンボルについて CNR が 20.1 dB 以上（受信可能）[7] の連続信号を得ることができる．

3.3.3　時間領域での等化（低遅延マルチパス等化技術）

前述のように放送波中継においては，地形などにより生じるマルチパスや SFN 局からの電波によって受信信号品質が劣化する場合があるため，受信点と送信点を分離してこれらの影響を抑える[7] か，等化器により改善を図るなどの対策が必要となる．

等化器により対策を行う場合，受信機で使用されているような周波数領域処理型を使用した時は，FFT 後の処理となるため信号処理時間が 8 ms 程度（IFFT 処理を含む）とガードインターバル（126 μs）に比べてはるかに長く，SFN 混信（シンボル間の干渉）が生じてしまう．このため，このような場合にも適用できる時間領域処理型低遅延マルチパス等化器が開発されている[51]．

図 3.46 に装置の構成を示す。受信波 $s_r(t)$ はマルチパスおよびフェージングの影響を受けた信号であり，親局送信波（ひずみなしの信号）を $s(t)$，伝送路のインパルス応答を $h(i)$ とすれば次式で表される（下記のコラム参照）。

$$s_r(t) = \sum_{i=-\infty}^{\infty} (h(i)s(t-i)) + n(t) = h(t) \otimes s(t) + n(t) \qquad (3.22)$$

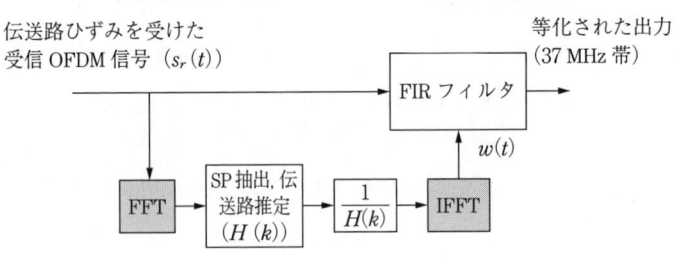

k：キャリヤ番号，$H(k)$：伝達関数，$w(t)$：フィルタ係数(推定値)

図 3.46 低遅延マルチパス等化器の構成

ここで，$\otimes$ は**畳込み演算子**（convolution operator），$n(t)$ はガウス雑音電圧である。

この $s_r(t)$ を FFT することにより得た SP により伝送路特性（伝達関数）$H(k)$（k はキャリヤ番号）を推定した後，$1/H(k)$ を求める。

〔コラム〕 **FIR フィルタの基本原理**

図1 に FIR フィルタの基本構成を示す。入力信号を $x(m)$，フィルタ係数を $h(0) \sim h(L)$ とすれば，出力信号 $y(m)$ は次式で表される。

$$y(m) = \sum_{i=0}^{L} h(i)x(m-i) = h(i) \otimes x(m-i)$$

D：遅延器

$$y(m) = \sum_{i=0}^{L} h(i)x(m-i) \text{（出力）}$$

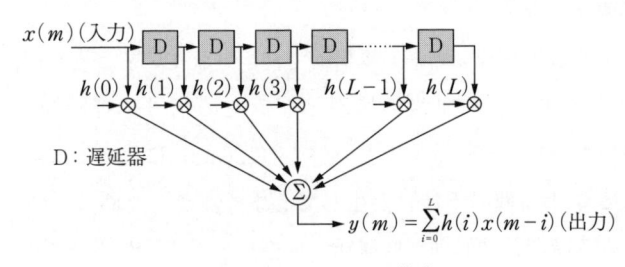

図1 FIR フィルタの構成

3.3 等化技術

図2のように，遅延器（D）に周波数 f の正弦波 $x(m) = \exp(j2\pi f\Delta t m)$ を入力した場合の遅延器出力 $x(m-1)$ は，$x(m-1) = \exp(j2\pi f\Delta t(m-1)) = \exp(-j2\pi f\Delta t)\,x(m)$ となる（1サンプル遅延）。ここで，Δt はサンプリング間隔である。以上から FIR フィルタ出力 $y(m)$ は，以下の式で表される。

$$y(m) = (h(0) + h(1)\exp(-j2\pi f\Delta t) + \cdots + h(L)\exp(-j2\pi f\Delta tL))\,x(m)$$

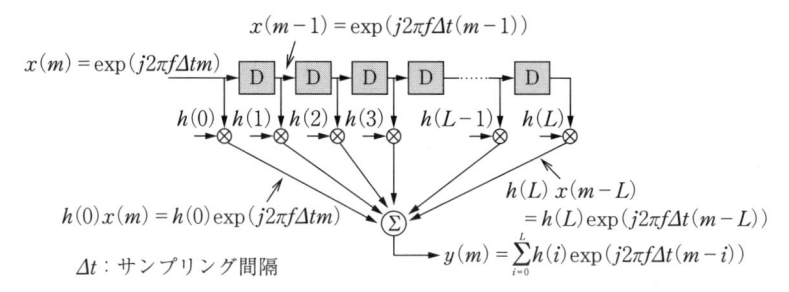

図2 FIR フィルタの構成（正弦波入力の場合）

$y(m)/x(m)$ は入出力間の周波数特性（伝達関数）を表すことから，これを $H(f)$ とおけば次式が得られる。この式はフーリエ級数と同じ形となる。

$$H(f) = \sum_{i=1}^{L} h(i)\exp(-j2\pi f\Delta t i)$$

フィルタ係数 $h(i)$ は式の両辺に $\exp(j2\pi f\Delta t i)$ を掛けて，$-1/(2\Delta t) \sim 1/(2\Delta t)$ 間（帯域幅）で積分すれば求められ，次式を得る。これは逆フーリエ級数の形となっている。

$$h(i) = \Delta t \sum_{f=-1/(2\Delta t)}^{1/(2\Delta t)} H(f)\exp(j2\pi f\Delta t i)\,df \qquad (*)$$

すなわち，周波数特性がわかればフィルタの設計が可能となる。

例えば，図3のように帯域内で周波数特性が平坦なフィルタを実現するために必要なフィルタ係数は，$H(f) = 1$ を式（*）に代入すれば求められ，sinc 関数となる。

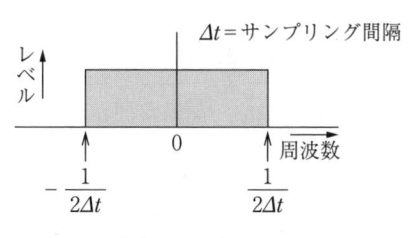

図3 $H(f) = 1$ のときのスペクトル

FIR フィルタ（finite impulse response filter）の係数 $w(t)$（推定値）は，前ページのコラムの式（＊）の $H(f)$ を $1/H(k)$ に置き換えれば求めることができるため，伝送路に雑音がないと仮定すれば次式が得られる。

$$w(t) = \text{IFFT}[1/H(k)] \tag{3.23}$$

$$s_{eq}(t) = s_r(t) \otimes w(t) = h(t) \otimes s(t) \otimes w(t) \tag{3.24}$$

すなわち，$H(k)$ が正しく推定され，$h(t) \otimes w(t) = 1$ が成り立てば等化器出力 $s_{eq}(t)$ は親局送信波 $s(t)$ と等しくなる。信号がフィルタを通過する時間は μs 単位であるため，周波数領域処理型に比べて信号処理時間を大幅に短縮することができる。ただし，FFT 処理をしないのでシンボル判定処理は不可能であり，CNR の改善は望めない。

なお，以上は説明を容易にするためフィルタ係数の数を ∞ としているが，実際には有限となる。フィルタ係数の数が増えると回路規模が大きくなるため，最適な設計が必要となる。特に DU 比（希望波レベル／遅延波レベル）が小さいほど，マルチパスの遅延時間が長いほど，十分な数のフィルタ係数が必要となる。この装置では 4 096 個を使用することにより 113 μs の遅延時間の遅延波（DU 比：8 dB）においても 35 dB 以上の等価 CNR を得ている。

表 3.9 に示すパラメータ値の OFDM 信号を入力したときの装置の性能としては，以下が得られている。

表 3.9 OFDM 信号のパラメータ

項目	内容
モード	モード 3
セグメント数	13
キャリヤ変調方式	64 QAM
ガードインターバル	126 μs
時間インタリーブ，誤り訂正	なし

① 遅延波（1 波）の DU 比が 8 dB，遅延時間が 113 μs のビット誤り率はマルチパスがないときと同程度。
② 信号処理時間は装置入出力間で 16.6 μs で，マルチパスの状態に無関係。
③ 周波数偏差が 1 Hz の遅延波（1 波）到来時の特性（動特性）は，DU 比

が 12 dB, 遅延時間が 113 μs においてマルチパスがないときと同程度。

3.4 高速移動受信

車など移動体に取り付けたアンテナで電波を受信する場合は図 3.47 に示すように直接波に加え,ビルなどにより反射された遅延波の影響で受信波にひずみ(帯域内および時間軸での振幅・位相の変動)が発生する。

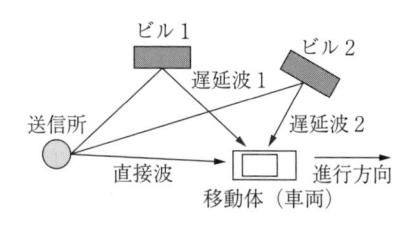

図 3.47 移動受信における遅延波の到来[52]

低速移動時においては 3.3.1 項で述べたように OFDM 信号に挿入されているパイロット信号(SP)によりひずみ等化が行われ,正常に受信できるが,高速道路走行時の受信や新幹線での受信などにおいては SP シンボル間(約 4 ms)で急速なレベル・位相変動が生じるため,直線補間では誤差が大きくなり,受信が困難となる。また,**ドップラーシフト**により発生する ICI(キャリヤ間干渉)も大きな問題となる。

一般的に 64 QAM 変調において受信可能なドップラーシフト Δf_D はキャリヤ間隔の 2.5 % 程度[53]とされており,地上ディジタル放送のキャリヤ間隔は 0.992 kHz であるから,$\Delta f_D = 24.8$ Hz となる。

このように周波数がずれても 1 波だけであれば,受信機側でガードインターバル相関による **AFC**[7](automatic frequency control,自動周波数補正)を行えば正しく受信できる。しかし,遅延波が到来する場合は,それぞれ異なったドップラーシフトを受けている波を受信することとなる。この場合は,受信機は最も電界が高い波に同調することから,他の到来波とは周波数がずれてしま

い，信号劣化の原因となる（ICIが発生）．

ドップラーシフト Δf_D と移動速度 v [m/s] との関係は，キャリヤ周波数を f_c [Hz]，光速を c とすれば，次式で表される．

$$\Delta f_D = \pm f_c v/c \tag{3.25}$$

式(3.25)より地上ディジタル放送に割り当てられた最も高いキャリヤ周波数 f_c である710 MHzにおける移動速度 v を求めると，時速38 kmが限界となる．

このような状況下において64 QAM変調されたハイビジョン放送を車など高速移動体で安定に受信するためには，**ダイバーシティ受信**（diversity reception）による等化（帯域内におけるレベル・位相変動の補正），SPによる等化の高精度化（時間軸における急激な変動の等化），アンテナの切り替えおよび指向性を利用した遅延波のレベル抑圧（ICI対策）などが有効であることが報告されており[53)~56)]，これら対策の概要について述べる．

3.4.1　ダイバーシティ受信（帯域内におけるレベル変動の補正）

フェージング環境において安定に受信する方法として複数のアンテナを用いて受信信号の選択・合成を行う**スペースダイバーシティ**（space diversity）技術がある．OFDM信号のスペクトルは周波数軸上において平坦な状態で送信されるが，マルチパスの影響により**ディップ**（dip，帯域内のある周波数におけるレベルの低下）が発生し，ディップが生じている周波数においては受信が困難となる．

この対策としては図3.48のように空間的に離した（1/2波長以上）2系統のアンテナからの信号を周波数軸上に配置されたキャリヤごとに合成し，ディップ部分を補完することが有効と考えられ，文献53)においては，ダイバーシティなしの場合は30 %であった受信率が，ダイバーシティありでは90 %に改善されている．

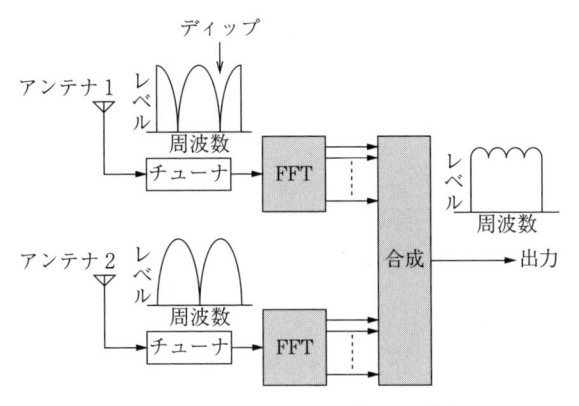

図 3.48　ダイバーシティ受信部の構成

3.4.2　SP による等化の高精度化

　地上ディジタル放送では，3.3.1 項で述べたように SP を利用して時間軸，周波数軸における振幅・位相の変動を補正している．しかしながら，SP は時間方向には 4 シンボルに 1 本の割合でしか挿入されていないため，直線補間方式の場合は隣り合う SP 間において図 3.49 のような急激な変化（落ち込み）が発生した場合は変動量との誤差が大きくなり，信号劣化が生じる．この変化は高速になるほど発生しやすくなるため，良好に受信することが困難となる．

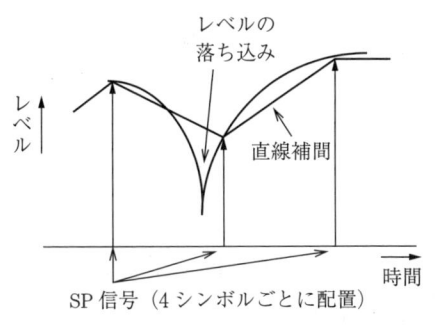

図 3.49　高速移動受信時に生じるレベルの落ち込み

　このため，直線補間方式に代えて，①斜め補間，②FIR フィルタによる補間などを用いて等化の精度を高める方式，③1 シンボル補間（時間方向補間なし）が報告されている[55),56)]．図 3.50 にこの補間方式の系統を示す．

　斜め補間法は図 3.51 に示すように同じ周波数位置で 4 シンボルごとに現れ

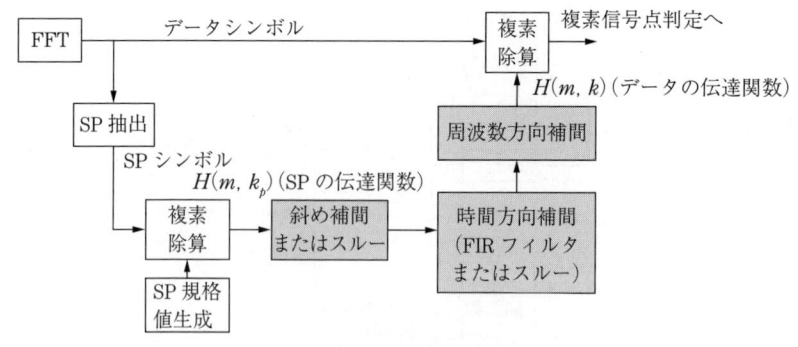

150   3. OFDM を用いた地上ディジタル放送技術

図3.50 高速移動受信時の補間方式

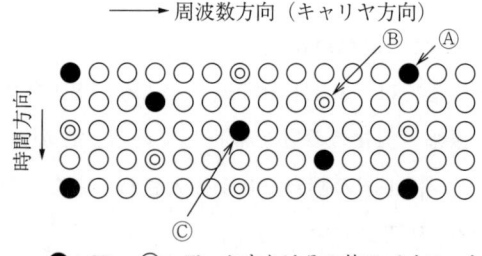

k_p：SP が存在する周波数番号

● : SP　　○ : データまたはその他のパイロット
◎ : 斜め補間により求めたシンボル

図3.51 SP の配置と斜め補間法

る SP の中点の補間を周波数位置が異なる SP により補間する方法である（例えば，ⒶとⒸからⒷを生成）。これにより，同じ周波数位置において時間方向には2シンボルごとに SP が存在することと等価となり，直線補間に比べて高速移動時の精度が高まる。

FIR フィルタによる補間法は3.3.3項で述べたように，受信信号を FFT することにより得た SP により伝送路の伝達関数を推定した後，FIR フィルタで補正のための信号を発生させ，複素除算により補正を行う方式である。文献53) においては，この FIR フィルタのみの効果で約 20 km/h の速度改善がなされている。

1シンボル補間法は，時間方向の補間を行わずに，1シンボル内の12キャリ

ヤごとの SP のみを用いて伝送路特性の推定を行う方法である。4 シンボルを用いる方式に比べて周波数方向の推定精度は劣化する（等化可能な遅延時間は 84 μs（= 336 μs×3/12））が，高速移動受信時の推定誤差を低減できる。

ダイバーシティ受信と併用した場合，最大ドップラー周波数 180 Hz（UHF 34 ch に換算の移動速度で約 324 km/h）までは，斜め補間と FIR フィルタを組み合わせた方式と斜め補間のみを用いた方式が最も高速受信に適しているとされている。しかしながら，200 Hz 以上では FIR フィルタの補間誤差が大きくなり，時間方向補間なしや斜め補間のみのほうが優れた結果となっている。

3.4.3　キャリヤ間干渉対策

アンテナに指向性がない場合はあらゆる方向からの電波が受信されるため，前記のように異なるドップラーシフトを持つ高レベルの遅延波が受信され，キャリヤ間干渉（ICI）が生じる。ドップラーシフトは式 (3.30) から移動速度 v [m/s] に比例するため，高速になるほど広がりが大きくなり，ICI の影響は深刻となる。すなわち，このような多重ドップラー環境においては，前記のように AFC が有効に動作せず信号劣化の原因となる。この影響を抑えるためには指向性を持たせ遅延波の受信レベルを抑えて，AFC 機能を利用することが最も効果的である。

文献 53) においては，図 3.52 のように車の前方フロントガラスと後方リアガラスに指向性アンテナを設置し，改善を図っている。この場合，前方指向性アンテナはルーフ前端による反射，後方指向性アンテナはルーフ後端ほかによ

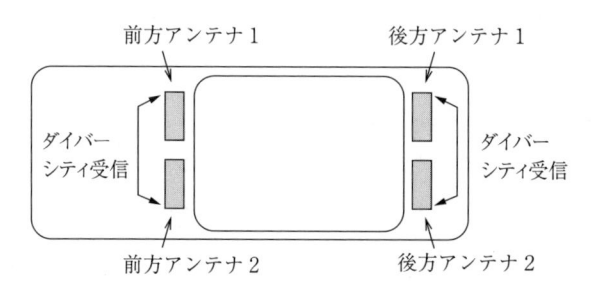

図 3.52　車における受信アンテナの配置（イメージ）

る反射を利用しており，無指向アンテナ時の受信率65％に対して，指向性切り替えを行うことで受信率は90％となったとされている．

キャリヤ間干渉を低減させるための別のアプローチとしては，ドップラーシフトにより生じたICIを除去する**ゼロフォーシング**（zero-forcing）型と**MMSE**（minimum mean squared error）型キャンセラが提案されている[57],[58]．ゼロフォーシング型は，遅延プロファイルとドップラーシフトを同時に推定し，推定したパラメータにより生成した**伝送路行列**（channel matrix）の逆行列を受信信号に乗ずることによりICIを除去する方式である．

MMSE型は名前が示すとおり，希望データシンボルと受信信号の2乗誤差が最小になるような処理を行い，パラメータを推定する方式である．

ただし，上記の両方式とも一般的なやり方では伝送路行列の生成およびそれを乗じる際の計算量は大きく，ハードウェアが複雑となるため，計算を簡略化し，より簡単なハードウェアで実現させる手法の検討が進められている．

3.5 OFDM信号の測定技術

3.2節では送信機として必要とされる性能項目について触れたが，本章では文献59)～62)をもとにこれら性能の具体的な測定法について述べる．

本測定法の大きな特徴は，放送の24時間化（放送休止なし）に対応するため，できる限り実際の放送波を用いた測定（放送中の測定）が可能となるように考慮されている点である．

また，ディジタル放送ネットワークがアナログ放送と大きく異なる点は

① SFNの管理が必要

② クリフエフェクト発生の防止

の2点が挙げられる．このため，ネットワークの保守・管理用のさまざまな新しい測定技術が提案・実施されており，これらについても説明を行う．

測定用試験信号としては，TS信号（または同等の信号），あるいはOFDM信号（伝送パラメータは**表3.10**のとおり）を用いる．また，BER（ビット誤

3.5 OFDM 信号の測定技術

表 3.10 測定用 OFDM 信号および伝送パラメータ

項目	内容
測定用 OFDM 信号	BER（ビット誤り率）測定時は，擬似ランダム信号（PRBS）で変調した OFDM 信号を使用。
伝送パラメータ	モード 3，キャリヤ変調方式は 64QAM，畳込み符号化率は 7/8 または 3/4，ガードインターバルは 126 μs（有効シンボル長の 1/8）。
BER 測定時の設定	復調器の外符号（リードソロモン符号）を off とし，ビタビ復号のみ動作させる。

り率）測定時の変調信号は ITU-T Rec.O.151 で規定されている**擬似ランダム信号** [PRBS (pseudorandom binary (bit) sequence) $2^{23}-1$] とする。

なお，放送ネットワークの遅延時間測定用には，以下の補助信号を用いることができる。

- 基準信号（10 MHz あるいは 512 MHz/63 (≒8.127 MHz，サンプリング周波数)）
- 1 pps (pulse per second) 信号（GPS から）
- TS 信号におけるフレーム同期信号
- OFDM 信号におけるフレーム同期信号（図 3.24 参照）

〔1〕**信号電力（送信電力）** 電力計またはスペクトルアナライザで測定する。スペクトルアナライザの場合，測定帯域幅は 5.6 MHz とし，帯域内の平均電力を測定する。このとき **VBW** (video band width，ビデオ帯域幅) は 300 kHz とする。

なお，OFDM 信号は瞬時的に 10 倍以上の電力が発生するため，この現象が測定系に与える影響について考慮しておく必要がある。

〔2〕**周波数偏差** 放送ネットワーク，特に SFN においては周波数管理が非常に重要である（±1 Hz 以内が必要）。一般的に用いられる周波数カウンタではマルチキャリヤである OFDM 波を直接測定できないため，**図 3.53** に示すようなガードインターバル相関等を利用した専用の測定器を使用する必要がある[7]。放送波を測定することが困難な場合は，送信所の局部発振器（受信周波数変換用，送信周波数用）周波数を測定する。

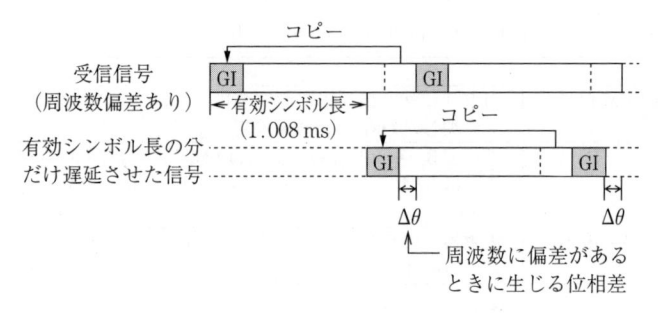

```
            コピー
受信信号      ┌──────┐
          GI │      │ GI
（周波数偏差あり）├有効シンボル長┤
              (1.008 ms)    コピー
                          ┌──────┐
有効シンボル長の分              GI │      │ GI
だけ遅延させた信号
                          Δθ      Δθ
                          ↑ 周波数に偏差がある
                            ときに生じる位相差
```

図 3.53 キャリヤ周波数偏差の測定原理

〔3〕 **占有周波数帯幅**　送信機出力にスペクトルアナライザを接続し，送信電力の 99 % を占める周波数帯域幅（規格は 5.7 MHz[†] 以内）を測定する。このときに注意すべきことはスペクトルアナライザの設定であり，**表 3.11** に示すように **RBW**（resolution band width，分解能帯域幅）は 10 kHz，VBW は 300 Hz 以下とする。

表 3.11 スペクトルアナライザの設定

項目	測定中心周波数	スパン (span)	分解能帯域幅 (RBW)	ビデオ帯域幅 (VBW)	検波モード
占有周波数帯幅	変調波中心周波数	20 MHz	10 kHz	300 kHz 以下	正ピーク検波
振幅周波数偏差	変調波中心周波数	6 MHz	30 kHz	300 kHz	正ピーク検波

〔4〕 **振幅周波数偏差**　OFDM 信号の振幅周波数特性が帯域内で平坦であることを利用して，送信出力の OFDM 変調波をスペクトルアナライザで測定する。この方法を用いれば試験信号の挿入は不要であり，放送中でも測定が可能である。

なお，f_c（中心周波数）±2.79 MHz 付近では RBW を通過するキャリヤ数が減るため，誤差が生じることに注意を要する。スペクトルアナライザの設定は表 3.11 に示すように RBW は 30 kHz，VBW は 300 Hz とする。

〔5〕 **MER およびコンスタレーション**　伝送信号に含まれる雑音・ひずみなどの影響を把握するために行うものである。**MER**（modulation error

---

[†] 99 % の電力が含まれる帯域は 5.61 MHz であり，この 0.01 MHz を切り上げて 5.7 MHz としている。

3.5 OFDM信号の測定技術

ratio, 変調誤差比)測定器を利用すればMERおよびコンスタレーションが目視できるため, クリフエフェクトにより受信不可となるまでのマージンを把握でき, 障害が発生した場合の原因究明用ツールとして有用である。

ここで, MERとは図3.54に示すように, 64 QAMなどの変調信号を復調して$I-Q$平面に展開した際の, 理想コンスタレーションポイントと, そこからのベクトル誤差との電力比のことで, 復調コンスタレーションポイントが図に示す一つの正方形の範囲に正しくマッピングされる場合, MERの値はガウス雑音時のCNRにほぼ等しくなる[7]。

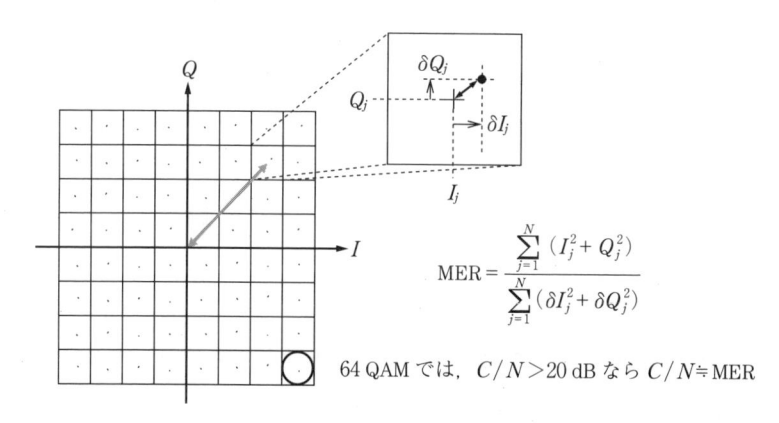

$$\text{MER} = \frac{\sum_{j=1}^{N}(I_j^2 + Q_j^2)}{\sum_{j=1}^{N}(\delta I_j^2 + \delta Q_j^2)}$$

64 QAMでは, $C/N > 20$ dB なら $C/N \fallingdotseq$ MER

図3.54 MER測定の原理

図3.55は64 QAM-OFDM信号を復調したときの測定例である。**総合MER**(conventional MER)は, 20.01 dBで, 受信限界値のCNR (20.1 dB) ぎりぎりの状態となっていることが一目でわかる。

なお, 図に示すようにMERには総合MERと階層MER (layer MER) の2種類があるので注意を要する。総合MERはSPなどパイロット信

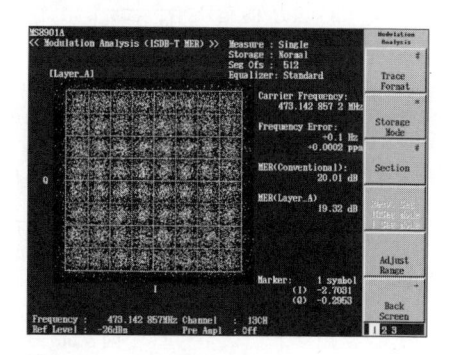

図3.55 ガウス雑音が加わったときのMERおよびコンスタレーション

号を含む全キャリヤを測定しているのに対し，階層 MER はデータキャリヤのみを測定しているため，図においては総合 MER の方が約 0.7 dB 高い値となっている[†]。

また，図 3.55 には周波数偏差も表示されており（+0.1Hz），この測定器を使用すれば放送中でも周波数測定が可能であることがわかる。

〔6〕 **BER**（**ビット誤り率**）　　フィールドまたは放送波中継局での信号劣化状況を評価するために行う。ディジタル伝送においては雑音，ひずみ，マルチパスなどあらゆる劣化状況に対する評価はすべて BER（あるいは等価 CNR）に集約できるため，重要な項目である。

測定方法としては，以下の 3 種類がある。なお，測定時には **RS 符号**（Reed-Solomon code）による訂正は off とし，**ビタビ復号**（Viterbi decoding）のみを動作させる。

〔a〕 **ヌルパケットを利用した方法**　　TS 信号に含まれているヌルパケットを利用する方法で，放送中に測定可能である。**図 3.56** に示すビタビ復号後（RS 訂正前）と RS 訂正後の BER を測定できる。

〔b〕 **簡易 BER による方法**　　エラー訂正数などを利用して BER を測定

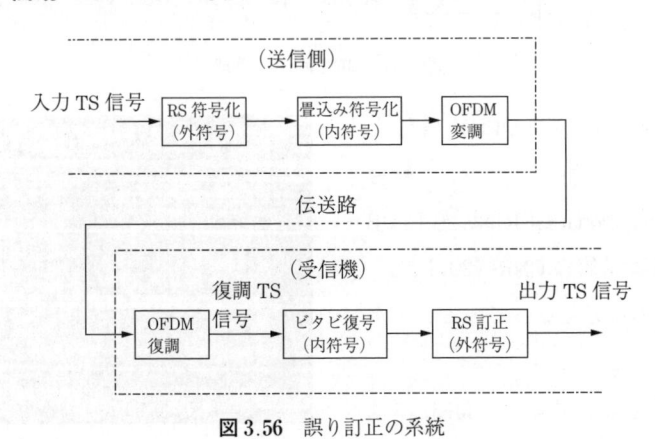

図 3.56　誤り訂正の系統

[†] SP などパイロットキャリヤのレベルが，データキャリヤに比べて 4/3 倍（+2.5 dB）のためである。

する方法で，簡易 BER の測定が可能な LSI の系統例[7]に示されているように誤り訂正なしの状態とビタビ復号（RS 訂正前）の BER が測定できる。放送中に測定可能であるが，誤り訂正ができない信号については正しい値が得られないので注意が必要である。

〔c〕 **PRBS による方法**　PRBS による BER 測定は測定用のパターンを送信側から送る必要があるため，放送中に測定することはできない。また，試験用の信号発生器が必要となる。

〔7〕 **遅延プロファイル（delay profile）**　マルチパス等により到来する遅延波のレベルと遅延時間を測定するためのもので，特に SFN ネットワークの管理に有効である。

この項目は従来の汎用測定器では測定が不可能であるため，専用の測定器が必要である。また，OFDM 信号に含まれる SP を利用する方法ではサンプリング定理から，±168 µs までの遅延時間しか測定できないが，新たに考案された方法により ±1ms 以上の遅延時間まで測定できる装置が開発・実用化されている（詳細は 4.1 節）。

この装置を用いて約 1 ms の遅延波のレベルと遅延時間を測定した例を**図 3.57** に示す。

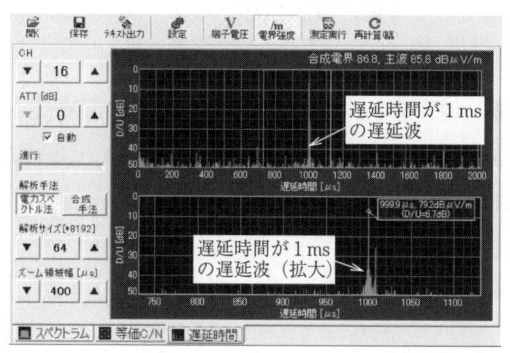

縦軸：D/U（希望波レベル/遅延波レベル），横軸：遅延時間

図 3.57　ガードインターバル超え遅延波の測定例
　　　　　（遅延時間 1 ms）

〔8〕 **同一チャネル波の干渉** 受信波に混入しているアナログあるいはディジタル干渉波の有無，DU比を測定する。干渉波がアナログでDU比が20 dB以下の場合はスペクトルアナライザでも検出できる場合がある。

〔9〕 **スペクトルマスク** ITU（International Telecommunication Union）の**スプリアス発射**[†]（spurious radiation）規定の改正の伴い，無線設備規則においても図3.58のようにスペクトルマスクの規定範囲が±15 MHz（必要周波数の2.5倍）に拡大されるとともに送信電力が0.25 W以下の場合は規制が大幅に緩和された。同時にスプリアスの測定についても平均電力を基準としてRBWを10 kHzとしたときのスペクトルアナライザの指示値で規定するように改定された。

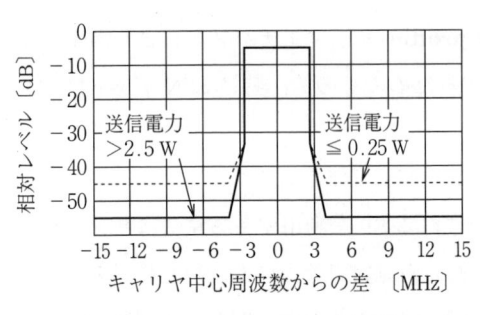

図3.58 スペクトルマスク（改正後）

なお，スペクトルマスクの基準となる帯域内において，10 kHz当り（RBWを10 kHzに設定）の信号電力は平均電力に対し，-27.4 dB $[=10\log(10\,\text{kHz}/5.6\,\text{MHz})]$ となるが，スペクトルアナライザによっては補正値が必要であり，以下の式で補正値を求める。

$$\text{補正値}[\text{dB}] = 27.4\,\text{dB} - (A[\text{dB}] - B[\text{dB}]) \tag{3.26}$$

ここで，$A[\text{dB}]$は$0\,\text{dB}_m$あるいはこれに近い値の**CW**（continuous wave）信号をスペクトルアナライザに入力し，最大のRBWで求めた値，$B[\text{dB}]$は上記CW信号と同じ電力のOFDM信号をスペクトルアナライザに入力し求めた値（RBWは10 kHz）である。

[†] 必要周波数帯域外における1または2以上の周波数の電波であり，そのレベルを情報の伝送に関係なく低減できるもの（高調波，低調波，寄生発射および相互変調積を含み，帯域外発射，すなわち変調の過程で生じる周波数の電波の発射領域は含まない）。スプリアス放射と称されるが，ここでは電波法令に合わせて発射としている。

〔10〕 **スプリアス発射および不要発射**　上記改定に関連して，従来はスプリアス発射のみが規定されていたが，不要発射の項目が新しく導入された．不要発射とはスプリアス発射と帯域外発射（必要周波数帯に近接する周波数の電波の発射で，変調の過程で生じる周波数の電波の発射）をいう．**図 3.59** は地上ディジタル放送波のスペクトルを例として，上記項目の概念を図示したものである．

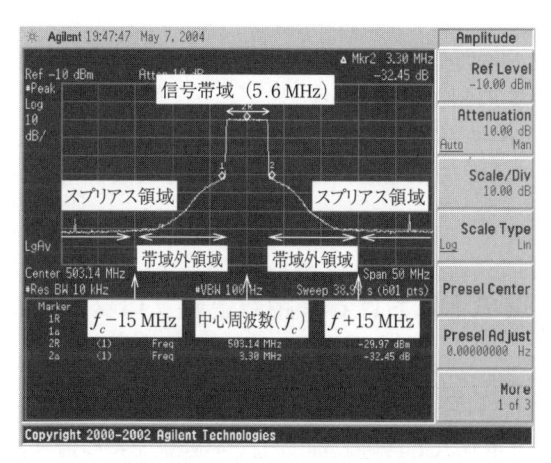

図 3.59　相互変調ひずみ（IMD）による帯域外発射の例

無線設備規則では，帯域外領域（中心周波数から ±15MHz 未満の領域）でのスプリアス発射とスプリアス領域（中心周波数から ±15MHz 以上の領域）での不要発射が規定されているが，帯域外領域でのスプリアスの測定は無変調時しか測定できない．このため，この帯域外発射のみが，放送中に測定できない項目となっている．

4. OFDMを用いたシステムにおける新技術

OFDMを用いたシステムにおいては2,3章で述べた技術のほかにさまざまな新技術が研究開発されている。本章では,それらの例として
① SFN環境下における測定技術
② 海上移動船舶での地上ディジタル放送波の受信技術
③ 長距離光ネットワークを介してディジタル放送波を伝送する技術
について紹介する。

4.1 SFN環境下における長距離遅延プロファイル測定技術

地上ディジタル放送で採用されているSFN環境下の**遅延プロファイル**測定において,1シンボル以上(約1 ms以上)の遅延を持つ遅延波の遅延時間とレベルを精度よく測定できる装置[63),64)]について述べる。

遅延プロファイルの測定とは,到来時間差を持った複数の電波が受信される場合の遅延時間とレベルを測定することである。OFDM信号における従来の遅延プロファイル測定法としては,**SP**(scattered pilot)信号を使用した方法(以下「SP法」という)あるいはOFDM信号をスペクトルアナライザで観測した振幅周波数特性を逆フーリエ変換して分析する方法(以下「スペアナ法」という)などがある。

SFN環境下においては,周波数が同じで,かつプログラムが同一内容の他局電波が到来する。送信局建設時には,エリア内において他局との到来時間差がガードインターバル以内となるように遅延時間を調整するが,OFDM変調器の処理時間の差等により,1 ms以上の到来時間差が生じる場合がある。開局後においても,300 km以上の伝搬距離差がある場合には1 ms以上の遅延時

4.1 SFN 環境下における長距離遅延プロファイル測定技術

間となるが，従来の方法では対応できない．その理由は SP 法およびスペアナ法ともフーリエ変換時の切り取り時間を長く，自由に設定できない方式であることによる．

すなわち，SP 法ではキャリヤを復調して SP 信号を抽出するため切り取り時間（ウィンドウ幅）を有効シンボル長の 1.008 ms とする必要がある．SP の実効的な周波数間隔はキャリヤ間隔の 3 倍であり，FFT（高速フーリエ変換）における周波数離散幅もキャリヤ間隔の 3 倍となる．切り取り時間は周波数離散幅の逆数であり，さらに測定可能な遅延時間は FFT 長/2 であるから測定可能な時間は約 168 µs（≒1.008 ms/6）となる．

スペアナ法においては，周波数離散幅は回路に使用される高周波狭帯域フィルタの通過帯域幅により決まるが，この通過帯域幅（IFFT（高速逆フーリエ変換）時の周波数離散幅）を狭くできないため，その逆数である FFT 長を長く設定することができない．

この装置で採用されている方式（**電力スペクトル法**, power spectrum method）においては，ハードウェアにより時間波形データ（時間領域データ）を取得し，以降は解析プログラムによりデータを FFT して周波数領域データに変換している．さらに電力スペクトルに変換した後，IFFT し，遅延プロファイルを得ている．電力スペクトルを IFFT して遅延プロファイルを得るという点は，従来のスペアナ法と同じであるが，最大の特徴はソフトウェア処理を行うことにより目標の遅延時間に応じて，自由に FFT 長を設定できることにある．これにより測定遅延時間に原理的な制約のない装置を実現でき，目標とする 1 ms 以上の遅延時間差を持つ電波の測定が可能となった．

この装置は，長い遅延時間を持つ電波測定が可能であるという特徴を持つが，入力信号の周波数スペクトルレベルが一定であることを前提としている．しかし実際の OFDM 信号の各キャリヤは，振幅に情報を持つ 64 QAM 信号等によって変調されているため，そのスペクトルレベルは周波数に対して一定ではなく，平均電力と平均電力との偏差の和とみなすことができる．この偏差は，平均値が 0 でランダムな値をとるため，ガウス雑音と同じ特性となり，平

均電力に雑音が重畳された場合と等価とみなせる。したがって，IFFT出力は，全時間領域に雑音が重畳された波形となり，低レベルの遅延波の測定が困難となる。

また，電力スペクトルに変換するという非線形（2乗特性）動作により不要なインパルスが発生する。また，この装置は1 ms以上の遅延時間を測定するためFFT長をこの2倍以上とする必要があることから，ガードインターバル（126 μs）が機能せず，隣接シンボル間干渉により，遅延波レベルの低下，等価CNRの劣化などが生じ，誤差となる。このため，これら誤差の発生メカニズムを明らかにするとともに，雑音に埋もれて信号の検知が困難な状態でもFFT長を長くすることにより，低レベルの遅延波の測定が可能であること，遅延波が複数の場合でも測定が可能であることも示した。

なお，この電力スペクトル法はOFDM信号を位相情報を持たない振幅データとして取り扱っているため，遅延波の極性（時間の遅れ，進み）は判別できない。このため，実用装置ではSPを用いた伝達関数法と組み合わせることにより，極性判別も可能としている。

この装置を用いれば，1 ms以上の遅延時間を持ち，かつ低レベル（遅延波レベル/主波レベルの目標値：−40 dB以上）の電波測定が可能となり，SFN中継局の建設・運用保守時に有効である。ここで，主波とは受信波の中で最もレベルが高い波（通常は希望波）をいう。

4.1.1 電力スペクトル法の概要

系統を図4.1に示す。受信したOFDM波を同期検波した後，A−D変換し，信号の時間領域のデータを得ている（ここまではハードウェア，以後はすべてソフトウェアで処理）。つぎにFFTにより受信波（主波＋遅延波）のスペクトルを求め，電力スペクトルに変換した後，IFFTすることにより遅延プロファイルを得ている。

その後，遅延波レベルおよび主波レベルを得る演算を行い，原理上生じる誤差の補正を行った後，周波数スペクトルおよび遅延プロファイルをディスプレ

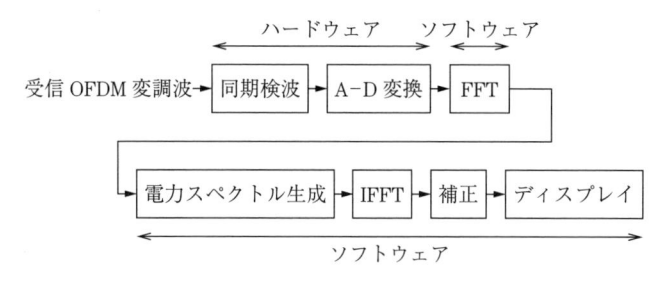

4.1 SFN環境下における長距離遅延プロファイル測定技術

```
受信OFDM変調波 → 同期検波 → A-D変換 → FFT
                  ←ハードウェア→ ←ソフトウェア→
                              ↓
        → 電力スペクトル生成 → IFFT → 補正 → ディスプレイ
        ←――――――――― ソフトウェア ―――――――――→
```

図4.1 電力スペクトル法の系統

イに画面表示する。このようにソフトウェアでFFTおよびIFFTの処理を行っているため，FFT長（切り取り時間）を任意にかつ容易に変えることができるのが大きな特徴である。

4.1.2 基 本 原 理

図4.2に遅延波があるときのOFDM信号を示す。遅延時間τは，主波の到来時間を基準（時間0）とし，他の遅延波の到来時間は主波との相対時間で表示される。また，レベルに関しても，主波のレベルを基準として他の遅延波のレベルを求めている。

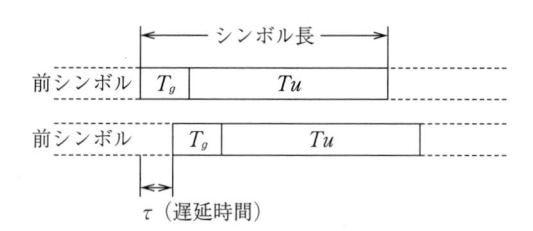

T_g：ガードインターバル, Tu：有効シンボル長

図4.2 遅延波があるときのOFDM信号

この装置は受信波の時間波形を任意に切り取り，FFTによりスペクトルに変換し，さらに電力スペクトルに変換した後IFFTし，遅延プロファイルを求めている。受信波において，主波に対する遅延波の比$r(f)$は，fを離散周波数間隔（$f_0(0.992\,\text{kHz})/p$, pは任意の整数）で基準化した周波数（$0 \leq f < N_D$），rを遅延波レベル/主波レベル（$0 < r < 1$），N_Dを離散化処理のサンプル

データ総数（2の整数の冪乗の値，この装置では$8\,192^p$）とし，t_dをサンプリング間隔（pTu/N_D）で基準化した遅延時間とすれば，次式で表される．

$$r(f) = r\exp(-j2\pi f t_d/N_D) \tag{4.1}$$

なお，式 (4.1) において，キャリヤ中心周波数の位相を基準とした遅延波の位相（初期位相差）は測定値に影響を与えない（この装置は振幅情報のみを測定）ので，式表示を簡単にするため0としている．

$S(f)$ を主波の周波数領域信号とすれば，主波と遅延波が合成された受信波の周波数領域信号 $S_r(f)$ は $r(f)$ を用いて次式で表される．

$$S_r(f) = S(f)(1 + r(f)) \tag{4.2}$$

この装置では，任意の時間で切り取った受信波形データをフーリエ変換するので，ガードインターバルが機能せず隣接シンボル間で干渉が発生する．このためひずみ成分（雑音とみなせる）が含まれることになるが，式表示を簡単にするため，ここでは無視している．この対策については4.1.3項で論じる．

受信波の電力スペクトル $P_r(f)$ は $S_r(f)^*$ を $S_r(f)$ の共役複素数，$S(f)^2$ を一定（P）と仮定すれば次式で表される．

$$P_r(f) = S_r(f)S_r(f)^* = P(1 + r(f))(1 + r(f)^*) \tag{4.3}$$

$S_r(f)$ の逆フーリエ変換である遅延プロファイル $D(t)$ は Σ を用いた式で表されるが，式の変形に便利な連続積分で表すことも可能であり，以降は次式を用いる．ここで，t はサンプリング間隔（pTu/N_D）で基準化した時間である．

$$D(t) = \int_0^{N_D} P_r(f)\exp(j2\pi ft/N_D)df \tag{4.4}$$

式 (4.3) を式 (4.4) に代入すれば，次式を得る．

$$D(t) = P\int_0^{N_D}(1 + r(f) + r(f)^* + r(f)r(f)^*)\exp(j2\pi ft/N_D)df \tag{4.5}$$

一方，式 (4.1) から $r(f)\exp(j2\pi ft/N_D) = r\exp(j2\pi f(t-t_d)/N_D)$，$r(f)^*\exp(j2\pi ft/N_D) = r\exp(j2\pi f(t+t_d)/N_D)$，$r(f)r(f)^* = r^2$ が成り立つ．これらを式 (4.5) に代入すれば，次式を得る．

4.1 SFN 環境下における長距離遅延プロファイル測定技術

$$D(t) = P \int_0^{N_D} (1+r^2)\exp(j2\pi ft/N_D) + r\exp(j2\pi f(t-t_d)/N_D)$$
$$+ r\exp(j2\pi f(t+t_d)/N_D) df \qquad (4.6)$$

0でない任意の整数 A では, $\int_0^{N_D} \exp(j2\pi fA/N_D)df=0$, 任意の定数 B では, $\int_0^{N_D} B df = BN_D$ であるので, 式(4.6)は t の値に応じて, 次式で表される。

$$D(t) = \begin{cases} N_D(1+r^2)P & (t=0) \\ N_D r P & (t=\pm t_d) \\ 0 & (t=0, t=\pm t_d \text{ 以外}) \end{cases} \qquad (4.7)$$

式(4.7)は以下のことを示している。

① $t=0$ (遅延時間0) に, 主波と遅延波の電力とサンプルデータ総数 N_D の積のインパルスが現れる。

② $t=\pm t_d$ (遅延時間) に遅延波の電力と N_D の積のインパルスが現れる。

③ その他の時間には出力は現れない。

以上により, 主波の電力スペクトル $S(f)^2$ すなわち P を一定と仮定すれば, IFFT により $S(f)$ の位相情報に関係なく $t=0$ (主波の時間) と $t=\pm t_d$ に出力が現れるので, 遅延プロファイルの測定が可能である。ただし, 実際には電力スペクトル $S(f)^2$ は一定でないため誤差を生じるが, この対策については以下で論じる。

4.1.3 誤 差 対 策

〔1〕 **スペクトルレベルに偏差がある場合**　　前記のように, 実際のOFDM信号の各キャリヤは, 振幅値に情報を持つ64QAM信号等によって変調されているため, そのスペクトルレベルは一定ではない。

そこで, 式(4.3)の P を P (平均値) $+\Delta P(f)$ (偏差) とすれば, $P_r(f) = (P+\Delta P(f))(1+r(f))(1+r(f)^*)$ となる。

$P_r(f)$ を IFFT した信号 $D(t)$ は

$$D(t) = \int_0^{N_D} P(1+r(f))(1+r(f)^*)\exp(j2\pi ft/N_D)df$$

$$+ \int_0^{N_D} \Delta P(f)(1+r(f))(1+r(f)^*)\exp(j2\pi ft/N_D)df \quad (4.8)$$

式(4.8)の第2項は誤差成分を表す。一方,$(1+r(f))(1+r(f)^*)$ を $F(f)$ とおけば

$$F(f) = (1+r(f))(1+r(f)^*) \quad (4.9)$$

式(4.9)を式(4.8)の第2項に代入し,この値を $D_{err}(t)$ とすれば,次式を得る。

$$D_{err}(t) = \int_0^{N_D} \Delta P(f) F(f) \exp(j2\pi ft/N_D) df \quad (4.10)$$

$D_{err}(t)$ は遅延波が存在しない時間に現れるインパルスであり,偽インパルスと呼ぶことにする。これは全時間に同程度のレベルで雑音と同じように分布するので,低レベルの遅延波は偽インパルスに埋もれて測定できない。そこで対策を検討した。

式(4.10)から,$D_{err}(t)$ は $\Delta P(f) F(f)$ の逆フーリエ変換を表しており,$\Delta P(f) F(f)$ は $D_{err}(t)$ のフーリエ変換であるから,**パーシバルの定理**(Parseval's theorem)が適用でき次式が成り立つ。

$$(1/N_D) \sum_{f=0}^{N_D-1} D_{err}(t)^2 = \sum_{f=0}^{N_D-1} (\Delta P(f) F(f))^2 \quad (4.11)$$

ここで,式(4.11)の左辺は $D_{err}(t)^2$ の平均値 $D_{err(av)}^2$ である。また,右辺の N_D 個のデータの平均値を ε^2 で表せば

$$\varepsilon^2 = (1/N_D) \sum_{f=0}^{N_D-1} (\Delta P(f) F(f))^2 \quad (4.12)$$

したがって,$D_{err(av)}^2 = N_D \varepsilon^2$ が成り立ち,次式を得る。

$$D_{err(av)} = \sqrt{N_D}\,\varepsilon \quad (4.13)$$

式(4.7)と式(4.13)から偽インパルスとサンプルデータ総数 N_D の関係を記述すれば,

① 信号により生じるインパルス $D(t)$ は,N_D に比例する。

② 電力スペクトル偏差に起因する偽インパルスは時間全域に分布し,平均

4.1 SFN環境下における長距離遅延プロファイル測定技術

値 $D_{err(av)}$ は $\sqrt{N_D}$ に比例する。

③ したがって，信号により生じるインパルス $D(t)$ と偽インパルスの平均値 $D_{err(av)}$ の比は $\sqrt{N_D}$ に比例し，N_D を大きくすれば SNR（信号対雑音比）が $\sqrt{N_D}$ 倍改善される。

以上から，遅延波が偽インパルスに埋もれて測定できないような低レベルの場合でも，N_D を大きくすることにより，遅延波レベルと偽インパルスのレベルの比が大となり，測定が可能となる。例えば，N_D を2倍とすれば3dB感度が向上する。なお，受信波には受信機の内部雑音が加わるが，この場合にも上記の関係が適用できる。

〔2〕 **複数の遅延波が到来した場合** 複数の遅延波が含まれる受信波の電力スペクトル $P_r(f)$ は，L を受信波に含まれる遅延波の総数，l を遅延波の番号とし，$r_l(f) = r_l \exp(-j2\pi ft/N_D)$，$r_l^*(f) = r_l \exp(j2\pi ft/N_D)$ とすれば，式 (4.3) を拡張することにより，次式で表される。

$$P_r(f) = P\left(1 + \sum_{l=1}^{L} r_l(f)\right)\left(1 + \sum_{l=1}^{L} r_l(f)^*\right) \tag{4.14}$$

式表示を簡単化するため，式 (4.14) を次のように表す。

$$P_r(f) = P(1 + A(f) + B(f)) \tag{4.15}$$

ここで

$$A(f) = \sum_{l=1}^{L} r_l(f) \sum_{l=1}^{L} r_l(f)^*, \quad B(f) = \sum_{l=1}^{L} r_l(f) + \sum_{l=1}^{L} r_l(f)^*$$

であり

$$A(f) = (r_1(f) + r_2(f) + \cdots r_L(f))(r_1(f)^* + r_2(f)^* + \cdots r_L(f)^*)$$

であるから

$$A(f) = \sum_{l=1}^{L} r_l^2 + \sum_{p=2}^{L} \sum_{q=1}^{p-1} (r_p(f)^* r_q(f) + r_p(f) r_q(f)^*) \tag{4.16}$$

オイラーの公式および $r_l(f)$ の定義から式 (4.16) の括弧内および $B(f)$ は次式で表される。

$$r_p(f)^* r_q(f) + r_p(f) r_q(f)^*$$
$$= 2 r_p r_q \cos(2\pi f(t_{dp} - t_{dq})/N_D) \tag{4.17}$$

$$B(f) = \sum_{l=1}^{L} 2r_l \cos(2\pi f t_{dl}/N_D) \tag{4.18}$$

式 (4.17) と式 (4.18) を式 (4.15) に代入し，変形すれば

$$P_r(f) = P\bigg[1 + \sum_{l=1}^{L} r_l^2 + \sum_{l=1}^{L} 2r_l \cos(2\pi f t_{dl}/N_D)$$

$$+ \sum_{p=2}^{L} \sum_{q=1}^{p-1} 2r_p r_q \cos(2\pi f(t_{dp} - t_{dq})/N_D)\bigg] \tag{4.19}$$

式 (4.19) の最後の項は遅延波の数が複数 ($L>1$) のときに生じる偽インパルスである。また，遅延波数 L の二つの組合せの数 $_L C_2$ だけ発生する。この偽インパルスは，遅延波相互の積から生じた成分であるから，相互積成分と呼ぶことにする。

$P_r(f)$ を逆フーリエ変換すると，t の値に応じて以下の遅延プロファイルが得られる。

$$\left.\begin{aligned} D(t) &= N_D\bigg(1 + \sum_{l=1}^{L} r_l^2\bigg)P & (t=0) \\ D(t) &= N_D r_l P & (t = \pm t_{dl}) \\ D(t) &= N_D r_p r_q P & (t = \pm(t_{dp} - t_{dq})) \end{aligned}\right\} \tag{4.20}$$

複数の遅延波を含む場合の逆フーリエ変換出力には $t=0$，$t = \pm t_{dl}$ の他に $t = \pm(t_{dp} - t_{dq})$ にインパルスが現れる。遅延波の数が l の場合，インパルスの総数は主波以外に $L + {}_L C_2$ となり，このうち $t = \pm(t_{dp} - t_{dq})$ のものは相互積成分の偽信号であるため，これを遅延プロファイルの表示から除く必要がある。

相互積成分のレベルは二つの遅延波のレベルの積であり，時間は二つの遅延波の遅延時間の差となることを利用して，相互積成分による偽信号を除去するためのアルゴリズムを以下に示す。

① 逆フーリエ変換出力の主波以外のインパルスで最大レベルと 2 番目のインパルスは遅延波である（すべての遅延波で $r_l < 1$ が成り立つので，2 値の積 $r_p r_q$（相互積）はいずれの 2 値（遅延波）よりも小）。

② 2 値の積 $r_p r_q$ の遅延時間は両遅延波の差となる。したがって，両遅延波の差の時間 ($t_{dp} - t_{dq}$) にあるインパルスは相互積成分である。

4.1 SFN環境下における長距離遅延プロファイル測定技術

③ 既知の遅延波と相互積成分を除けば，最大値のインパルスは新たな遅延波である．

④ 新たな遅延波を加え，既知のすべての遅延波の二つの組合せにより得られる時間差のインパルスは新たな相互積成分と判定し，除外する．

上記の判定を順次繰り返せば，すべてのインパルスを遅延波と相互積成分に選別でき，不要な成分を除去できる．

〔3〕 **異シンボルが混入した場合** この装置は切り取り時間を2 ms以上とする必要があるためガードインターバル（図4.2参照）が機能せず，異シンボルが混入し，遅延波レベルの低下，シンボル間干渉による等価雑音の増加などが生じる．これらの対策について検討を行う．

主波の時間領域信号 $s(t)$ は，主波の周波数領域信号 $S(f)$ を逆フーリエ変換したものであるから次式で表される．

$$s(t) = \sum_{f=0}^{N_D-1} S(f) \exp(j2\pi ft/N_D) \tag{4.21}$$

前シンボルの周波数領域信号を $N(f)$，遅延波レベル/主波レベルを r，遅延時間を t_d とすれば，遅延波の時間波形 $s_d(t)$ も同様に次式で表される．

$$\left.\begin{array}{l} s_d(t) = r \sum_{f=0}^{N_D-1} N(f) \exp(j2\pi ft/N_D) \quad (0 \leq t < t_d) \\ s_d(t) = r \sum_{f=0}^{N_D-1} S(f) \exp(j2\pi f(t-t_d)/N_D) \quad (t_d \leq t < N_D) \end{array}\right\} \tag{4.22}$$

遅延波の周波数領域信号 $S_d(f)$ は，$s_d(t)$ をフーリエ変換すれば求められ，次式で表される．

$$\begin{aligned} S_d(f) &= (1/N_D) \int_0^{N_D} s_d(t) \exp(-j2\pi ft/N_D) dt \\ &= (1/N_D) \int_0^{t_d} r \sum_{q=0}^{N_D-1} N(q) \exp(j2\pi qt/N_D) \exp(-j2\pi ft/N_D) dt \\ &\quad + (1/N_D) \int_{t_d}^{N_D} r \sum_{q=0}^{N_D-1} S(q) \exp(j2\pi q(t-t_d)/N_D) \\ &\quad \times \exp(-j2\pi ft/N_D) dt \end{aligned}$$

$$= t_d r N(f)/N_D + (N_D - t_d) r S(f)/N_D \qquad (4.23)$$

式 (4.23) が異シンボル混入による誤差を表している．すなわち異シンボルの混入により，r が $r(N_D - t_d)/N_D$ に低下するとともに，$t_d r N(f)/N_D$ が $S(f)$ に加算されるため，雑音が加算された場合と同じ状況となる．しかし，いずれの場合もサンプルデータ総数 N_D を大きく（切り取り時間を長く）すれば影響を軽減できる．

〔4〕**主波レベルの誤差補正**　遅延プロファイルにおける時間 0 時のインパルス $D(0)$ は主波のほかに遅延波と雑音を含んでいる．実際の装置においては，主波のレベルを精度よく測定する必要があるため，$D(0)$ の補正（遅延波と雑音成分の除去）が必要である．

地上ディジタル放送に用いられている OFDM 信号の帯域幅は約 5.6 MHz であり，**図 4.3** に示すように帯域外では雑音だけのレベルを知ることが可能である．雑音は帯域内にも同じレベルで混入しているので，帯域内の電力から帯域外電力 N を減ずれば，主波＋遅延波の電力を求めることができる．

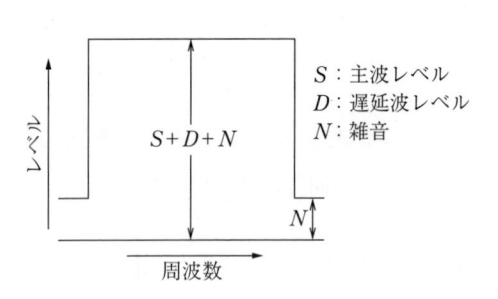

図 4.3　受信波のスペクトル

以上のように雑音による影響を完全に除去したと仮定すれば，$t=0$ のインパルスの値 $D(0)$ および $t=t_d$ 時の遅延波のインパルス値 $D(t_d)$ は，式 (4.7) を用いてそれぞれ次式で表される．

$$D(0) = N_D(1+r^2)P, \qquad D(t_d) = N_D r P \qquad (4.24)$$

両式から P（主波の電力）を求めると

$$P = \left(D(0) + \sqrt{D(0)^2 - 4D(t_d)^2}\right)/(2N_D) \qquad (4.25)$$

式 (4.25) により測定値 $D(0)$ および $D(t_d)$ から真値 P を求めることが可能となる．

4.1.4 性　　　　能

本項では，各誤差に対する対策の効果を実証するために行った室内実験の測定結果について記述する．以下のデータにおいて受信入力信号は，モード 3，シンボル長が 1.134 ms，ガードインターバルが 126 μs，各キャリヤの変調方式は 64 QAM 変調の OFDM 信号である．

〔1〕　**スペクトルのレベル偏差が測定誤差に与える影響の確認**　図 4.4 に遅延時間が 100 μs で FFT 長（切り取り時間）が 2 ms の場合と 64 ms の場合の遅延波レベル／主波レベルをディスプレイに表示したものを示す．

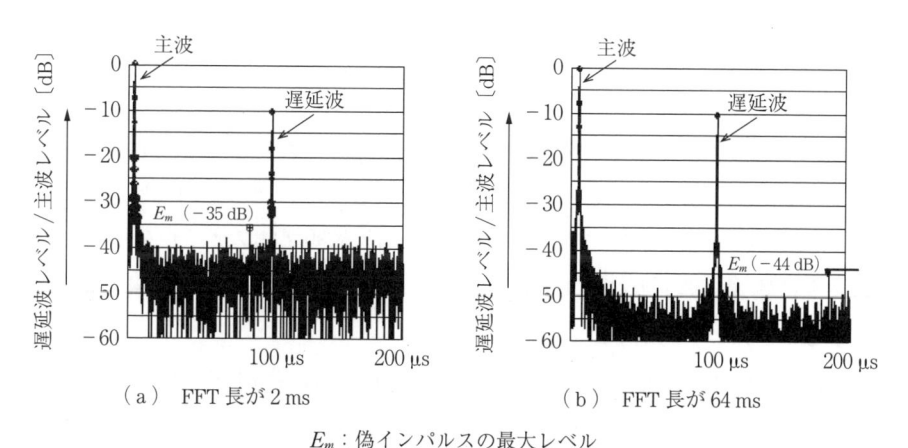

図 4.4　遅延時間が 100 μs で FFT 長が 2 ms と 64 ms の場合の偽インパルス

全時間領域において，ほぼ一様に偽インパルスが現れており，FFT 長が 2 ms の場合の偽インパルスの最大レベルは -35 dB であるが，FFT 長を 64 ms と長くした場合には，偽インパルスの最大値は -44 dB となっており，大幅に改善されている．

〔2〕　**遅延時間が長い場合の測定データ**　図 4.5 に主波と遅延時間が 2 ms の遅延波を入力した場合の周波数スペクトルと遅延プロファイルを示す．FFT 長を 64 ms としているため，偽インパルスのレベルは約 -40 dB となっており，2 ms という長い遅延時間においても目標とする -40 dB 程度の低レベル遅延波まで測定が可能である．

(a) 周波数スペクトル　　　　(b) 遅延プロファイル

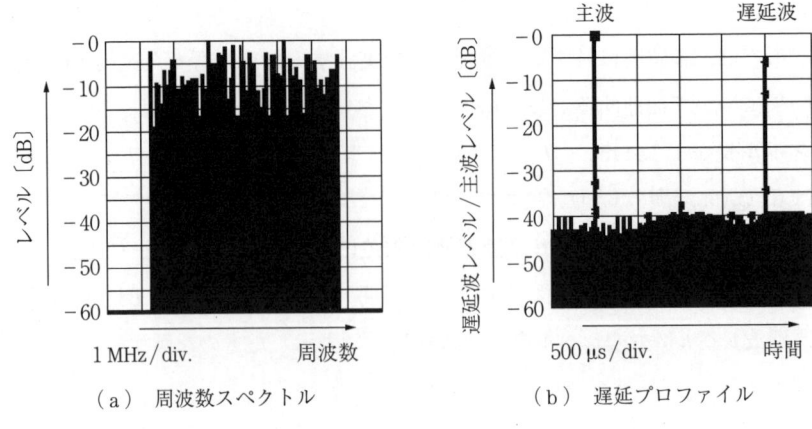

図 4.5　遅延時間が 2 ms のときの周波数スペクトルと遅延プロファイル

〔3〕**受信波が低レベルの場合の測定データ**　図 4.6 に FFT 長を 64 ms とし，$C/N=0$ dB の状態で r（遅延波レベル/主波レベル）$=-6$ dB，遅延時間 100 μs の信号を入力した場合のスペクトルと遅延プロファイルを示す。このように雑音に埋もれて信号がわかりにくい状態でも，FFT 長を 64 ms と長くすることにより測定できている。

ただし，図 4.6 においては，主波に加算された雑音電力を減じていないので遅延波レベルは真値（-6 dB）より低下（-14 dB）しているが，実際には雑音電力を減じた値が表示される。

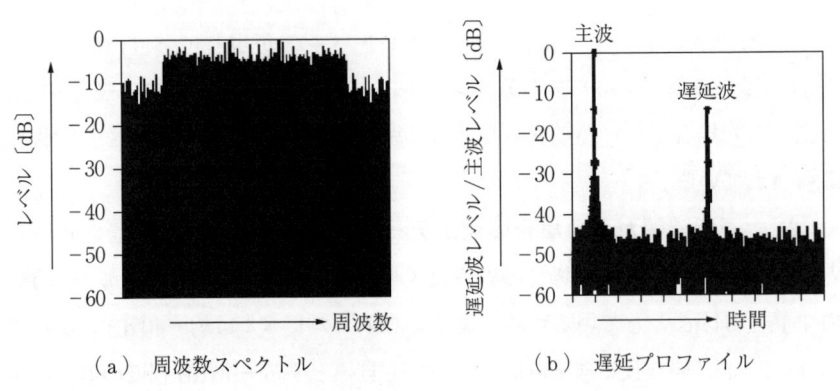

(a) 周波数スペクトル　　　　(b) 遅延プロファイル

図 4.6　$C/N=0$ dB 時の周波数スペクトルと遅延プロファイル

4.1 SFN環境下における長距離遅延プロファイル測定技術

〔4〕 **遅延波が複数の場合の測定データ**　図4.7に遅延時間が50 μsと75 μsの遅延波を含む受信波の遅延プロファイルを示す。式(4.19)で示したように，二つの遅延波の遅延時間差である25 μsのところに相互積成分の偽インパルスが現れている。実際の装置の表示画面では，真の遅延波だけが表示されるため実用上問題はない。

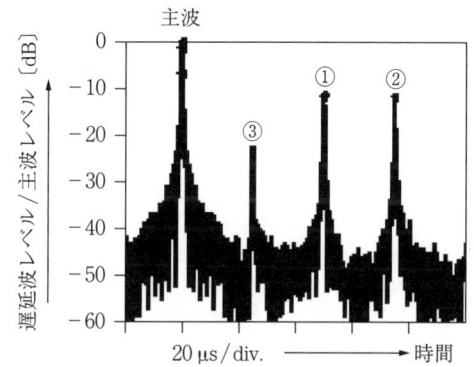

図4.7 複数の遅延波到来時の遅延プロファイル

① 遅延時間が50 μsの遅延波
② 遅延時間が75 μsの遅延波
③ 遅延時間が25 μsの偽インパルス

〔5〕 **異シンボルが混入した場合の測定データ**　図4.8に長い遅延時間の影響で異シンボルが混入した場合の遅延時間に対する遅延波レベル/主波レベルを示す。式(4.23)で示したように遅延波レベルが遅延時間に応じて低下している。しかし，FFT長を64 ms以上とすることにより，誤差はほとんど無視できることがわかる。

〔6〕 **主波レベルの補正を検証するための測定データ**　図4.9に式(4.25)を用いて補正を行った後の遅延波レベル/主波レベルと補正前の値を示す。補正なしのデータは図4.1におけるIFFT部出力，補正ありのデータは補正部出力を測定したものである。

補正前は式(4.24)で示したように，主波に遅延波成分が含まれるため飽和特性となっているが，補正後はほぼ直線となっており，補正が適確に行われていることがわかる。

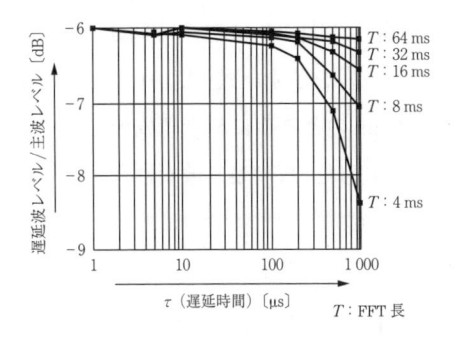

図 4.8 FFT 長をパラメータとした遅延時間 (τ) に対する遅延波レベル／主波レベル

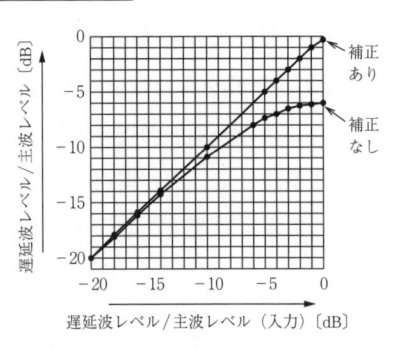

図 4.9 補正の有無による遅延波レベル／主波レベル

4.1.5 遅延波の極性判別が可能な実用装置

上記の電力スペクトル法は受信波の切り取り時間（FFT 長）を長くすることにより長い遅延時間の測定を可能としたものであるが，OFDM 信号のスペクトルレベルを一定とみなし位相情報を持たない振幅データとして取り扱っている．このため，IFFT した場合，逆極性の時間にも同レベルのインパルスが現れ，遅延波の極性（遅れ，進み）は判別できない．そこで，実用装置（図 4.10）においては，図 4.11 に示すように SP を用いた伝達関数法と電力スペクトル法を組み合わせることにより，遅延波レベルおよび遅延時間の測定とその極性判別を可能としている．

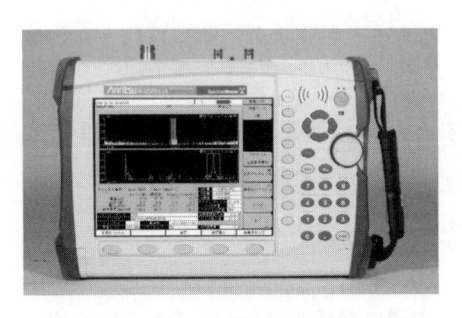

（幅：311 mm，高さ：211 mm，奥行き：77 mm，重さ：2.9 kg）

図 4.10 長距離遅延プロファイル測定装置（MS 8911 A）

〔1〕 **伝達関数法の系統** 図 4.12 に基本系統を示す．まず，受信波（主波＋遅延波）を復調したあと有効シンボル長を超えた長さで切り取り，これを FFT して周波数領域信号 $S_r(f)$（f は OFDM 信号帯域内の任意の周波数）を得るとともに，主波再生部で受信波から再生した主波を FFT して周波数領域信号

4.1 SFN 環境下における長距離遅延プロファイル測定技術

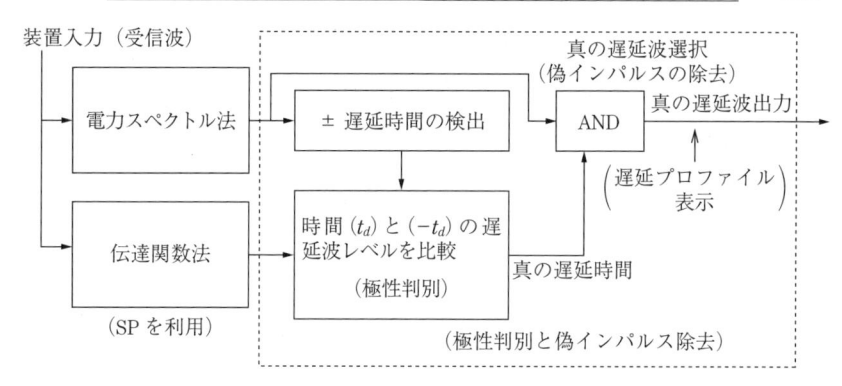

図 4.11 遅延波の極性(遅れ,進み)判別が可能な実用装置の系統

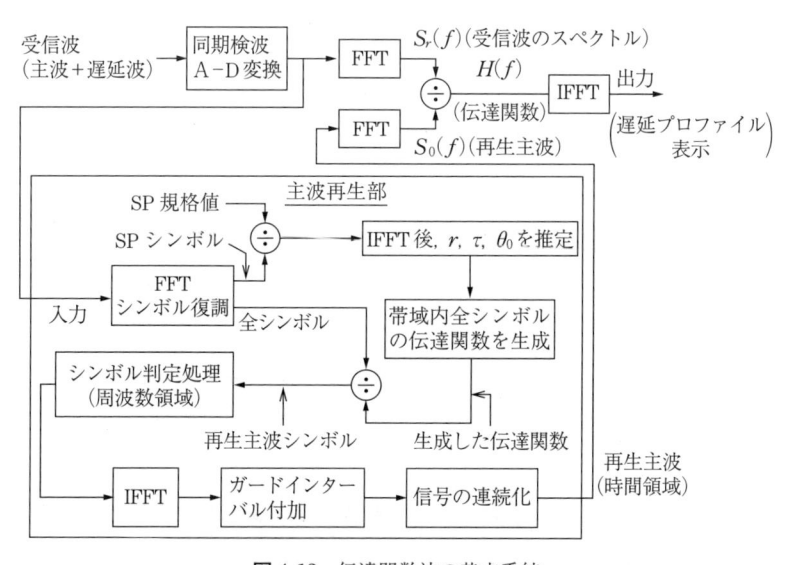

図 4.12 伝達関数法の基本系統

$S_0(f)$ を得る。受信波は主波と遅延波の和であるから,下式により,伝達関数 $H(f)$ を求めることができる。

$$H(f) = S_r(f)/S_0(f) = 1 + r\exp(j(\theta_0 - 2\pi f\tau)) \quad (4.26)$$

ここで,r は遅延波レベル/主波レベル,τ は遅延時間,θ_0 は初期位相差である。この $H(f)$ を IFFT すれば,遅延プロファイルを得ることができる。

主波再生部の動作は以下のとおりである。まず,OFDM 信号を復調して SP

シンボルを得て，これと SP の規格値を用い SP の周波数における伝達関数を推定する（r, τ および θ_0 を推定）。これらの推定値を用いて SP を含む全シンボルの周波数における伝達関数を生成し，全シンボルの周波数領域信号をこの伝達関数で除することにより，再生主波の周波数領域信号を得ている。

これを IFFT すれば有効シンボル期間の主波を得ることができる。以降は OFDM 信号を得るのと同じ方法でガードインターバルを付加し，1 シンボル長の時間領域データを再生している。つぎのシンボルについても同様の手順で再生でき，これらを順次つなぎ合わせることにより 1 シンボルを超えた長さの再生主波（16 ms）を得ている。1 ms 以上の遅延波の測定を可能とするためには受信波の切り取り時間は 2 ms 以上が必要であるが，シンボル間干渉により生じる雑音の影響を軽減するため，16 ms と長くしている。

式 (4.26) の伝達関数は切り取り時間を 16 ms として得た再生主波と受信波により求めているが，主波再生部で SP を用いて得る伝達関数では，168 μs を超えた遅延時間の場合には実際の信号より小さい遅延時間として現れるので，遅延プロファイルを求める伝達関数としては用いることができない。ただし，極性判別のために必要な主波を再生できる。

すなわち，遅延時間が 168 μs を超えたときの伝達関数推定値は，理想的な伝達関数（SP により推定）と雑音成分（主波と無相関の成分）の和と考えられるが，SP により推定したものを IFFT した場合は真の遅延時間だけに，雑音を IFFT したものは正負を含めすべての時間にインパルスが現れる。このため，性能の項に示すようにつねに「真の遅延波レベル ＞ 逆極性の時間におけるインパルスレベル」となり，この現象を利用すれば極性判別が可能である（正確なレベルと遅延時間の検出には電力スペクトル法を利用）。

遅延波が複数含まれる場合は，式 (4.26) に複数の遅延波を表す項が加わるが，1 波の場合と同様に伝達関数を IFFT すれば，各遅延波の遅延時間にはインパルスが現れるので，遅延プロファイルを求めることができる。

なお，図 4.12 のシンボル判定処理部は，雑音などの影響により $I-Q$ 平面上に分布した信号点を理想的な信号点（$-7 \sim +7$）に収れんさせるためのも

のである(3.3節参照)。

〔2〕 **性　能**　　以下の室内実験についてはマルチパス信号発生器からの信号をこの装置に入力して,測定を行っている。

〔a〕 **極性判別が可能であることの検証**　　伝達関数法により極性判別が可能であることを検証するため,伝達関数法部(図4.11)で測定した結果を**図4.13**に示す。遅延時間が168 μsを超えると逆極性の時間($-\tau$)に現れる偽インパルスレベル(△)は-20 dB程度に上昇しているが,真の遅延時間(τ)の(×)とのレベル差は10 dB程度あるので確実にレベルの大小を判別できる。

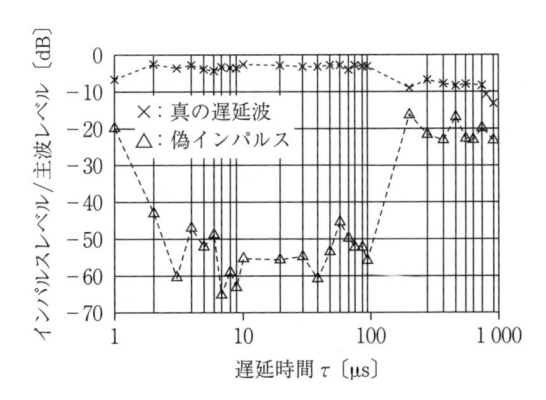

図4.13 伝達関数法の遅延時間(τ)に対する
インパルスレベル/主波レベル

このように遅延時間の全範囲において「真の遅延波レベル(×) > 逆極性の時間のインパルスレベル(△)」となっており,遅延時間の全範囲において遅延時間の極性判別が可能である。

〔b〕 **偽インパルス除去性能の検証**　　図4.14に168 μs以上の遅延時間(300 μs)を持つ信号の遅延プロファイルを電力スペクトル法,伝達関数法を単独に使用した場合と併用した場合の測定結果を示す。単独で使用した場合の遅延プロファイルには多くの偽インパルスが現れているが,併用した場合は,真の遅延波(遅延時間=300 μs)のみが表示されている。

〔c〕 **フィールドでの性能検証**　　図4.15に2局の放送区域が重なる

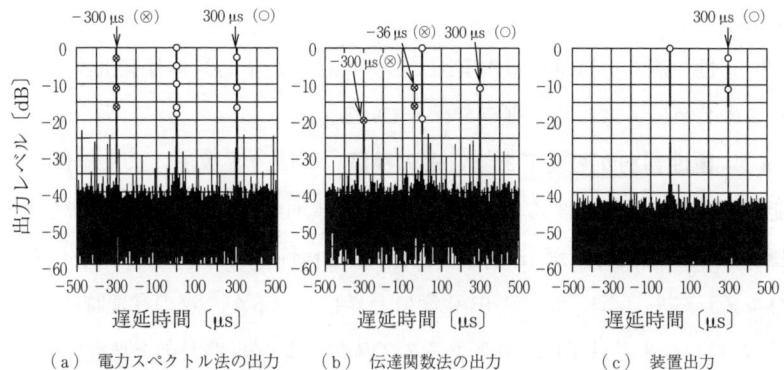

178   4. OFDMを用いたシステムにおける新技術

(a) 電力スペクトル法の出力　(b) 伝達関数法の出力　(c) 装置出力

遅延時間＝300 μs, 　遅延波レベル/主波レベル＝−3 dB, 　○：真の遅延波, 　⊗：偽インパルス

図 4.14　電力スペクトル法，伝達関数法および本装置の遅延プロファイル

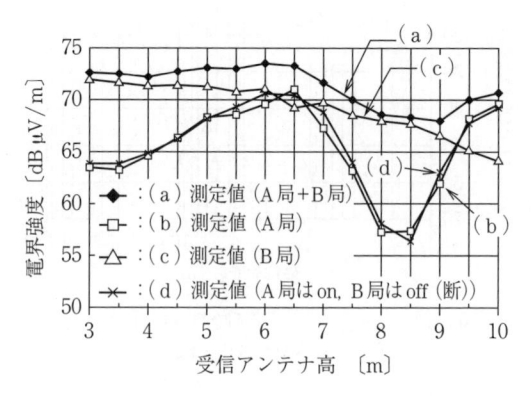

- ◆：(a) 測定値（A局＋B局）
- ☐：(b) 測定値（A局）
- △：(c) 測定値（B局）
- ✳：(d) 測定値（A局は on, B局は off（断））

図 4.15　受信アンテナの高さに対する電界強度
　　　　（屋外実験）

フィールドにおいて受信アンテナの高さを変えてそれぞれの局（A, B局）の電界強度を測定した結果を示す。2局の電波が混在する受信波から各局電波の電界を分離測定できている。

また，2局の電波が混在しているときのA局の測定値とB局を off（断）としたときのA局の測定値の電界強度測定値はよく一致しており，装置の有効性を示している。

4.2 近接遅延波の電界強度測定技術

地上ディジタル放送の SFN 環境下あるいは地形・建物から反射による遅延波が到来する環境において，ネットワークの品質管理を行うためには遅延プロファイルの測定（遅延波の遅延時間とレベルの測定）が不可欠である。しかしながら，遅延波が直接波（希望波）に近接している場合には，直接波の広がり成分に埋まり測定が困難となる課題がある。このため，このような近接した遅延波の場合でも遅延波の電界強度測定を可能とする手法を新たに提案し，その有効性を確認した。

4.2.1 直接波の広がり成分による妨害

例として図 4.16 に示すように，受信点には直接波と大地等からの反射による遅延波（1 波）が到来する場合を考える。このような状況においては直接波と遅延波の伝搬距離差が小さいため，直接波に近接した遅延波が発生する（SFN 環境下においても同じような状況となる可能性がある）。

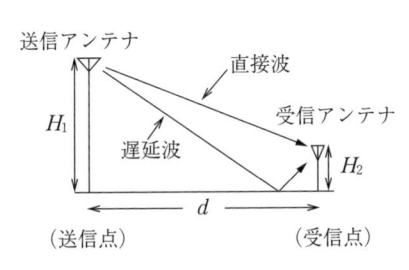

図 4.16 大地からの反射による近接遅延波の発生

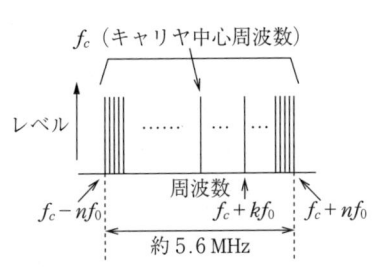

図 4.17 OFDM 信号のスペクトル ($n = 2\,808$)

OFDM 信号は図 4.17 に示すように約 5.6 MHz の帯域内に 5 617 本のキャリヤが分布している。あるキャリヤ番号 k における受信レベル（受信電圧）V_{2k} は，次式で表される。

$$V_{2k} = V_{1k}\left(1 + r\exp\left[j\left(\theta_0 - \frac{2\pi k t_d}{Nu}\right)\right]\right) \tag{4.27}$$

ここで，V_{1k} は直接波レベル，r は遅延波レベル/直接波レベル，θ_0 は初期位相差（キャリヤ中心周波数における希望波と遅延波の位相差），t_d は実際の遅延時間 τ をサンプリング間隔で基準化した遅延時間（$= (Nu/Tu)\tau$，Tu は有効シンボル長，Nu は Tu におけるサンプル数）である。

直接波のキャリヤ振幅を一定値 V_0（測定器では，平均値をとるため一定と考えてよい）とした場合，その遅延プロファイル $D(t)$ は直接波と遅延波からなる受信波の周波数領域信号を逆フーリエ変換すれば求められ，次式で表される。

$$\begin{aligned}D(t) &= \int_{-n}^{n}\left\{V_0\left(1 + r\exp\left[j\left(\theta_0 - \frac{2\pi k t_d}{Nu}\right)\right]\right)\right\}\exp\left(j\frac{2\pi k t}{Nu}\right)dk \\ &= V_0 Nu\left[\frac{\sin(2n\pi t/Nu)}{\pi t} + \frac{r\exp(j\theta_0)\sin(2n\pi(t-t_d)/Nu)}{\pi(t-t_d)}\right]\end{aligned} \tag{4.28}$$

ここで，r は遅延波レベル/直接波レベル，θ_0 は初期位相差，Nu は有効シンボル長におけるサンプル数（8192），t_d はサンプリング間隔で基準化した遅延時間，k はキャリヤ番号，$n = 2808$（（キャリヤ総数－1）/2）である。

式 (4.28) において $2n/Nu = 1$ であれば，$t = 0$ および $t = t_d$ にインパルスが現れ，他の時間では0となる理想的なインパルス応答となる。しかしながら，実際には帯域幅（約±2.8 MHz）より高いサンプリング周波数（約 8.127 MHz，$Nu = 8192$ を用いているため，式 (4.28) では $2n/Nu$ (= 5616/8192) = 0.69 となり，$D(t)$ は $t = 0$ および $t = t_d$ で極大値をとる広がりを持った波形となる。

式 (4.28) の第1項は直接波，第2項は遅延波によるインパルス応答を表しているが，t_d が小さい場合には t_d およびその前後の時間において第1項による成分が加わるので遅延波に妨害を与える。このため，遅延波インパルスの測定が困難となる等の課題が生じる。

4.2.2 改善方法

式 (4.28) の第1項の値 $V_0 Nu \sin(2n\pi t/Nu)/(\pi t)$ を広がり成分のキャンセル信号として用い，$D(t)$ から差し引けば直接波による影響を抑えることができる。

$t=0$ における直接波のインパルス応答 $D(0)$ と $t=t_d$ における遅延波のインパルス応答 $D(t_d)$ は，式 (4.28) からそれぞれ以下の式で表される。

$$D(0) = V_0 [2n + r\exp(j\theta_0)(Nu \sin(2n\pi t_d/Nu)/(\pi t_d))] \qquad (4.29)$$

$$D(t_d) = V_0 [Nu \sin(2n\pi t_d/Nu)/(\pi t_d) + 2nr\exp(j\theta_0)] \qquad (4.30)$$

V_0 は式 (4.29) および式 (4.30) から求めることができ，次式で表される。

$$V_0 = [D(0) - D(t_d)\sin(2n\pi t_d/Nu)/(2n\pi t_d/Nu)]$$
$$/\{2n[1-(\sin(2n\pi t_d/Nu)/(2n\pi t_d/Nu))^2]\} \qquad (4.31)$$

4.2.3 補正結果

補正前とキャンセル信号 $V_0 Nu \sin(2n\pi t/Nu)/(\pi t)$ を用いて補正した後の $D(t)/D(0)$ を比較して図 4.18 に示す。補正前では広がり成分に埋もれて遅延波の存在が不明であるが，補正後は遅延波が明確に現れており，測定が可能となる。

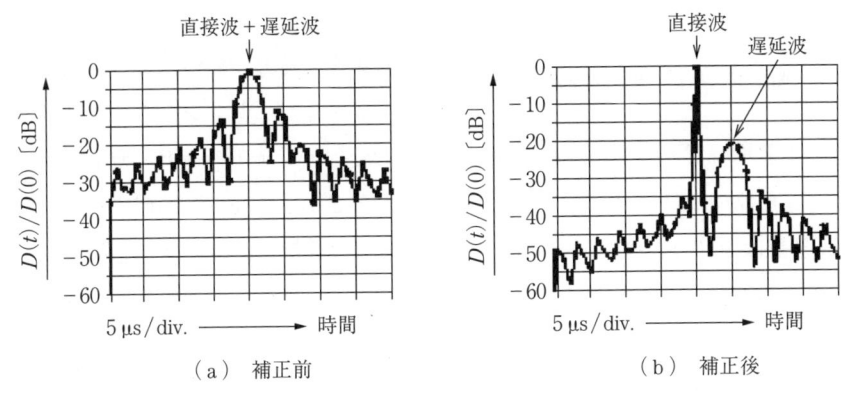

(a) 補正前　　　　　　　　　　(b) 補正後

図 4.18　補正前と補正後の波形比較

4.3　海上移動受信時の課題と対策

　島嶼部など海上交通による移動が日常的に行われている中国・四国地方の瀬戸内海に面する地域において，移動中の船舶内で地上ディジタル放送，ワンセグサービスが安定して視聴できれば，防災面はもとより情報収集面における利便性は格段に向上するものと期待される。そこで，瀬戸内海の広島−松山間定期航路（図4.19）を航行中の船舶を利用して，海上航行時における安定した電波受信手法および船内での再送信技術を確立するための調査を行った。

　その結果，隣接チャネル妨害や海面反射等による受信電界強度の大幅なレベル変動が電波の質を大きく劣化させること，地形によるガードインターバル超えの遠距離反射などによる受信不能区間があることなどが判明した。

　このため，これらについて検討・対策を実施し，船体による遮蔽や高ダイナミックレンジをもつプリアンプ（前置増幅器）の使用，電界強度に応じた受信アンテナの選択・使用などにより全航路の90％の場所で12セグ受信（ハイビジョン受信）が可能となった（改善前は20％）。ワンセグ受信（携帯端末での受信）に限れば，受信設備の改善，船内での再送信等により全区間で受信可能とすることができた（改善前は40％）。

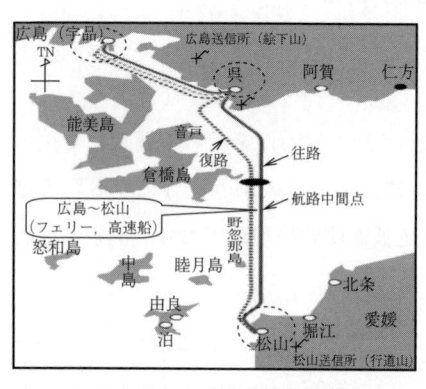

図4.19　広島−松山間定期航路

　本節においてはこれら課題の洗い出しとその解決法に関して，他の多くの定期航路にも適用できる事項を中心に述べる[65]。

4.3.1 海上移動受信時の電界強度変動

航路において親局に近い地点の電界は 95 dBμV/m 以上であるが，50 dBμV/m 未満の低いところもあり，従来の固定受信を想定したプリアンプを使用したところ，利得調整を行わない場合は入力の飽和により MER（変調誤差比，3.5節参照）の劣化（20 dB 以下）が生じた。また，船内でのギャップフィラーによる再送信のためにも，各チャネルの入力電界を一定レベルに保つ必要があり，50 dB の電界変動に耐えられ，かつ低電界時の信号劣化を極力抑えることができる低 NF（noise figure，雑音指数）のプリアンプ（$NF=1$ dB）を試作し，対応した。

海上移動受信においてはこのように機器のダイナミックレンジに注意が必要である。また，フェリー・高速船とも受信電界が 80 dBμV/m 以上の場合は安定した視聴が可能であるが，60 dBμV/m 程度では海面反射や島嶼部からの反射により，ブロックノイズ（**図 4.20**）が生じ，不安定な受信となった。

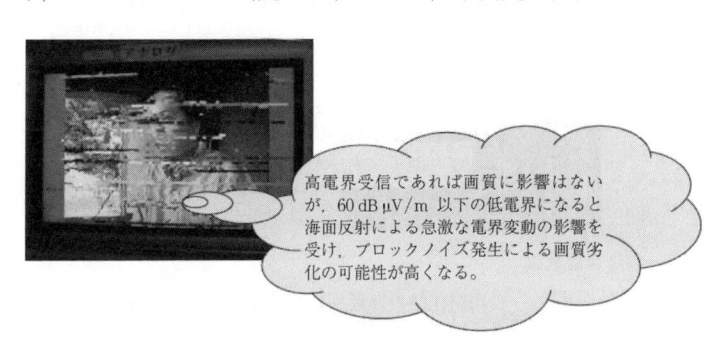

図 4.20 ブロックノイズの例

4.3.2 ガードインターバル超え遅延波の到来

速度が遅く，測定が容易なフェリーにおいて 14 素子八木アンテナを用いて広島親局の電界強度を測定していたところ（位置は左舷(げん)デッキ，広島への復路），見通しのよい航路中間点付近（図 4.19 参照）で電界強度が 60 dB μV/m を超えている（60 〜 70 dB μV/m）にもかかわらず，**図 4.21** に示すように A 階層（携帯端末受信用），B 階層（ハイビジョン受信用）とも BER（ビット誤

184　　4. OFDMを用いたシステムにおける新技術

図4.21　航路上で正常に受信できない区間と誤り率（BER）の劣化状況

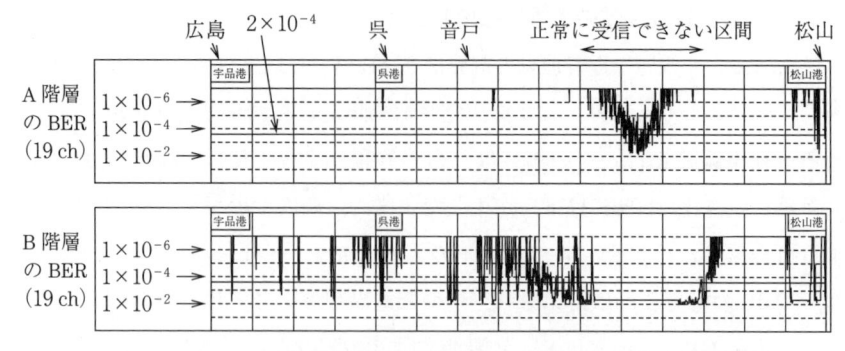

A階層：携帯端末受信用，B階層：ハイビジョン受信用
［縦軸：BER（$1 \sim 10^{-7}$），横軸：10分/div.］

り率）が2×10^{-4}以上に劣化し，正常に受信できない区間が発生した。

調査の結果，原因はガードインターバル超え遅延波の到来によるもので，**図4.22**に示すように遅延時間が135 μs（伝搬距離差：約40 km）と170 μs（伝搬距離差：約51 km）付近に強く現れ，DU比（希望波レベル/遅延波レベル）

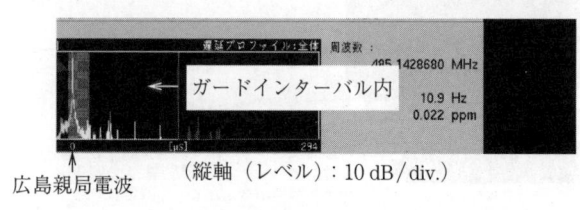

(a)　広島発往路の遅延プロファイル（受信良好）

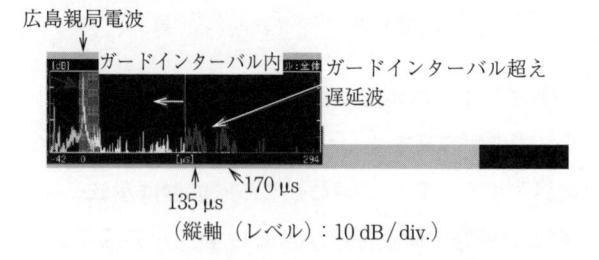

(b)　松山発復路の遅延プロファイル（受信困難）

図4.22　ガードインターバル超え遅延波が到来したときの遅延プロファイル

は約30dBであった．また，このときのMERは20dB程度で，最悪値は5dBであった（図4.10の長距離遅延プロファイル測定装置（MS 8911 A）を用いて測定）．

この現象を詳しく調査したところ，広島親局の電波が西方遠方の山岳で反射し，松山港に近い海上航路ではガードインターバルを超える予想外の妨害波となっていることが判明した．なお，このようにDU比が30dB以下となっている理由としては，航路が広島市内と反対側（松山側）にあり，世帯がなくかつ隣接チャネルの関係で広島親局の電界が低いことも関係していると考えられる．

対策として，妨害波到来方向（西側）を遮蔽するため，受信アンテナを船の右舷と左舷にそれぞれ設置し，松山への往路は左舷（地理的に東側）のアンテナ，復路は右舷のアンテナ（同じく地理的に東側）を切り替えて広島親局を受信するようにした（詳細は後記）．この船体構造を利用した遮断により，DU比は35dB，MERは約25dBに改善され，十分受信が可能となった．

移動船舶の場合は，海上という遮蔽物のない環境で移動するため，遠方の反射物からも見通しがよくなりこのような高レベルのガードインターバルを超えた反射波が到来する可能性も十分考えられ，注意が必要である．

4.3.3 隣接チャネルの影響

広島親局と松山親局はチャネルが隣接関係（広島：14, 15, 18, 19, 22, 23 ch，松山：13, 16, 17, 20, 21, 27 ch）にあるため，その影響について低速で測定が容易なフェリーで調査した結果，広島チャネルが低電界で松山親局が強電界である洋上の地点で，隣接チャネルが干渉妨害となり，MERが20dB以下に劣化する状況が生じた．この劣化原因を調査した結果，**図4.23**に示すように希望波と隣接妨害波のDU比が−15dB以下となった場合，強電界隣接チャネル波の影響でプリアンプが飽和することにより発生していることが判明した．このため，高ダイナミックレンジの増幅器，チャネル間の電界強度差ができるだけ均一となるよう補正するチャネルバランサを試作・使用する

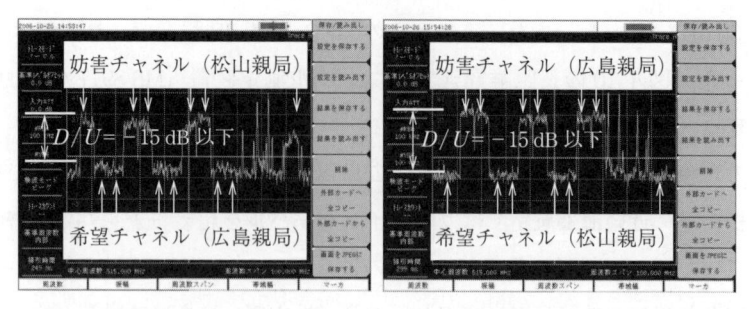

(a) 広島親局受信時のスペクトル　　（b) 松山親局受信時のスペクトル

図 4.23　隣接チャネルによる妨害

対策を行った。

　地上ディジタル放送では，本例のように隣接チャネルも有効に利用しながら，たがいのエリアに影響を与えないようチャネル配置がなされている。したがって，放送エリアを超えて移動する場合には，たがいの空きチャネルに隣接チャネルが櫛状に入り込んでくるため，受信状況の異なる連続したチャネル（本例では，13 ch から 23 ch まで 11 ch 連続）を受信しなければならない場合も起こり得る。使用する機器は，高いダイナミック特性を要求される可能性もあり，設計には十分な注意が必要である。

4.3.4　船舶内での再送信に関する調査

〔1〕**再送信システムの構成**　　早期導入がより求められている高速船内での同一チャネル再送信時における伝搬状況を把握するため，因島（広島親局寄り）ドックで停泊中に実施した実験システム構成を図 4.24 に示す。1 階客室の前後に 2 台，2 階客室に 1 台の計 3 台の送信機（増幅器）を各客室の天井近くに設置した。ここで，2 階客室と 1 階客室の中央通路付近の天井は 2.15 m，送信機の設置高さは床から 2 m である。また，1 階に 2 台設置しているのは，人の頻繁な移動（座席数が多いため）による電波遮断をカバーするためである。

　図 4.25 に示す再送信アンテナ（逆 F 型垂直偏波アンテナ，上部が反射板）

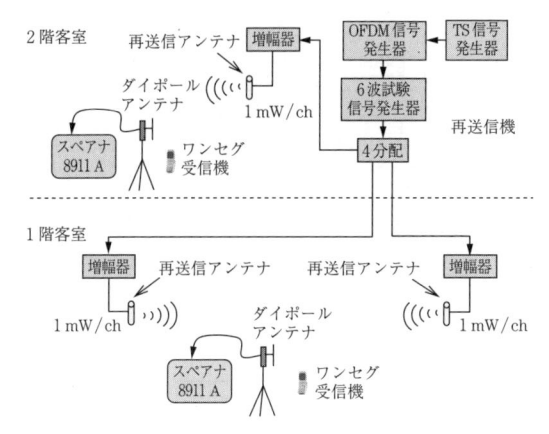

4.3 海上移動受信時の課題と対策

図 4.24 高速船での実験に使用した再送信システム

への入力のチャネル (ch) 数は 6 で出力は 1 mW/ch である。チャネルとしては広島親局との混信を避けるため因島中継所で使用予定の 16, 17, 28, 29, 42, 44 ch (合計 6 チャネル) を使用した。また，チャネル配置の中央にあたる 28 ch のみ OFDM 変調を行っている (他のチャネルは CW (無変調))。

図 4.25 使用した再送信アンテナの外観 (垂直偏波用逆 F 型アンテナ，上部が反射板)

測定方法はまず**図 4.26** に示す 3 か所の送信機をそれぞれ単独で送信し，1 階は 6 ポイント，2 階は 5 ポイントで受信電界強度および受信特性 (MER，周波数スペクトルなど) を測定した。ここで，測定位置を四隅の客席および中央部の座席としているのは，室内の前座席でまんべんなく視聴できることを確認するためである。その後，3 台の送信機で同時送信し，単独送信の場合と同じ調査ポイントで測定した。なお，測定位置は，座席の影響を受けないようにするため，座席より高い床から 1.5 m とした。

2 階単独送信の場合，調査 5 ポイントの受信電界強度平均値は 97.2 dBµV/m，

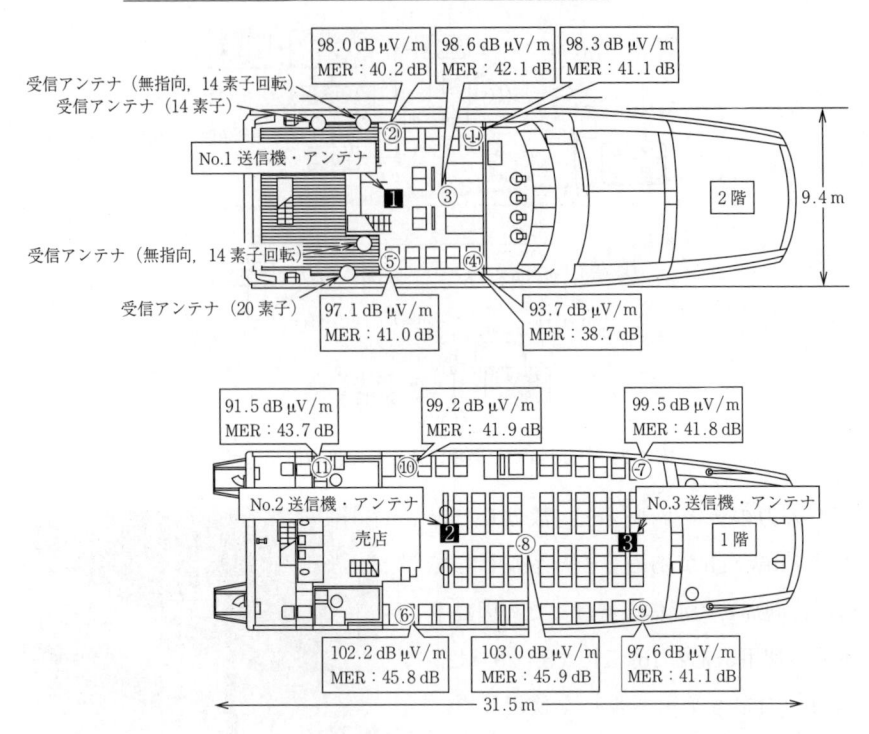

4. OFDMを用いたシステムにおける新技術

図4.26 3台の送信機の設置場所と同時送信した場合の船内における電界強度分布

[2階]
- 98.0 dBμV/m MER：40.2 dB
- 98.6 dBμV/m MER：42.1 dB
- 98.3 dBμV/m MER：41.1 dB
- 97.1 dBμV/m MER：41.0 dB
- 93.7 dBμV/m MER：38.7 dB

受信アンテナ（無指向，14素子回転）
受信アンテナ（14素子）
No.1 送信機・アンテナ
受信アンテナ（無指向，14素子回転）
受信アンテナ（20素子）
9.4 m

[1階]
- 91.5 dBμV/m MER：43.7 dB
- 99.2 dBμV/m MER：41.9 dB
- 99.5 dBμV/m MER：41.8 dB
- 102.2 dBμV/m MER：45.8 dB
- 103.0 dBμV/m MER：45.9 dB
- 97.6 dBμV/m MER：41.1 dB

No.2 送信機・アンテナ
No.3 送信機・アンテナ
売店
31.5 m

最大値は102.3 dBμV/m，最小値は93.6 dBμV/mであった．また，1階の6調査ポイントの平均値は67.8 dBμV/mで約30 dBの減衰が見られた．1階客室前方送信機単独の場合もほぼ同様の結果となり，1階における電界強度の平均値は93.2 dBμV/m，2階の平均値は66 dBμV/mで減衰量は約27 dBであった（後方送信機単独の場合もほぼ同じ値）．

　1，2階に設置した送信機3台で同時に送信し，各階の全ポイント（11か所）で電界強度などの特性測定を行った結果を図4.26に含めて示す．2階の平均電界強度は97.2 dBμV/m，1階の平均電界強度は98.8 dBμV/mであった．

　MERについては2階の右前の調査ポイントでの電界強度93.7 dBμV/mにおいて38.7 dB，その他においては40 dB以上（40.2 dBから45.9 dB）が得られており，放送品質として十分な値が確保されている．

なお，再送信を行わない場合の船舶内での親局電界強度は最も電界が高いと考えられる広島発着場においても 70 数 dBμV/m であり，再送信波に対する影響は特に認められなかった。

〔2〕 **1 階客室内における複数再送信による干渉**　高速船1階客室に送信機2台を設置し，6波（28 ch のみ OFDM 変調波）を同一出力（1 mW/ch）で電波発射した場合に生じる干渉の影響について調査を行った。

2台の送信機の距離は 9.4 m であるため，中間の 4.7 m 近辺のポイント（図 4.26 の No.2 と No.3 送信機を結んだ直線の中間，ポイント⑧より少し No.3 送信機側の位置）に垂直ダイポールアンテナを 1.5 m の高さにセットし，前後左右に移動させたところ，図 4.27 のように周波数特性に局部的なディップが生じ，MER が 44.5 dB（電界強度は 102.4 dBμV/m）から 31.1 dB（電界強度は 99.2 dBμV/m）に劣化した（13.4 dB の劣化）。

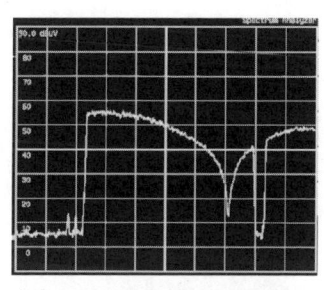

| （a） 干渉により生じた局部的なディップ | （b） 携帯端末を数 cm 移動させた場合 |

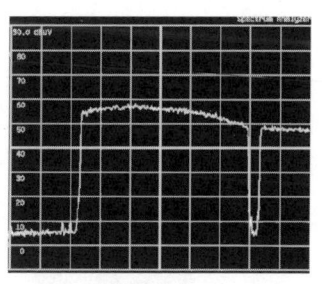

［縦軸（レベル）：10 dB/div., 横軸（周波数）：1 MHz/div.］

図 4.27　2台の送信機からの電波による干渉の影響

しかしながら，この現象はきわめて微少な範囲で発生しており，数センチ前後左右に動かすとディップはなくなり MER も 44.5 dB に回復した。したがって，通常のモバイル視聴状態においては，受信端末をわずかに移動させるだけで視聴可能となるため，複数再送信が品質に与える影響は問題がないことが確認できた。

〔3〕 **船内における人体による減衰の調査**　再送信波の客室内における人

体による減衰や座席の構造による受信電界への影響などについても定量的な調査を行った。再送信アンテナを図 4.28 のように対角線に配置し，その間の座席に座っている数人が立った状態と座った状態において中央通路付近（⑧の地点）における電界強度を測定した（実際の視聴形態を想定して，座った状態での胸の高さ（約 90 cm）に受信アンテナを設置）。

同様に人がいない場合の座席の影響を測定した結果，座った状態に比べて

送信機・アンテナ　人体の位置

売店

（高速船 1 階配置図）　受信位置　送信機・アンテナ

［人が座席に座った状態］
90.0 dB μV/m
MER：42.5 dB

［人が立っている状態］
86.0 dB μV/m
MER：37.0 dB

［縦軸（レベル）：5 dB/div., 横軸（周波数）：1 MHz/div.］

［背もたれより上］
93.6 dB μV/m
MER：42.9 dB

［背もたれより下］
90.2 dB μV/m
MER：38.3 dB

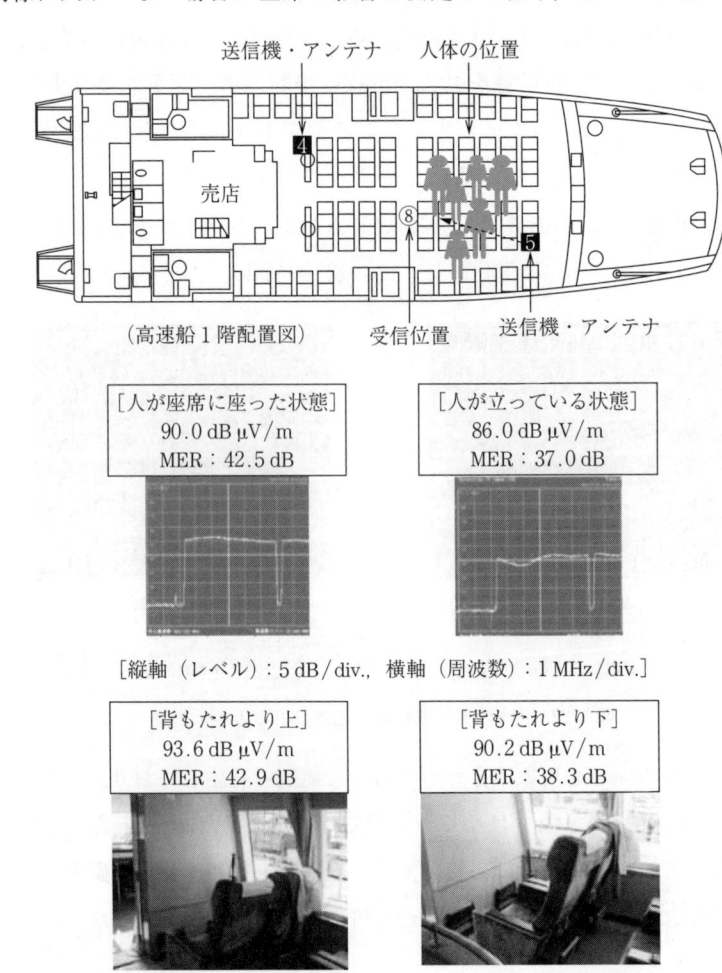

図 4.28 人体および着席位置による電界強度と MER の変動
（28 チャネル送信時）

立った状態では受信電界の変動は図4.28に示すように4～5dB程度となった。単機送信の場合は上記と同様の状態で受信点の前に人が立っているときの減衰量は約10dBであり，前面，背面から電波サービスが可能で，人体遮蔽による受信不能を防止できる複数機送信が有効であることを確認した。

なお最悪のケースとしては，座席の人が立ち，受信点の周囲に人がいて2台の送信機からの電波を遮断する状態となることも考えられるが，運用中のフェリーでのデータ取得という条件から時間の制約もあり，この状況でのデータは取得できていない。また，座席による影響については，図4.28の⑧の地点において背もたれより下では，電界強度，MERとも3～4dBの減衰が生じた。

この結果から無人状態での電界強度に対し，5dB程度のマージンを見込んで送信機出力を設定すれば，客室内はほぼ全域で視聴可能となることを明らかにできた。

〔4〕 **再送信波が隣接チャネルの等価CNRに与える影響**　　広島フェリー発着所（宇品港）においてフェリー船内で信号発生器（SG）により松山親局波（13, 16, 17, 20, 21, 27 ch）を再送信して受信し，送信所からの広島親局波（14, 15, 18, 19, 22, 23 ch）すなわち隣接波への影響を確認したところ，図4.29のチャネル配置において再送信波（20 ch）からの妨害により隣接の19 ch（広島親局）の等価CNRが劣化する現象，すなわちDU比が-20数dB程度となりMERが13.5dBに劣化する現象が生じた。

このDU比は上隣接がディジタル波の場合における混信保護比の規定値（-29 dB）以上であり，プリアンプの飽和によって生じているものと考えられる。このような場合

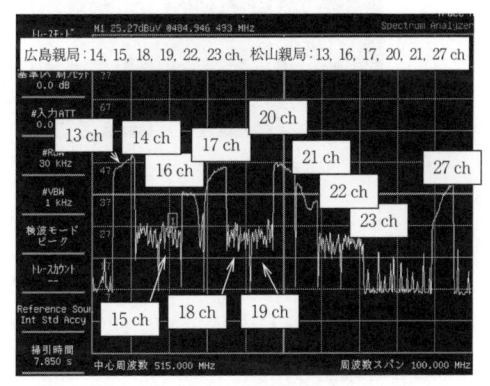

［縦軸（レベル）：10 dB/div.，横軸（周波数）：10 MHz/div.］

図4.29　広島親局と松山親局のチャネル配置

は再送信波と隣接波との受信入力レベル差の管理，すなわち受信レベルに応じて再送信出力レベルを制御することが必要となる。このように再送信の場合は隣接波のDU比についても十分な注意が必要である。

〔5〕 **再送信波の船室外受信アンテナへのまわり込み**　船内で広島親局・松山親局電波の再送信を行い，船室外（デッキ）に取り付けた受信アンテナへのまわり込みを抑制するために必要なマージンについて調査を行った。この結果，受信電界強度の低下などにより，DU比が20 dB程度となると図4.30の遅延プロファイルに示すように親局受信波から約4 μs遅れのまわり込み波（ループが形成されているため約4 μsの間隔で発生）による帯域内の周波数・振幅特性の乱れ（リプル）により総合MERが18.7 dBに劣化し（図4.30（a）参照），破綻状態となった。

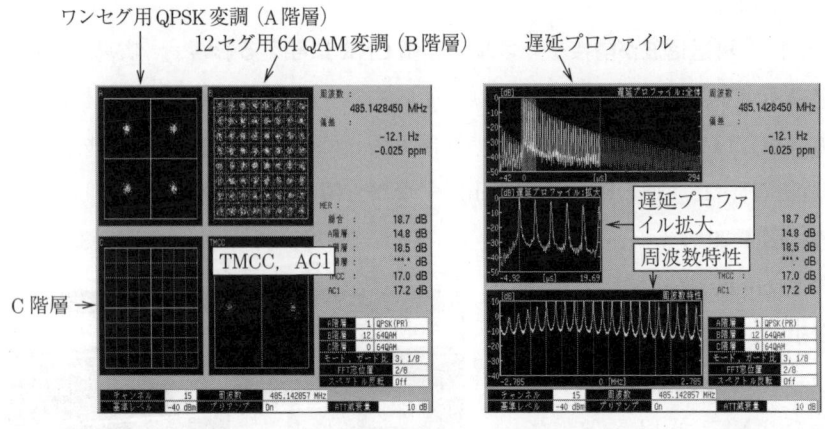

(a) 各階層のコンスタレーションとMER　　(b) 遅延プロファイルと周波数特性

図4.30　まわり込みにより生じたMERの劣化（広島親局15）

このため，DU比を変化させて実験を行った結果，受信入力電界強度が最小時（60 dB μV/m）においても，DU比を30 dB以上確保すれば破綻を防止できることを確認した。

海上移動受信では，前記のように受信入力が大幅に変動する可能性があるが，船上で受信位置を決める場合はDU比の確認を必ず行う必要がある。

以上のように，海上移動受信の場合はかなり厳しい送受信レベルの制御が要求される．

4.3.5 改良システムの系統と高速船での評価実験結果

〔1〕 **システムの系統**　これまでの調査結果をもとに図 4.31 に示す改良受信システムを試作し，広島－松山定期航路（高速船）で評価実験を行った．本システムの特徴は以下のとおりである．

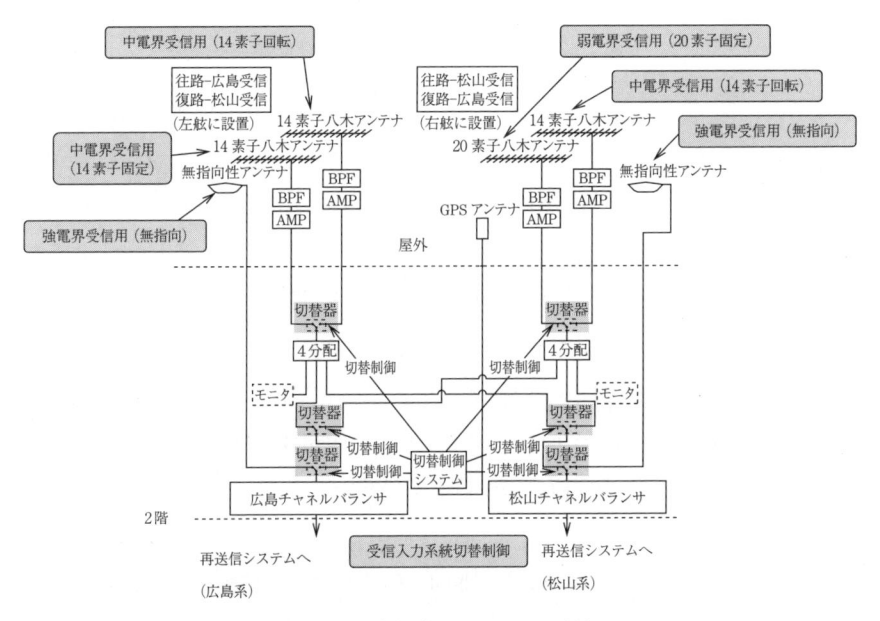

図 4.31 改良受信システムの系統

〔a〕 **受信電界に合わせたアンテナの切り替え**　図 4.32 に示すように無指向性アンテナ（強電界用，スーパーターンスタイルアンテナ），14 素子八木アンテナ（中電界用）と 20 素子八木アンテナ（ガードインターバル超え遅延波抑圧用，船の右舷のみ）をできる限り船の中央部で低い位置に設置し，アンテナ出力の電界強度および妨害波（遅延波）の状況を確認しながら切り替えて，最良の受信状況に設定した．

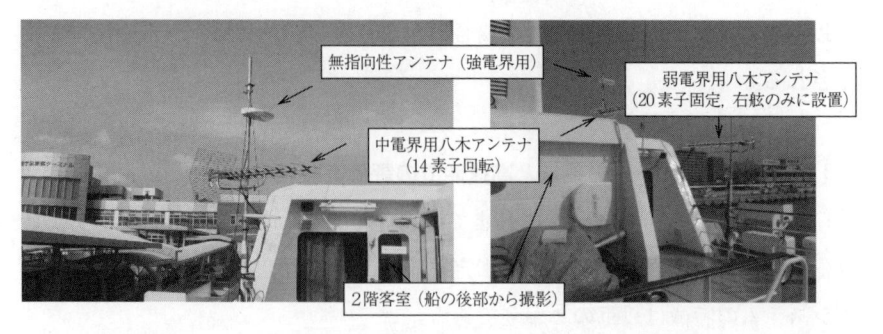

194　　4. OFDM を用いたシステムにおける新技術

（a）高速船左舷　広島向け受信アンテナ（往路）　　（b）高速船右舷　広島向け受信アンテナ（復路）

図 4.32　受信アンテナの外観および位置

　ここで，20 素子の弱電界用アンテナを船の右舷かつ低い位置に設置しているのは，利得を高めて信号電圧を高めることに加え，指向性を鋭くしてかつシャドウ効果により各松山から広島への復路において受信される西側からのガードインターバル超え遅延波を抑圧するためである（図 4.26 に示すように船体構造は前方と後方で異なり，復路の方がシャドウ効果が少ないために必要）。

　左舷側の無指向性・14 素子回転アンテナについては海面からの反射波を少なくするため，船の右舷と同様にできる限り中央部に設置する方が望ましいが，出入り口があるため，海側に設置している。

　なお，図 4.32 の左舷側において固定受信用の 14 素子アンテナが見られないのは，撮影アングルの関係である（図 4.26 に示すように船の後方側に離れて設置されているため）。

　また，今回は手動でアンテナの方向調整を行ったが，実用的には上記の航路の各地点における受信状況データと GPS と組み合わせて，各地点において最良な状況になるよう自動的に切り替えるシステムの開発が必要となる。

　〔b〕　**船体構造を利用したマルチパス波の遮断**　　往路（広島から松山）での広島親局受信は左舷のアンテナ，松山受けは右舷のアンテナで受信し，復路は右舷の 20 素子八木アンテナを使用することにより，西側山岳からのガードインターバル超え遅延波を遮断している。

4.3 海上移動受信時の課題と対策

〔c〕 **広ダイナミックレンジで低雑音のプリアンプとチャネルバランサの使用** 受信電界強度の大幅な変動に耐えうる広ダイナミックレンジ（高レベルの妨害波（隣接チャネル）による飽和を防止するために必要）でかつ低雑音のプリアンプを使用するとともにチャネル間の電界強度差を補正してプリアンプへの入力レベルを一定とするチャネルバランサを新たに挿入するなどの対策を行った．

安定した受信サービス品質を確保するためには，受信入力電界の変動に対して送信機の出力を極力一定に保つ必要がある．共同受信用等に使用されている一般的なアンプのAGC特性は20 dB程度であるが，今回の調査で明らかになったように受信電界強度は，50 dBも変動する．このため，ダイナミックレンジが50 dBで，かつ低雑音（NF = 1 dB）プリアンプを試作・導入するとともにチャネルバランサを使用するなどの対策を行った（従来は雑音指数NFが2.2 dB程度のプリアンプを使用し，チャネル間のレベル差はそのままであった）．

なお，以上は電気的特性のみに主眼をおいて検討を行ったが，実用化の面では高速船の航行速度（70 km/h）に耐えられ，かつ塩害に対して耐久性のある受信アンテナの開発も必要である．

〔2〕 **評価実験結果**

〔a〕 **ワンセグ受信（携帯端末受信）** 広島-松山航路の高速船内において，広島親局受信（14 ch）のみで再送信しない場合（船内直接受信）と，親局（広島14 ch）を屋外（デッキ）で受信し，船内に再送信した場合についてワンセグ視聴テストを行った．具体的には4台のワンセグ携帯機器を使用し，2階左右最後列座席（2か所），1階中央座席および任意の座席においてGPS位置情報とタイミングを合わせて4ポイント同時に視聴結果を収集した．

最も視聴が困難である船内1階客席中央部におけるワンセグの受信状況を図4.33に示す．再送信なしの場合は全航路の約60 %が受信不良であったが，再送信を行った場合はすべての場所で受信が可能となった．なお，図4.33の受信不能区間とは全航路長に対して受信不可が生じる区間，受信不良区間とはブ

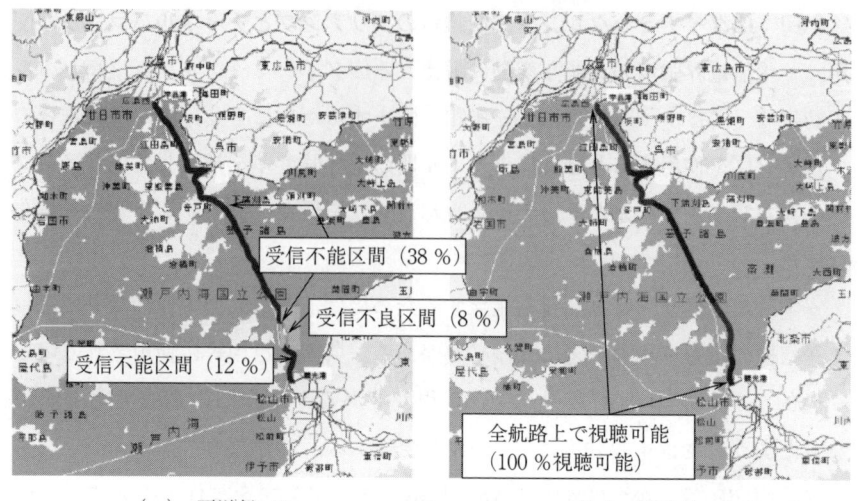

(a) 再送信 off　　　　　　　　　　　　(b) 再送信 on

図 4.33 高速船 1 階客席中央部におけるワンセグ（携帯端末）受信状況（広島→松山）

ロックノイズ（図 4.20）が現れる区間をいう。

〔**b**〕**12 セグ受信（ハイビジョン受信）**　　広島 14 ch の 12 セグ受信についても再送信を行った場合と行わない場合で比較した結果を**図 4.34** に示す。無指向性アンテナを使用した場合（全航路で使用）は，ガードインターバル超え遅延波（反射波）の影響，隣接チャネルによる妨害，受信電界強度の大幅な変動などにより全航路の約 80 % で受信不能であった。

一方，改良システム（図 4.31）を使用した場合は，全航路の 90 % の場所で受信可能となり，本システムの有効性を確認できた。ここで，12 セグの再送信を行う理由は，今後の 12 セグ受信用 PC の普及にも対応可能としておくためである。

なお，広島受信に関しては他のチャネルについても若干の差はあるものもワンセグも含めてほとんど同じ結果を得た。松山受信（13 ch のみ）に関しては，地形の関係で音戸付近，松山港付近では受信電界の不足により受信不能・受信不良区間が発生し，広島受信に比べて受信エリアは狭くなっている。

4.3 海上移動受信時の課題と対策

(a) 再送信 off　　　　　　　　　(b) 再送信 on

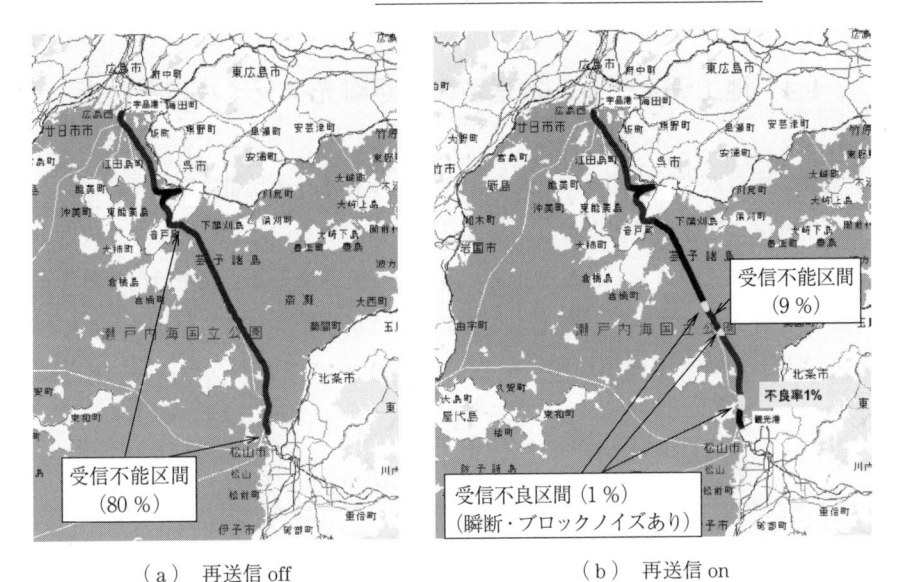

図 4.34　高速船における 12 セグ（ハイビジョン）受信状況（広島→松山）

4.3.6　ま　と　め

　海上移動船舶における地上ディジタル放送の安定な受信方法と船内における再送信技術及びその効果について調査・検討を行い，技術的には十分実用可能であることを明らかにした。船舶や電車等移動体での受信そのものについては，地下街等の閉鎖空間と同様の条件であるが，最も異なる点は，その閉鎖空間自体が，放送エリアの枠組みを超えて移動することにある。このため予想外のガードインターバル超え遅延波の到来や，隣接チャネルによる妨害などさまざまな課題に直面したが，適切な対策を実施し，実用化の目処をつけることができた。

　この他に，低速（25 km/h）のフェリーよりも高速船（70 km/h）の方が安定に受信できるデータが得られた。高速船の方が海面反射など電界低下点を通過するスピードが速く，電界強度の復元が早いため誤り訂正が有効に働くことなどが考えられるが原因の特定はできていない。今後の検討事項の一つである。

4.4 地上ディジタル放送波の長距離光ファイバ伝送技術

電波の届きにくい山間地域に地上ディジタル放送を送り届けるためには数多くの中継局の建設が必要となり，莫大な費用がかかる。地上ディジタル放送を早期に，かつ低コストで普及させるためには，既存の光通信網を活用することが有効と考えられており，**表4.1**に示すように自治体の通信インフラ（長距離光ファイバ網）等を利用したシステムの提案，伝送実験が活発に行われている[66]。

表4.1　各伝送方式の比較

方式	概要	特徴
RF伝送方式	RF信号（ディジタル放送波：OFDM変調波）を直接光伝送	加入者への接続性・親和性が非常に高い（OFDM変調器が不要）が，信号品質が劣化しやすい。
IP伝送方式	既存のIPネットワークを活用して伝送	ディジタル伝送のため，誤り訂正が可能。ただし，OFDM変調器が必要で，揺らぎ・遅延・パケットロスなどあり。
TS伝送方式	ベースバンドディジタル信号を専用回線で伝送	誤り訂正が可能。ただし，OFDM変調器，専用回線が必要。

RF（radio frequency）伝送方式は，地上ディジタル放送波をそのまま光ファイバで伝送するため，加入者との接続性・親和性が高いが，長距離伝送においては信号品質が劣化しやすい。

IP（internet protocol）伝送方式は，既存のIPネットワークをそのまま活用することで設置・運用コストを低減できる。またディジタル信号であるため，誤り訂正を利用すれば信号劣化をなくすことも可能で長距離伝送に適している。ただし，信号のゆらぎ，パケットロス，遅延などの問題があり，OFDM変調器も新たに必要となる。さらに山岳地域にIP回線が敷設されていない場合はその建設コストも莫大となる。

TS（transport stream）伝送方式は，地上ディジタル放送のベースバンドディジタル信号（TS信号，3.1.3項参照）を伝送する方式で，IP伝送方式同

4.4 地上ディジタル放送波の長距離光ファイバ伝送技術

様長距離伝送時においても信号劣化をなくすことができる．ただし，専用回線が必要であることに加え，OFDM変調器も必要であることから高コストとなる．

以上から山岳地域を含め，地上ディジタル放送をできるだけ低コストで配信するためには，RF伝送方式が最も有効であり，信号劣化の問題をクリヤするための検討を行うとともにフィールド実験により十分実用が可能であることを実証した[67]．図4.35にRF伝送方式のイメージを示す．

長距離光ファイバ網においては，光増幅器の適用が可能な1.55 μm帯が広く用いられているが，既存のファイバ網は，ほとんどの場合1310 nm帯ゼロ分散ファイバが使用されており，光源のチャーピングと光ファイバの波長分散に起因する伝送特性劣化の影響を受けやすい．このため上記伝送実験にお

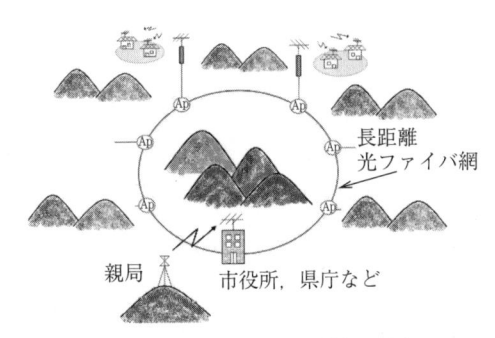

Ap：アクセスポイント（役場など）

図4.35 RF伝送方式長距離光伝送システム

いては，外部変調方式が用いられているが，地上ディジタル放送波を低コストで伝送するためには，より安価な伝送方式が求められている．

今回，OFDM信号を用いて光変調度，光ファイバの**波長分散**（chromatic dispersion）が**IMD**（intermodulation distortion，相互変調ひずみ）に与える影響，最小限の補償量の検討および実用システムにおいて重要な入力電波の等価CNRを考慮した設計を行うとともに，実際の光ファイバ網（340 km）を用いて地上ディジタル放送波の多チャネル（9 ch）一括伝送実験を実施した[68]．この結果，OFDM信号伝送においても低コストで高CNRを得るための光変調度の設定，最小限の波長分散補償等を行うことにより，**LD直接変調方式**（LD direct modulation）では困難とされていた長距離光ファイバ伝送における信号劣化をきわめて小さく抑えることができ，システムとして実用性能を十分満足

する約 40 dB の等価 CNR を得た．これにより，安価な地上ディジタル放送波の配信が可能となる．

4.4.1 設計・検討のためのシステムモデル

図 4.36 はフィールド実験に先だって実施した室内実験のシステムモデル系統である．総伝送距離は 360 km で，光増幅器への光入力パワーは $-10～-3$ dB$_m$，光出力パワーは $+13$ dB$_m$ とし，最大 23 dB の伝送損失（光ファイバ伝送損失 0.4 dB/km × 40 km + **分散補償ファイバ**（dispersion compensation fiber, DCF）挿入を考慮（損失 7 dB））を補償するため，40 km ごとに 9 台の光増幅器を配置している．各県内での配信においては，ループ状に光回線が構築されている場合もあるため，上記のような 300 km を超える長距離での検討を行った．また，システムの低コスト化（低い受光パワーで高い CNR を実現させる）を目指すため，低出力（$+13$ dB$_m$）の光増幅器を適用している．

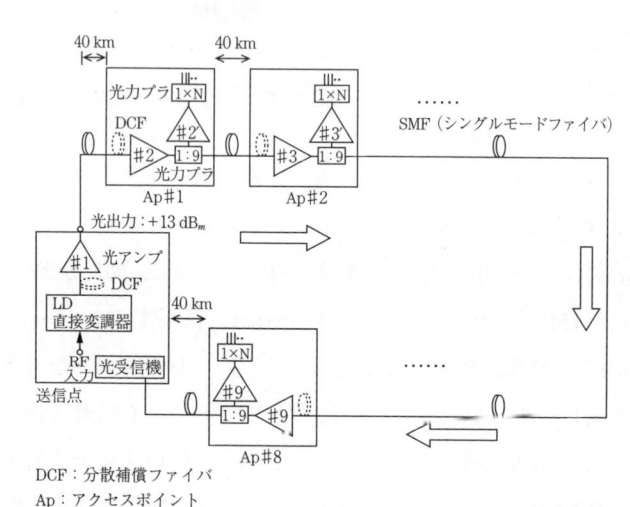

図 4.36 システムモデル系統（室内実験用）

光送信部には，光波長 1.55 μm 帯，出力 $+8$ dB$_m$ の LD 直接変調器（図 4.37）を用い，最大 9 ch のディジタル放送波を 1 本のファイバで一括伝送す

ることにより，チャネル当りのコストを低く抑えることが可能となる。今回想定した光通信網は，1.31 μm 帯ゼロ分散ファイバが多く使われているものと予想されるため，各**アクセスポイント**（access point, Ap）においては，波長分散による信号劣化補償用の分散補償ファイバが配置可能な構成としている。

図4.37 LD直接変調器の外観（幅：480 mm，高さ：49 mm，奥行：350 mm）

また，各Apで回線の光信号の一部を分岐増幅することにより，Apごとに地上ディジタル放送波の配信が可能である。配信された光信号の復調（光/電気変換）には，光多分岐伝送を考慮した**FTTH**（fiber to the home）ネットワークで使用される汎用的な光受信機（V-ONU）を適用することとし，その最低受光パワーである-8 dB_m で検討を行った。

4.4.2 システム設計のための検討

システム通過後の出力等価CNRは，家庭への直接配信，CATV局への配信および親局電波が届かないエリアへの再送信サービスへの適用を考慮すると実際の伝送距離である360 km伝送後のIMDによる劣化を含めて35 dB以上確保する必要がある[68]。

本システムのような長距離光伝送におけるおもな信号劣化要因は

① 光増幅器等構成機器で発生する雑音やIMD

② 長距離光ファイバ網で生じる信号劣化（IMD）

であり，これらに対して検討を行った。

〔1〕 **光増幅器等（光ファイバを除く）で発生するガウス雑音・IMDの検討と光変調度の設定** 実際のシステムにおいては，入力親局電波の劣化状況を考慮しなければならない。この場合，所要等価CNR（C/N_{req}）は次式で表すことができる。

$$C/N_{req} = -10\log(10^{-B/10} - 10^{-A/10}) \quad (4.32)$$

ここで，A〔dB〕は親局電波の等価C/N（=38 dB（規定値）），B〔dB〕はシステム出力で必要とされる等価C/N（=35 dB）である。

なお，親局電波の雑音成分は IMD が支配的であり，以下の式[7]から等価$C/N=38$ dB は，$C/IMD ≒ 40$ dB に相当する。ここで，C/IMDは中心周波数から±3.3 MHz 離れた周波数における IMD 電力に対する帯域内の任意のキャリヤ電力（帯域内では一定）比である。

$$C/IMD ≒ 等価 C/N + 2.1 \, dB \quad (4.33)$$

$A=38$ dB, $B=35$ dB を式 (4.32) に代入すれば，$C/N_{req}=38$ dB となり，本システムに要求される等価 CNR は 38 dB 以上でなければならない。

理想信号（入力信号の CNR が無限大）を用いた場合，本システムのガウス雑音のみ（IMD を除く）を考慮した CNR は次式で表される。

$$C/N = 10\log(i_p^2 M^2/2)/\left[(i_p^2 RIN + 2ei_p + i_r^2)B\right] \quad (4.34)$$

ここで，i_pは光受信機の光電流，Mは 1ch 当りの光変調度，RINは光源の相対雑音強度，i_rは光受信機の熱雑音電流，Bは信号帯域幅，eは電子の電荷である。

光増幅器を適用した本システムのRINは，光増幅器を接続することによる劣化が 1 段ごとに加算され，n段接続後のRIN（$RIN_{n\,out}$）は式 (4.35) で表される。

$$RIN_{n\,out} = RIN_{n-1\,out} + (2h\nu NF_{(A)}/P_{in}) + \left[(h\nu NF_{(A)})^2 B_f/P_{in}^2\right] \quad (4.35)$$

ここで，hはプランク定数，νは信号光の周波数，$NF_{(A)}$は光増幅器の雑音指数，P_{in}は光増幅器への入力光パワー〔W〕，B_fは光増幅器の増幅帯域幅である。

システムの低コスト化のためには，低い受光パワーでのシステム構築が肝要であり，光送信機における変調度は IMD の影響を受けない範囲でできるだけ高く設定することが望ましい。

文献 68) において，2 トーン信号の場合ではあるが，トータル光変調度Mが 28 %（今回においては$M=9.3$ %/ch，9 ch 一括伝送に相当）まではC/IMD

は 52 dB 以上（式 (4.33) から等価 CNR に換算すると 50 dB 以上）となっている．この値は所要等価 CNR（35 dB）に比べ十分大きいと考えられるため，M = 28 % と仮設定して以下の設計を行い，OFDM 信号伝送時に生じると予想される IMD による過剰劣化については，実験で確認することとした．

式 (4.34) と式 (4.35) を用い，図 4.36 のシステムモデル（光増幅器 9 段接続）における光受信機受光パワーに対するガウス雑音のみを考慮した CNR の計算結果を図 4.38 に示す．ここで，$RIN = -150$ dB/Hz，$NF_{(A)} = 6$ dB，$P_{in} = -10$ dB$_m$，η（光受信機の受光感度）$= 0.95$ A/W，$i_r = 8$ pA/$\sqrt{\text{Hz}}$，$B = 5.6$ MHz，$B_f = 3.77 \times 10^{12}$ Hz とした．

図 4.38 から，受光パワーを -13 dB$_m$ 以上とすれば，目標値の $C/N \geq 38$ dB が得られる．汎用的な光受信機を用いた場合，その最低受光パワーは -8 dB$_m$ であり，目標値を十分満足する $C/N = 39.3$ dB が期待できる．

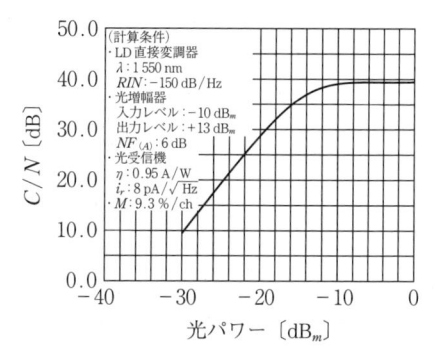

図 4.38 フォトダイオード（光受信機内）光パワーに対する CNR（計算値）

〔2〕 **長距離光ファイバ網における信号劣化（IMD による劣化）**　光ファイバの高分散波長域での長距離光ファイバ伝送では光源のチャーピングと波長分散に起因する CSO（composite second order）劣化が生じる．地上ディジタル放送の周波数は 470〜710 MHz（UHF 帯）であり，伝送帯域幅は 1 オクターブ以内に収まっているため，直接 2 次ひずみが自帯域に影響を及ぼすことはなく，3 次相互変調ひずみのみを考慮すればよい．

LD 直接変調器を適用する場合はチャープ特性により，光スペクトル幅が広がるため，波長分散の影響により信号ひずみが生じる．これは光変調度に関係しており，LD 直接変調方式の場合，トータル変調度を把握し，制御することが重要である．特に，OFDM 信号は，数千本以上のマルチキャリヤ信号であるため，自チャネル内にもひずみ成分が発生し，等価 CNR に与える影響は大

きい。

波長分散によるひずみは，分散補償を行えば低減されることはよく知られているが，本システムにおいては，分散補償ファイバをできるだけ使用しない，より安価なシステム構築を目的としており，波長分散量とIMDの関係は重要であるため調査を行った。

〔a〕 **OFDM信号伝送時の波長分散量に対するIMD** 変調信号としてOFDM信号およびCW信号（無変調）を用い，ダミー光ファイバを使用し，図4.36の系統（DCFは除く）で室内伝送実験を実施した。本実験においては，光ファイバ長を変える（0.01〜346.6 km）ことにより波長分散値を制御し，信号劣化を測定した。表4.2に使用した光ファイバの諸特性を示す。

表4.2 光ファイバの諸特性

損失〔dB/km〕	モードフィールド径〔μm〕	カットオフ波長〔nm〕	ゼロ分散波長〔nm〕	分散〔ps/nm・km〕	分散スロープ〔ps/nm^2・km〕
0.19（代表値）	10.4±0.5	1 260	1 315	17（代表値）	0.057

図4.39に波長分散量に対するC/IMDの測定結果を示す。本実験においては，入力信号として526 MHzと527 MHzの2トーンCW信号およびOFDM信号（22 ch）を使用し，それぞれトータル光変調度を28 %として測定を行った。ここで，OFDM信号のC/IMDについては，中心周波数から3.3〜3.5 MHz離れた範囲の最大レベルを測定値とした。

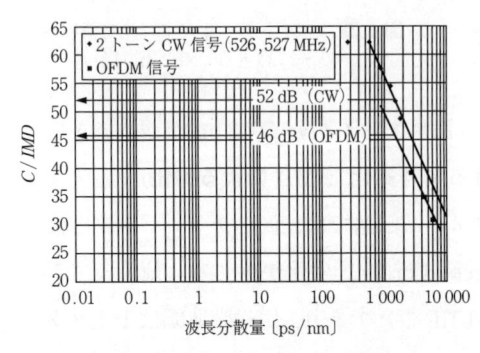

図4.39 光変調度28 %時の波長分散量に対するC/IMD

また，光送信機には，波長1 549.2 nmのDFB-LD直接変調器（しきい値バイアス電流：8.2 mA，バイアス電流：97.9 mA，スペクトル線幅：6 MHz）を用い，光ファイバ損失を補償するため，9台の光増幅器による中継伝送としている。各光増幅器動作条件は，+13 dB$_m$の一定出力とし，光入力パワーは

4.4 地上ディジタル放送波の長距離光ファイバ伝送技術

光減衰器により $-10\,\mathrm{dB}_m$ に調整した。

図 4.39 から OFDM 信号伝送においても C/IMD は波長分散量により直線的に劣化している。また，2 トーン CW 信号と OFDM 信号では，約 6 dB の過剰劣化が見られる。これは，OFDM 信号の場合，多数のキャリヤ（5617 本）が加算された信号であるため，瞬時ピーク電力が平均電力に比べ約 10 dB 高いことによる劣化と考えられる。

C/IMD は式 (4.33) より，等価 CNR として表すことができ，IMD による劣化を含めた所要等価 CNR は，式 (4.32) の $A\,[\mathrm{dB}]$ に 39.3 dB（ガウス雑音のみを考慮した CNR），$B\,[\mathrm{dB}]$ に 38 dB（システムで要求される等価 CNR）を代入すれば，$C/N_{req} = 44\,\mathrm{dB}$ となる。

以上および式 (4.33) から，OFDM 信号の場合の C/IMD は 46 ($=44+2$) dB 以上，CW 信号の場合は，52 ($=44+6$（OFDM 信号伝送過剰劣化量）$+2$) dB 以上確保することが必要である。

図 4.40 には，本実験における光変調度 28 % 時の 346 km 光ファイバ伝送後の OFDM スペクトル波形（22 ch）および MER を示す。

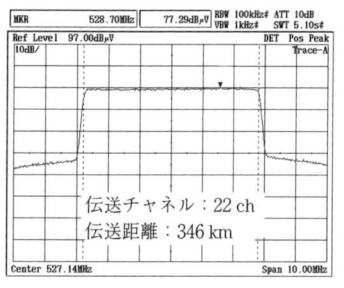

（a） OFDM スペクトル波形　　　　　（b） MER

図 4.40 光変調度 28 % 時の出力 OFDM スペクトル波形および MER

図 4.41 には光変調度 10 % 時の 346 km 光ファイバ伝送後の OFDM スペクトル波形（22 ch）および MER を示す。MER は 36.6 dB で，光変調度 28 % で同距離伝送した場合（図 4.40，MER ≒ 28.9 dB）と比較すると，約 8 dB の差が

(a) OFDM スペクトル波形　　　　　(b) MER

[縦軸（レベル）：10 dB/div.,
 横軸（周波数）：1 MHz/div.]

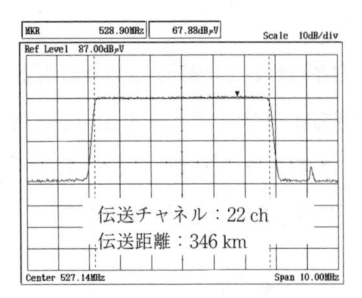

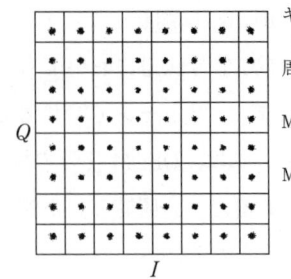

キャリヤ周波数：
527.142 849 4 MHz
周波数誤差：−7.7 Hz
　　　　　−0.014 6 ppm
MER（総合）：
36.59 dB
MER（A 階層）
35.89 dB

図 4.41　光変調度 10 ％時の出力 OFDM スペクトル波形および MER

あり，変調が深くなることにより光スペクトルが広がり，波長分散の影響を大きく受けていることがわかる。

〔b〕 光変調度をパラメータとしたときの伝送チャネル数に対する IMD

図 4.42 にトータル光変調度をパラメータ（10 〜 28 ％）とした，すなわち，伝送チャネル数を変えたときの波長分散量に対する C/IMD の測定結果を示す。OFDM 信号発生器自体の C/IMD は 50 dB 程度であるため，本測定においては CW 信号を用いて光変調度が浅い場合の測定精度を高めた。必要な C/IMD は先に述べたとおり，52 dB とした。

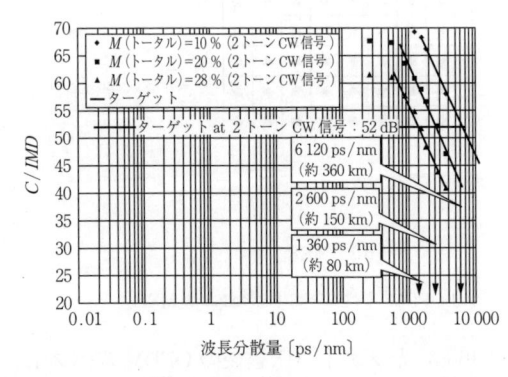

図 4.42　光変調度をパラメータとした波長分散量に対する C/IMD

その結果，光変調度（伝送チャネル数）によって波長分散を加味した伝送距離は大きく異なり，光変調度 10 ％（単チャネル）伝送では，約 360 km（総分散量 6 120 ps/nm），光変調度 20 ％（4 チャネル一括伝送相当）では約 150 km（総分散量 2 600 ps/nm），光変調度 28 ％（8 チャネル一

括伝送相当）では約 80 km（総分散量 1 360 ps/nm）が可能であることを確認できた。このことは，トータル変調度（伝送チャネル数）と伝送距離による IMD の波長分散による劣化を明らかにしたものであり，地域ごとに異なる伝送チャネル数に対するシステム構築・設計に有用であると考えられる。

4.4.3 実際の光ファイバ網を使用したフィールド実験

〔1〕 **実験系統**　　以上の検討に基づき，図 4.43 に示す全長 340 km の実際の光ファイバ網を使用した地上ディジタル信号（OFDM 信号）の多チャネル（9 ch）伝送実験を実施した。チャネル配置については，実験を行った県のチャネルに合わせている。

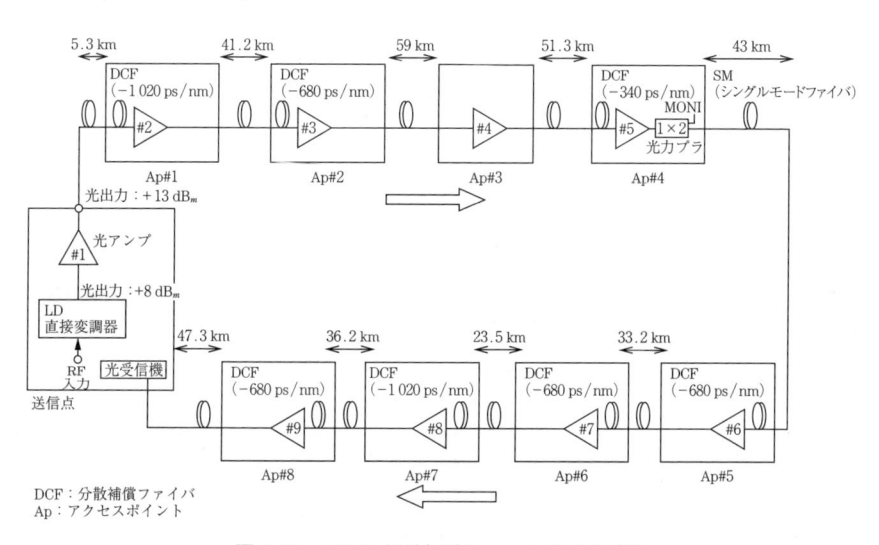

図 4.43　OFDM 信号伝送フィールド実験系統

本実験では，光回線 340 km の総分散量 5 626.3 ps/nm に対し，8 か所の Ap に配置した分散補償ファイバにより 260 km 相当（−4 420 ps/nm）の補償を行い，前章の確認実験を行った。また，光増幅器など構成機器で発生する信号劣化と波長分散により生じる IMD を切り分けて検証するため，光受信機の手前にさらに分散補償ファイバを配置し，残留分散量を 0 とした時の性能評価を

合わせて行った．

図4.44に光レベルダイアグラムを示す．送信点の光出力パワーは+13 dB$_m$，光回線通過後の送信点への到達光パワーは+3 dB$_m$である．

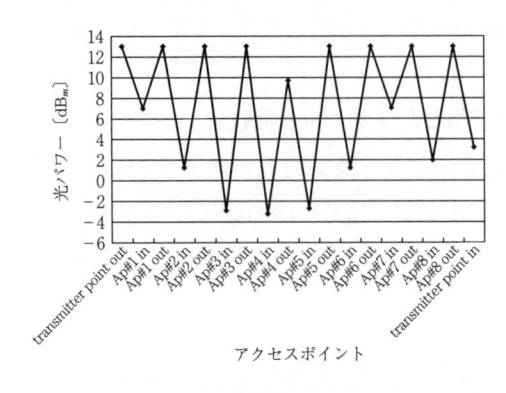

図4.44 光レベルダイアグラム

〔2〕 **フィールド実験結果および考察** 測定信号チャネルは21 chとし，光変調度9.3 %/ch（トータル光変調度28 %）として，光送信機への受光パワーに対するMERを測定した．**表4.3**と**表4.4**に使用したOFDM信号とLD直接変調器の諸特性を示す．**表4.5**は使用した光ファイバの諸特性である．

表4.3 OFDM信号の諸特性

送信チャネル	13, 14, 15, 16, 18, 20, 21, 37, 38
送信モード	モード3
キャリヤ変調方式	64 QAM
ガードインターバル	252 μs
畳込み符号化率	3/4
RS符号	off

表4.4 LD直接変調器の諸特性

波長〔nm〕	1 550.12
RIN〔dB/Hz〕	−150
出力パワー〔dB$_m$〕	+8
スペクトル線幅〔MHz〕	10

表4.5 フィールド実験で使用した光ファイバの諸特性

損失〔dB/km〕	ゼロ分散波長〔nm〕	分散〔ps/nm・km〕	分散スロープ〔ps/nm^2・km〕	長さ〔km〕	トータル分散 at 340 km〔ps/nm〕
0.25（代表値）	1 320（代表値）	16.5（代表値）	0.057	340.6	5 626.3

図4.45に340 km伝送後（残留分散量+1 200 ps/nm）のMER（出力MER：21 ch）の測定結果を示す．340 km伝送においてMER=37.9 dBが得られており，実用上問題ない信号品質が確保されていることがわかる．

4.4 地上ディジタル放送波の長距離光ファイバ伝送技術

図 4.46 に実験に用いた OFDM 信号の入力信号スペクトル波形とその MER（入力 MER）の測定結果を示す。図 4.45 と図 4.46 の MER 測定値から入力信号の影響を除くため，式 (4.32) を用いて本システムの等価 CNR を算出した結果，OFDM 信号 9 チャネルの 340 km 伝送（残留分散量 +1 300 ps/nm）において，受光パワー $-8\,\mathrm{dB}_m$ で信号劣化のきわめて少ない等価 $C/N=39.7\,\mathrm{dB}$ が確認できた。ここで，式 (4.32) の $A\,[\mathrm{dB}]$ としてシステム入力信号の $\mathrm{MER}=43.3\,\mathrm{dB}$，$B\,[\mathrm{dB}]$ として 340 km 伝送後のシステム出力 $\mathrm{MER}=37.9\,\mathrm{dB}$ を用いている。

[B 階層]

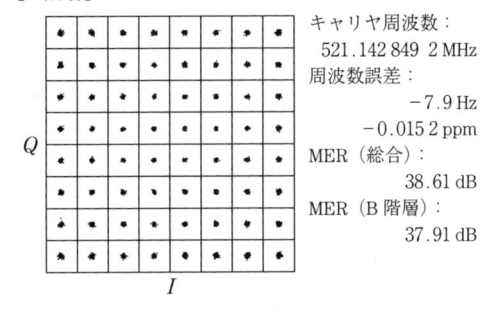

キャリヤ周波数：
521.142 849 2 MHz
周波数誤差：
$-7.9\,\mathrm{Hz}$
$-0.015\,2\,\mathrm{ppm}$
MER（総合）：
38.61 dB
MER（B 階層）：
37.91 dB

図 4.45 出力 MER（残留分散量：+1 200 ps/nm）

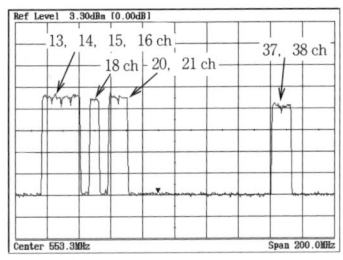

[縦軸（レベル）：10 dB/div.,
横軸（周波数）：20 MHz/div.]

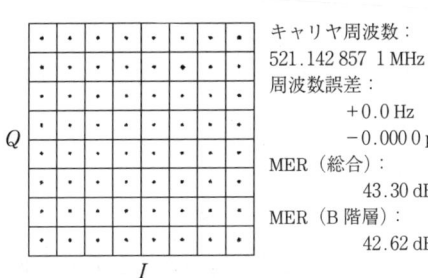

（a）入力信号スペクトル波形

キャリヤ周波数：
521.142 857 1 MHz
周波数誤差：
$+0.0\,\mathrm{Hz}$
$-0.000\,0\,\mathrm{ppm}$
MER（総合）：
43.30 dB
MER（B 階層）：
42.62 dB

（b）入力 MER

図 4.46 入力信号スペクトル波形および入力 MER

本実験結果は，前章の実験結果とよく一致している。また，実用上必要とされる CNR は，前記のように 38 dB 以上であればよく，LD 直接変調方式による長距離光伝送が十分可能であることを実証できた。

図 4.47 には，図 4.44 に示す光レベルダイアグラムと式 (4.34)，式 (4.35) に基づき計算した受光パワーに対する CNR 計算結果と，本実験の残留分散量

0 における入出力 MER 測定値から，求めた本システムの等価 CNR の計算結果を示す．ここで，光波長 = 1 550.12 nm，$RIN= -150$ dB/Hz，光変調度 $M=$ 9.3 %/ch，$NF_{(A)}=6$ dB，$\eta=0.95$ A/W，$i_r=8$ pA/$\sqrt{\text{Hz}}$，$B=5.6$ MHz，$B_f=3.77\times10^{12}$ Hz とした．

図 4.47 において等価 CNR 計算値とガウス雑音のみを考慮した CNR 計算値が一致する結果は，本システムにおいて OFDM 信号時においても，信号劣化の主原因はガウス雑音であり，光増幅器等構成機器による IMD 劣化は無視できることを示している．

IMD による劣化は波長分散によるもののみを考えればよいことから，図 4.39，図 4.42 を利用すれば，所要等価 CNR が指定された場合の最低限の残留分散量を知ることができ，実用的でかつ安価なシステムの実現に有用である．

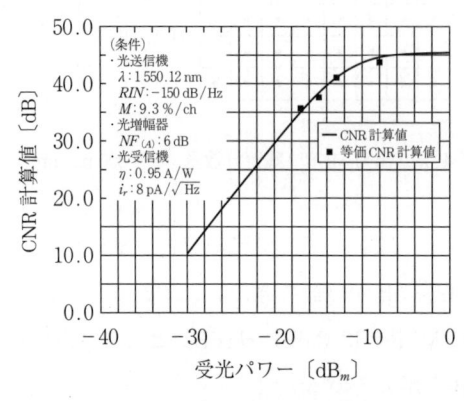

図 4.47 受光パワーに対する等価 CNR

4.4.4 ま と め

LD 直接変調方式を用いた地上ディジタル放送波の多チャネル長距離光伝送システムについて，光変調度と残留分散量による信号品質劣化について設計，検討を行うとともに，実際の光通信網を用い，340 km の長距離伝送実験を実施した．その結果，トータル光変調度 28 %，残留分散量 +1 300 ps/nm において信号劣化をきわめて小さく抑えることができ，実用性能を十分満足する等価 $C/N=39.7$ dB を得ることができた．このシステムは，従来長距離光ファイバ伝送で使用されていた外部変調方式と比較して，構成が容易で安価であるため，今後の普及が期待される．

引用・参考文献

1) 笹瀬 巖：次世代ディジタル変復調技術，トリケップス（1996）
2) J. Proakis：Digital communications, McGraw-Hill（2000）
3) 服部 武，藤岡雅宣編著：改訂三版 ワイヤレスブロードバンド教科書，インプレス R&D（2008）
4) 服部 武，藤岡雅宣編著：HSPA＋／LTE／SAE 教科書，インプレス R&D（2008）
5) 山内雪路：ディジタル移動通信方式，東京電機大学出版局（1993）
6) 斉藤洋一：ディジタル無線通信の変復調，電子情報通信学会（2002）
7) 生岩量久：ディジタル通信・放送の変復調技術，コロナ社（2008）
8) 今井秀樹：情報・符号・暗号の理論，コロナ社（2007）
9) 情報と通信のハイパーテキスト http://www.yobology.info/text/index.htm
10) 木村磐根：通信工学概論，オーム社（2009）
11) Recommendation ITU R P.1546-1：Method for point-to area predictions for terrestrial services in the frequency range 30 MHz to 3 000 MHz（2003）
12) L. Cimini：Analysis and simulation of a digital mobile channel using OFDM, IEEE Trans. on Communications, Vol. **33**, pp. 665-675（1985.7）
13) J. A. C. Bingham：Multicarrier modulation for data transmission: an idea whose time has come, IEEE Communications Magazine, Vol. **28**, pp. 5-14（1990.5）
14) 野島俊雄，山尾 泰編著：モバイル通信の無線回路技術，電子情報通信学会（2007）
15) C. Ahn, S. Takahashi, H. Harada, Y. Kamio and I. Sasase：Adaptive Subcarrier Block Modulation with Differentially Modulated Pilot Symbol Assistance for Downlink OFDM Using Uplink Delay Spread, IEICE Transactions on Fundamentals of Electronics, Communications and Computer Sciences, Vol.**E88-A**, No.7, pp.1889-1896（2005.7）
16) C. Ahn, S. Takahashi and H. Harada：Differential Modulated Pilot Symbol Assisted Adaptive OFDM for Reducing the MLI, IEICE Transactions on Communications, Vol. **E88**-B, No.2, pp.436-442（2005.2）
17) ローデ・シュワルツ・ジャパン：Application note 1MA102（2008）
18) A. Nallanathan and C. Yun：Eigenbeam-space division multiplexing for OFDM systems with optimum resource allocation, Proceeding of GLOBECOM '04, Vol. **4**,

pp.2366-2370 (2004)

19) P. W. Wolniansky, G. J. Foschini, G. D. Golden and R. A. Valenzuela : V-BLAST: An architecture for realizing very high data rates over the rich-scattering wireless channel, Proc. of ISSE '98 (1998)

20) K. J. Kim, Y. Yue, R. A. Iltis and J. D. Gibson : A QRD-M/Kalman Filter-Based Detection and Channel Estimation Algorithm for MIMO-OFDM Systems, IEEE Trans. on Wireless Communications, Vol. 4, pp.710-721 (2005)

21) H. Kawai, K. Higuchi, N. Maeda, M. Sawahashi, T. Ito, Y. Kakura, A. Ushirokawa and H. Seki : Likelihood function for QRM-MLD suitable for soft-decision turbo decoding and its performance for OFCDM MIMO multiplexing in multipath fading channel, IEICE Trans. on Communication, Vol.**E88-B**, No.1, pp.47-57 (2005.1)

22) V. Tarokh, H. Jafarkhani and A.R. Calderbank : Space-time block codes from orthogonal designs, IEEE Trans. on Information Theory, Vol. 45, No.5, pp.1456-1467 (1999.7)

23) K. Lu, S. Fu and X. Xia : Closed form design of complex orthogonal space-time block codes of rate (k + 1) / 2k for 2k-1 and 2k transmit antennas, IEEE Trans. on Information Technology, Vol. 51, No.12, pp.4340-4347 (2005.12)

24) O. Tirkkonen, A. Boariu and A. Hottinen : Minimal nonorthogonality rate 1 space-time block codes for 3 + Tx antennas, Proceeding of IEEE ISSSTA2000, pp.429-432 (2000.9)

25) S. M. Alamouti : A simple transmit diversity technique for wireless communications, IEEE Journal of Selected Area on Communications, Vol. 16, No.10, pp.1451-1458 (1998.10)

26) L. A. Dalton and C.N. Georghiades : A full rate, full-diversity four antenna quasi-orthogonal space-time block code, IEEE Trans. on Wireless Communications, Vol. 4, No.2, pp. 363-366 (2005.2)

27) G. Foschini : Layered space-time architecture for wireless communication in a fading environment when using multi-element antenna, Bell Laboratories Technical Journal, Vol. 1, No.2, pp.41-59 (1996)

28) 守倉正博, 久保田周治監修: 改訂三版 802.11 高速無線 LAN 教科書, インプレス R&D (2008)

29) IEEE 802.16-2004 : Part16: Air interface for fixed broadband wireless access systems (2004.10)

30) IEEE 802.16 e/D12 : Part16: Air interface for fixed and mobile broadband wireless access systems (2005.10)

引用・参考文献　*213*

31) Korean Telecommunication Technology Association：TTAS.KO-06.0064R1, Specifications for 2.3GHz Band Portable Internet Service–Physical Layer (2004.12)
32) 3 GPP TR 25.814 V1.2.2：Physical layer aspects for evolved UTRA (release 7) (2006.3)
33) 総務省 web ページ報道資料（平成 21 年 6 月 10 日） http://www.soumu.go.jp/menu_news/s-new/14457.html
34) 情報通信審議会情報通信技術分科会：携帯電話等周波数有効利用方策委員会報告（案）(2008)
35) 服部　武編著：OFDM/OFDMA 教科書，インプレス R&D (2008)
36) 澤田健志：地上デジタル放送 送信ネットワーク測定方法（第 1 回），放送技術，Vol. 53, No. 11, pp. 150-153 (2005.11)
37) 飯利朋弘, 菅　謙三郎, 春藤政司, 大戸太郎：東北地域の地上デジタル親局送信設備，放送技術，Vol. 54, No. 6, pp. 60-69 (2006.6)
38) 平倉隆雄, 磯部清治, 澤田健志, 志賀直彦：地上デジタル放送 SFN 用 OFDM 遅延装置，1999 年映情学会年次大会，pp. 31-32 (1999)
39) 貝島　誠：いよいよ地上デジタル放送だ，映情学会誌，Vol. 56, No. 2, pp. 155-158 (2002.2)
40) 地上デジタル放送用送信設備共通仕様書（オレンジブック）(2007.3 改定)
41) 田中正克, 佐藤　誠, 宮内　聡：地上デジタル放送小規模中継局用送信装置の高機能化の検討，放送技術，Vol. 56, No. 8, pp. 125-132 (2008.8)
42) 伝送路符号化作業班：送信アドホック資料 (1998.5)
43) 田口　誠, 渋谷一彦, 野本俊裕, 山本佳希：フィルタの帯域内偏差が地上デジタル放送信号に与える影響，2008 年映情学会年次大会，20-3 (2008)
44) 綾　美浩：SFN の課題と対策，映情学会誌，Vol. 58, No. 1, pp. 31-34 (2004.1)
45) 村山研一, 菅　謙三郎, 鈴木健児, 沼　航：茨城県地上デジタル放送ネットワーク，放送技術，Vol. 53, No. 1, pp. 117-121 (2005.1)
46) 奥村泰之：性能調査から見るデジタル受信機の性能向上，放送技術，Vol. 54, No. 5, pp.158-161 (2006.5)
47) 間瀬豊治, 唐澤和茂, 梶　貴一, 糠信武志, 中川幸彦, 山崎　隆, 上田真基, 羽生田雅也, 紀納英男：地上デジタルテレビ放送 放送中継用補償器 NDC-2200 シリーズ，日本無線技報，No. 52 (2007-56)
48) 山本昭夫, 野上博志, 大久保隆志：OFDM 用等化器のシミュレーション検討，映情学会誌，Vol. 52, No.11, pp. 1643-1649 (1998.11)
49) 今村浩一郎, 渋谷一彦, 若林弘隆, 巽　明, 吉見智文：放送波中継局用 GI 越え

マルチパス等化器の野外実験,映情学技報,Vol.31, No.51, pp.9-12, BCT2007-96(2007.10)
50) 来山和彦,生岩量久,川那義則,森井　豊:地上デジタル放送における長距離遅延波等化方式の検討,信学技報,Vol.109, No.229, pp.83-88, RCS2009-124(2009.10)
51) 上田裕人,谷岡秀亮,小谷秀樹,吉見智文,中原俊二:地上デジタル中継局用低遅延マルチパス等化装置,Vo.32, No.33, pp.47-50, BCT2008-70(2008.8)
52) 山崎雷太,高田政幸,濱住啓之,渋谷一彦:M-MSNアダプティブアレーを用いた地上デジタルハイビジョン放送の高速移動受信特性,映情学技報,pp.57-62, CE2007-54・BCT2007-91(2007.9)
53) 高山一男,近石幸一,田中寿夫,合原秀法:地上デジタルテレビ放送受信機の開発,富士通テン技報,Vol.24, No.1, pp.43-51
54) 木村　智,高田政幸,濱住啓之:ダイバシティ受信による地上デジタル放送の移動受信特性に関する検討,映情学技報,Vol.26, No.67, pp.13-16, BCS2002-41(2002.10)
55) 岩崎利哉,上野展史,吉長正幸:ワンセグ放送の高速移動受信に関する一検討,映情学技報,Vol.31, No.36, pp.59-62, BCT2007-78(2007.7)
56) 木村　智,土田健一,高田政幸:シンボル毎推定による地上デジタル放送の高速移動受信特性,映情学技報,Vol.29, No.36, pp.1-4, BCT2005-69(2005.6)
57) 難波晃就,伊丹　誠,飯田　崇,清水敦志:OFDM信号の移動受信におけるICIキャンセラの簡略化に関する検討,映情学技報,Vol.32, No.11, pp.9-12, BCT2008-33(2008.2)
58) 中村　充,藤井雅弘,伊丹　誠,伊藤紘二,:OFDM移動受信におけるMMSE型ICIキャンセラに関する一検討,映情学誌,Vol.58, No.1, pp.83-90(2004.1)
59) 綾　美浩:地上デジタル放送　送信ネットワーク測定方法(第2回),放送技術,Vol.53, No.12, pp.155-158(2005.12)
60) 塩野入賢一:地上デジタル放送　送信ネットワーク測定方法(第3回),放送技術,Vol.54, No.1, pp.155-159(2006.1)
61) 平川哲郎:地上デジタル放送　送信ネットワーク測定方法(第4回),放送技術,Vol.54, No.2, pp.141-145(2006.2)
62) 間瀬豊治:地上デジタル放送　送信ネットワーク測定方法(最終回),放送技術,Vol.54, No.3, pp.148-152(2006.3)
63) 来山和彦,生岩量久,川那義則,森井　豊:SFN環境下における長距離遅延プロファイル測定装置の開発,映情学誌,Vol.61, No.7, pp.990-996(2007.7)
64) 来山和彦,生岩量久,川那義則,後藤剛秀,森井　豊:SFN環境下において遅

延波の極性が判定可能な長距離遅延プロファイル測定方式の開発，信学技報，Vol. **108**，No. 135，pp. 97-102（2008.7）

65) 生岩量久，岩木昌三，小谷　孝，上田大一朗，近藤寿志：地上デジタルテレビ波の安定な海上移動受信のための実験と検討，映情学誌，Vol. **63**，No.1，pp. 76-85（2009.1）

66) 鈴木祐司：続・アナログ停波への道，放送研究と調査，Vol. **56**，No. 7，pp. 16-29（2006.7）

67) 鳥羽良和，小谷　孝，生岩量久：地上デジタルテレビ放送波の長距離光ファイバ伝送実現のための検討およびフィールド実験，映情学誌，Vol. **62**，No. 6，pp. 924-930（2008.6）

68) 中村雅弘，生岩量久，鳥羽良和，鬼澤正俊：地上ディジタル放送波の長距離光伝送実現のための一検討，信学論，Vol. **J88-C**，No.9，pp. 758-761（2005.9）

索　　　引

【い】
位相雑音　127
位相変調　1, 2
インタリーブ　51

【え】
エルミート行列　76
エントロピー　22
エントロピー関数　23

【お】
親　局　114

【か】
仮想キャリヤ　43
ガードインターバル　29, 106
ガードインターバル超え
　遅延波　136
加法性白色ガウス雑音　45
簡易BER　157

【き】
逆離散フーリエ変換　41
キャリヤ　1
距離変動　30

【く】
クリフエフェクト　117
群遅延時間　121

【こ】
広義の定常　34
高速フーリエ変換　29
広帯域ワイヤレスアクセス　87
誤差補関数　24
コスト関数　79
コヒーレンス時間　48
コヒーレンス帯域幅　48
コヒーレンスバンド幅　36
固有空間多重伝送方式　75
コンスタレーション　110

【さ】
散乱関数　37

【し】
時間インタリーブ　51
自己相関関数　35
自動周波数制御　84
自動利得制御　84
シャドウイング　31
シャノン限界　23
周波数インタリーブ　51
周波数選択性フェージング　29
周波数変調　1, 2
周波数利用効率　6, 108
受信信号候補　77
出力バックオフ　54
瞬時値変動　30, 32
情報理論　21
初期位相差　133
信号点　110
振幅変調　1, 2
シンボル間干渉　29, 44, 138
シンボル長　29
シンボル判定処理　131

【す】
水冷方式　117
スプリアス放射　9
スペクトルマスク　121

【せ】
ゼロフォーシング　152

【た】
帯域通過フィルタ　43
対角行列　75
ダイバーシティ受信　148
多重波伝搬路　29
畳込み演算子　144
多値ASK　3
多値PAM　3
多値パルス振幅変調　3
短区間中央値　32
短区間中央値変動　30

【ち】
遅延プロファイル　35, 157

【中】
中央極限定理　33
中継局　103
長区間平均値　32
超遅延波　84
直接拡散方式　84
直線補間　134
直並列変換　41
直交周波数分割多重　1, 29
直交復調　110
直交変調　110

【て】
低域通過フィルタ　7
ディップ　148
適応変調　71
伝送速度　102
電力スペクトル法　161
電力増幅器　51
電力利得　51

【と】
同一チャネル混信　129
等価CNR　121
等化器　130

【な】
斜め補間　136

【に】
2乗余弦窓　43

【ぬ】
ヌルシンボル　49

【は】
パイロットシンボル基盤　48
波長分散　199
搬送波　1
判定帰還型　48

【ひ】
ピーク電力対平均電力比　52
ビット誤り率　117, 156
標準偏差　32
品質情報　92

索引

【ふ】
プリディストーション 107

【へ】
平均情報量 22
並直列変換 41
ベースバンド信号 32
変調指数 4

【ほ】
補間 133

【ま】
マッピング 12, 110
マルチパス 102
マルチパスフェージング 29

【む】
無相関 34
無停波切替器 117

【ゆ】
有効シンボル長 106
ユニタリ行列 75

【ら】
ランダム過程 33

【り】
陸上移動伝搬特性 30
隣接チャネル間干渉 43

【る】
累積分布補関数 53
ルートナイキスト
　ロールオフ 8
ルートナイキスト
　ロールオフフィルタ 12

【ろ】
ロールオフ 43

【わ】
ワンセグ放送 106

【A】
AC 109
AM 1
ASK 2

【B】
BER 9, 156
BLAST 76
BPF 43, 119
BPSK 6

【C】
CCK 84
CDM 40
CNR 24
CP 109
CPFSK 4
CSMA/CA 86

【D】
D-BLAST 76
DBPSK 84
DQPSK 84
D-TxAA 92
DU比 128

【E】
E-UTRA 92

【F】
FDD 92
FDM 40
FFT 29
FIRフィルタ 132

FM 1
FSK 2

【G】
GMSK 5

【I】
IFFT 57, 109, 137
IMD 116
ISM 82

【L】
LPF 7
LTE 12, 91

【M】
MAC 86
MCPA 118
MCS 86, 92
MER 154
MFN 114
MIMO 73
MLD 77
MMSE 152
MSK 4

【O】
OFDM 1
OOK 2

【P】
PAPR 52, 107
PARC 92
PDC 11
PHS 11

PM 1
PN 49
PSK 2, 39

【Q】
QAM 40
QPSK 7
QRM-MLD 78
QR分解 78

【S】
SC-FDMA 92
SFN 102, 114
SNR 24
SP 109
STTD 92

【T】
TDD 92
TDM 40
TMCC 109
TS 109

【U】
UMB 91
UTRA 92

【V】
V-BLAST 77
VCO 3

【W】
WiMAX 87

── 著者略歴 ──

生岩 量久（はえいわ　かずひさ）
1970 年　徳島大学工学部電気工学科卒業
　　　　日本放送協会（NHK）勤務
1988 年　工学博士（東京大学）
2004 年　広島市立大学教授
　　　　現在に至る
NHK 技術局において送信装置の設計・開発および地上ディジタル放送ネットワーク関連の研究に従事。東京都発明研究功労賞，映像情報メディア学会開発賞・進歩賞・船井賞（技術革新賞）などを受賞。電子情報通信学会フェロー。著書に「ディジタル通信・放送の変復調技術」（コロナ社）など。

安　昌俊（アン　チャンジュン）
2003 年　慶應義塾大学大学院理工学研究科博士課程修了
　　　　博士（工学）
　　　　通信総合研究所（CRL：現 独立行政法人情報通信研究機構）研究員
2007 年　広島市立大学講師
2010 年　千葉大学准教授
　　　　現在に至る

OFDM 技術とその適用
OFDM Technologies and Their Applications

　　　　　　　　　　　　　　Ⓒ Kazuhisa Haeiwa, Chang-Jun Ahn 2010

2010 年 9 月 17 日　初版第 1 刷発行　　　　　　　　　★

検印省略	著　者	生　岩　量　久
		安　　昌　　俊
	発 行 者	株式会社　コロナ社
		代 表 者　牛来真也
	印 刷 所	萩原印刷株式会社

112-0011　東京都文京区千石 4-46-10
発行所　株式会社　**コロナ社**
CORONA PUBLISHING CO., LTD.
Tokyo Japan
振替 00140-8-14844・電話(03)3941-3131(代)
ホームページ　http://www.coronasha.co.jp

ISBN 978-4-339-00815-9　　（柏原）　（製本：愛千製本所）
Printed in Japan

無断複写・転載を禁ずる
落丁・乱丁本はお取替えいたします